清华大学985名优教材立项资助

清華大學 计算机系列教材

邓俊辉 编著

数据结构习题解析

（第3版）

U0406129

清华大学出版社
北京

内 容 简 介

本书主教材按照面向对象程序设计的思想，根据作者多年的教学积累，系统地介绍各类数据结构的功能、表示和实现，对比各类数据结构适用的应用环境；结合实际问题展示算法设计的一般性模式与方法、算法实现的主流技巧，以及算法效率的评判依据和分析方法；以高度概括的体例为线索贯穿全书，并通过对比和类比揭示数据结构与算法的内在联系，帮助读者形成整体性认识。

习题解析涵盖验证型、拓展型、反思型、实践型和研究型习题，总计 290 余道大题、525 道小题，激发读者的求知欲，培养自学能力和独立思考习惯。主教材和习题解析共计配有 340 多组、400 余幅插图结合简练的叙述，40 多张表格列举简明的规范、过程及要点，280 余段代码及算法配合详尽而简洁的注释，使深奥抽象的概念和过程得以具体化且便于理解和记忆；推荐 20 余册经典的专著与教材，提供 40 余篇重点的学术论文，便于读者进一步钻研和拓展。

结合学生基础、专业方向、教学目标及允许课时总量等各种因素，本书推荐了若干种典型的教学进度及学时分配方案，供授课教师视具体情况参考和选用。

勘误表、插图、代码以及配套讲义等相关教学资料，均以电子版形式向公众开放，读者可从本书主页直接下载：http://dsa.cs.tsinghua.edu.cn/~deng/ds/dsacpp/。

图书在版编目（CIP）数据

数据结构习题解析 / 邓俊辉编著. --3 版. --北京：清华大学出版社，2013（2024.9重印）
清华大学计算机系列教材
ISBN 978-7-302-33065-3

Ⅰ. ①数…　Ⅱ. ①邓…　Ⅲ. ①数据结构－高等学校－题解　Ⅳ. ①TP311.12-44

中国版本图书馆 CIP 数据核字（2013）第 151081 号

责任编辑：龙启铭
封面设计：常雪影
责任校对：时翠兰
责任印制：曹婉颖

出版发行：清华大学出版社
网　　址：https://www.tup.com.cn, https://www.wqxuetang.com
地　　址：北京清华大学学研大厦 A 座　　**邮　　编：**100084
社 总 机：010-83470000　　**邮　　购：**010-62786544
投稿与读者服务：010-62776969，c-service@tup.tsinghua.edu.cn
质量反馈：010-62772015，zhiliang@tup.tsinghua.edu.cn
印 装 者：三河市君旺印务有限公司
经　　销：全国新华书店
开　　本：185mm×260mm　　**印　　张：**16　　**字　　数：**413 千字
版　　次：2010 年 8 月第 1 版　2013 年 8 月第 3 版　　**印　　次：**2024 年 9 月第 22 次印刷
定　　价：39.00 元

产品编号：053580-02

目录

第1章 绪论 1

[1-1] 2
[1-2] 2
[1-3] 4
[1-4] 4
[1-5] 5
[1-6] 5
[1-7] 6
[1-8] 7
[1-9] 7
[1-10] 7
[1-11] 7
[1-12] 8
[1-13] 10
[1-14] 10
[1-15] 11
[1-16] 12
[1-17] 12
[1-18] 13
[1-19] 13
[1-20] 14
[1-21] 15
[1-22] 16
[1-23] 17
[1-24] 18
[1-25] 19
[1-26] 21
[1-27] 22
[1-28] 22
[1-29] 23
[1-30] 23
[1-31] 24
[1-32] 24

第2章 向量 35

[2-1] 36
[2-2] 36
[2-3] 36
[2-4] 37
[2-5] 37
[2-6] 38
[2-7] 39
[2-8] 40
[2-9] 41
[2-10] 41
[2-11] 42
[2-12] 42
[2-13] 44
[2-14] 45
[2-15] 45
[2-16] 46
[2-17] 46
[2-18] 46
[2-19] 48
[2-20] 48
[2-21] 50
[2-22] 51
[2-23] 52
[2-24] 53
[2-25] 56
[2-26] 57
[2-27] 57

[2-28] 58
[2-29] 58
[2-30] 59
[2-31] 60
[2-32] 61
[2-33] 61
[2-34] 61
[2-35] 65
[2-36] 66
[2-37] 68
[2-38] 68
[2-39] 68
[2-40] 69
[2-41] 70

第3章 列表 73

[3-1] 74
[3-2] 74
[3-3] 74
[3-4] 75
[3-5] 75
[3-6] 76
[3-7] 76
[3-8] 77
[3-9] 77
[3-10] 78
[3-11] 79
[3-12] 79
[3-13] 81
[3-14] 81
[3-15] 83
[3-16] 84
[3-17] 84
[3-18] 84
[3-19] 86

第4章 栈与队列 87

[4-1] 88
[4-2] 89
[4-3] 89
[4-4] 91
[4-5] 91
[4-6] 92
[4-7] 92
[4-8] 93
[4-9] 93
[4-10] 95
[4-11] 95
[4-12] 96
[4-13] 97
[4-14] 97
[4-15] 99
[4-16] 99
[4-17] 99
[4-18] 100
[4-19] 100
[4-20] 101
[4-21] 101
[4-22] 101
[4-23] 102
[4-24] 102
[4-25] 102
[4-26] 102

第5章 二叉树 103

[5-1] 104
[5-2] 104

[5-3] 105
[5-4] 106
[5-5] 106
[5-6] 106
[5-7] 107
[5-8] 107
[5-9] 107
[5-10] 108
[5-11] 108
[5-12] 109
[5-13] 110
[5-14] 110
[5-15] 110
[5-16] 110
[5-17] 112
[5-18] 112
[5-19] 113
[5-20] 113
[5-21] 114
[5-22] 114
[5-23] 114
[5-24] 115
[5-25] 115
[5-26] 116
[5-27] 116
[5-28] 116
[5-29] 117
[5-30] 118

第6章 图 119

[6-1] 120
[6-2] 121
[6-3] 121
[6-4] 122
[6-5] 122
[6-6] 124
[6-7] 124
[6-8] 125
[6-9] 126
[6-10] 128
[6-11] 128
[6-12] 129
[6-13] 129
[6-14] 130
[6-15] 130
[6-16] 131
[6-17] 131
[6-18] 132
[6-19] 133
[6-20] 133
[6-21] 134
[6-22] 134
[6-23] 135
[6-24] 136
[6-25] 136
[6-26] 137
[6-27] 137
[6-28] 138
[6-29] 138
[6-30] 139
[6-31] 140
[6-32] 142
[6-33] 143

第7章 搜索树 145

[7-1] 146
[7-2] 146
[7-3] 146

[7-4] 147
[7-5] 147
[7-6] 148
[7-7] 148
[7-8] 148
[7-9] 148
[7-10] 149
[7-11] 150
[7-12] 150
[7-13] 150
[7-14] 151
[7-15] 151
[7-16] 152
[7-17] 153
[7-18] 154
[7-19] 154
[7-20] 155

第8章 高级搜索树 157

[8-1] 158
[8-2] 158
[8-3] 160
[8-4] 160
[8-5] 162
[8-6] 163
[8-7] 165
[8-8] 165
[8-9] 166
[8-10] 167
[8-11] 167
[8-12] 167
[8-13] 168
[8-14] 169
[8-15] 170
[8-16] 170
[8-17] 172
[8-18] 172
[8-19] 173
[8-20] 176

第9章 词典 179

[9-1] 180
[9-2] 180
[9-3] 180
[9-4] 181
[9-5] 181
[9-6] 182
[9-7] 183
[9-8] 183
[9-9] 183
[9-10] 183
[9-11] 184
[9-12] 184
[9-13] 184
[9-14] 184
[9-15] 185
[9-16] 186
[9-17] 186
[9-18] 188
[9-19] 189
[9-20] 189
[9-21] 190
[9-22] 190
[9-23] 190
[9-24] 192
[9-25] 192
[9-26] 193

第10章 优先级队列 195

[10-1] 196
[10-2] 196
[10-3] 197
[10-4] 197
[10-5] 198
[10-6] 199
[10-7] 199
[10-8] 199
[10-9] 200
[10-10] 200
[10-11] 200
[10-12] 201
[10-13] 201
[10-14] 201
[10-15] 201
[10-16] 202
[10-17] 202
[10-18] 203
[10-19] 206
[10-20] 207
[10-21] 208
[10-22] 210

第11章 串 211

[11-1] 212
[11-2] 212
[11-3] 212
[11-4] 214
[11-5] 214
[11-6] 214
[11-7] 215
[11-8] 217
[11-9] 217
[11-10] 218

第12章 排序 219

[12-1] 220
[12-2] 221
[12-3] 222
[12-4] 222
[12-5] 223
[12-6] 223
[12-7] 223
[12-8] 224
[12-9] 224
[12-10] 225
[12-11] 225
[12-12] 226
[12-13] 226
[12-14] 228

附录 229

参考文献 230
插图索引 234
表格索引 237
算法索引 238
代码索引 239
关键词索引 241

第1章

绪论

[1-1] 试借助基本的几何作图操作描述一个算法过程，实现“过直线外一点作其平行线”的功能。

【解答】

算法x1.1[①]给出了一个可行的算法，其原理及操作过程如图x1.1所示。

```
parallel(l, P)
输入：直线l及其外一点P
输出：经过P且平行于l的直线
1. 以l上任意一点A为中心、以|AP|为半径作圆
2. 在该圆与l的两个交点中，任取其一记作B
3. 分别以B和P为中心、以|AP|为半径各作一圆
4. 两圆相交于A及另一点，将后者记作C
5. 过P和C绘制一条直线k
```

算法x1.1 过直线外一点作其平行线

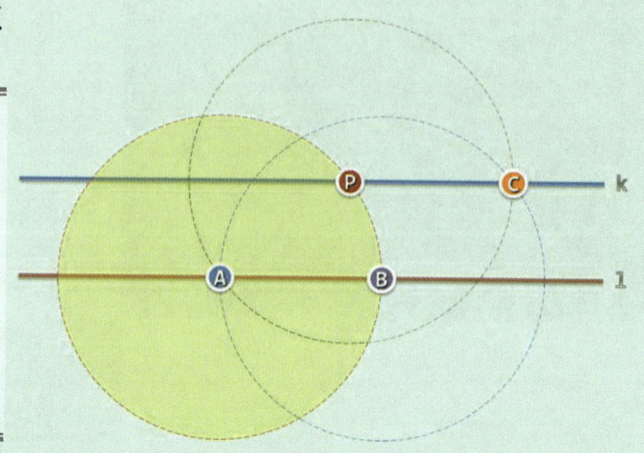

图x1.1 过直线外一点作其平行线

[1-2] 《海岛算经》讨论了如下遥测海岛高度的问题：

> 今有望海岛，立两表，齐高三丈，前后相去千步，令后表与前表参相直。从前表却行一百二十三步，人目著地取望岛峰，与表末参合。从后表却行一百二十七步，人目著地取望岛峰，亦与表末参合。问岛高及去表各几何？

刘徽所给出的解法是：

> 以表高乘表间为实；相多为法，除之。所得加表高，即得岛高。
> 求前表去岛远近者，以前表却行乘表间为实。相多为法。除之，得岛去表数。

a） 该算法的原理是什么？

【解答】

刘徽通过设立两根立柱（表），利用光线直线传播的性质，根据海岛峰顶经过立柱顶端后到地面的投影位置，巧妙地计算出远方海岛的高度。

具体地如图x1.2所示，若将立柱高度（表高）记作h，后立柱、前立柱间距（表间）记作d，对应的投影距离分别记作d_1和d_2，则不难导出：

海岛高度H $= d \times h / (d_1 - d_2) + h$

$= 1000 \times 3 / (127 - 123) + 3 = 753$（丈）

海岛距离D $= d \times d_2 / (d_1 - d_2)$

$= 1000 \times 123 / (127 - 123) = 30750$（步）

① 为与主教材相互区别，本习题解析中所有插图、表格、算法、代码等编号前，均增加“x”标识

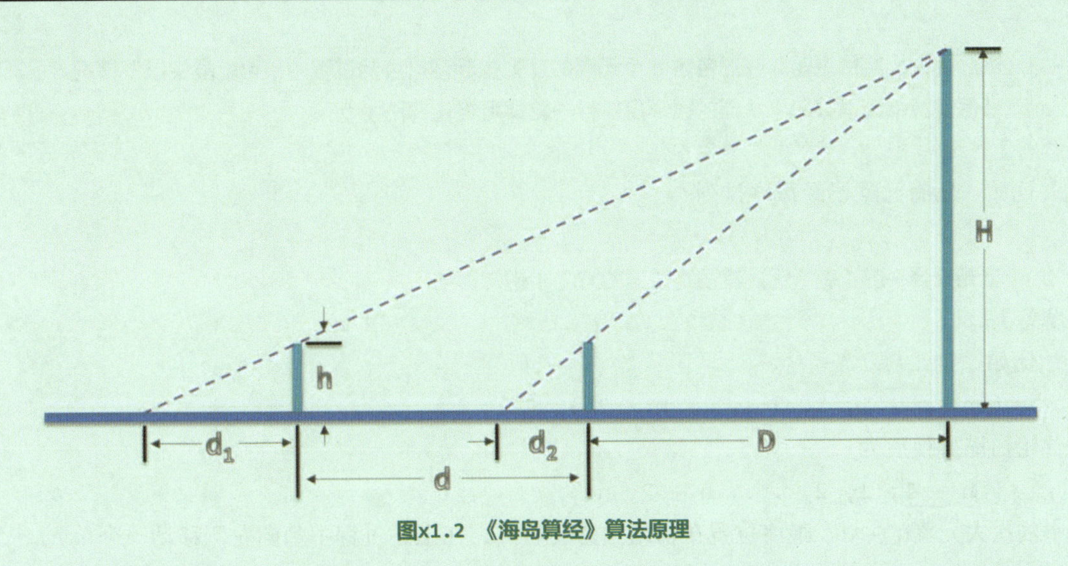

图x1.2 《海岛算经》算法原理

按古制，1丈合10尺，1步合6尺，3丈合5步，1里合300步，故前者为1255步（4里又55步），后者为102里又150步。

b）试以伪代码形式描述该算法的过程。

【解答】

按照以上原理，计算海岛高度H的算法可形式地描述如代码x1.1所示：

```
1 float islandHeight(float d1, float d2, float d, float h) { //后表却步、前表却步、表间、表高
2    float pha = d1 - d2; //二去表相减为相多，以为法
3    float shi = d * h; //前后表相去为表间，以表高乘之为实
4    return shi / pha + h; //以法除之，加表高，即是岛高积步
5 }
```

代码x1.1 《海岛算经》中计算海岛高度的算法

而计算前立柱至海岛距离D的算法，可形式地描述如代码x1.2所示：

```
1 float islandDistance(float d1, float d2, float d) { //后表却步、前表却步、表间
2    float shi = d2 * d; //前去表乘表间（得一十二万三千步）
3    float pha = d1 - d2; //以相多（四步）为法
4    return shi / pha; //除之（得三万七百五十步；又以里法三百步除之，得一百二里一百五十步）
5 }
```

代码x1.2 《海岛算经》中计算海岛距离的算法

以上算法中的注释，引自（唐）李淳风等对原书的注解。

c）该算法借助了哪些计算工具？

【解答】

可见，以上算法利用了（垂直地面、等长的）两根立柱、（沿直线传播的）光线，以及度量立柱高度、立柱间距及其投影距离的直尺。当然，人眼在此也不可或缺，否则难以确定投影位置。

[1-3] 试分别举出实例说明，在对包含n个元素的序列做起泡排序的过程中，可能发生以下情况：

a） 任何元素都无需移动（从而内循环仅执行一轮即可终止算法）；

【解答】

比如，所有元素已经按序排列。

b） 某元素会一度（朝着远离其最终位置的方向）逆向移动；

【解答】

比如序列：

{ n, n - 1, 1, 2, ..., n - 2 }

经首轮扫描交换后为

{ n - 1, 1, 2, ..., n - 2, n }

其中的次大元素n - 1，最终位置在初始位置的右侧，在上述过程中却向左侧移动一个单元。

c） 某元素的初始位置与其最终位置相邻，甚至已经处于最终位置，却需要参与n - 1次交换；

【解答】

当n为偶数时，考查序列：

{ n/2 + 2, n/2 + 3, ..., n, n/2 + 1, 1, 2, ..., n/2 }

其中元素n/2 + 1只需右移一个单元，即是最终位置。但按照起泡排序算法，在前n/2 - 1轮扫描交换中，它都左移一个单元。在此后的第n/2轮扫描交换中，它连续地右移n/2个单元，方抵达最终位置。整个过程累计参与n - 1次交换。

当n为奇数时，考查序列：

{ (n + 1)/2 + 1, (n + 1)/2 + 2, ..., n, (n + 1)/2, 1, 2, ..., (n - 1)/2 }

其中元素(n + 1)/2已经处于最终位置。但按照起泡排序算法，在前(n - 1)/2轮扫描交换中，它都左移一个单元。在此后的第n/2轮扫描交换中，它连续地右移(n - 1)/2个单元，方抵达最终位置。整个过程累计参与n - 1次交换。

d） 所有元素都需要参与n - 1次交换。

【解答】

仔细观察以上实例不难看出：对于序列中的任何一个元素，只要更小（大）的元素均处于其右（左）侧，则该元素或早或晚必然与其余元素各交换一次，累计n - 1次。也就是说，这类元素与其余的每个元素均构成一个逆序对（inversion）——参见习题[3-11]。

实际上，若所有元素均具有这种特性，则必为完全逆序的序列，比如：

{ n, n - 1, ..., 2, 1 }

其中共包含n(n - 1)/2个逆序对。

[1-4] 对n个整数的排序，能否保证在最坏情况下仍可在少于$O(n)$的时间内完成？为什么？

【解答】

不能。这一结论，可以从几个方面来理解。

首先，为确定n个整数的排列次序，至少需要对每个元素访问一次。否则，即便其余n - 1个整数业已排序，在未读取出该整数的准确数值之前，仍无法确定整体的排列次序。

其次，同一组整数的输入次序可能不同，其中必有一种是完全错位的，即没有任何一个元素是就位的。此种情况下，每个整数都至少需要参与一次比较或者移动操作。

最后，即便排序结果已知，在输出的过程中每个整数也必须花费常数的时间。

在后面的第2.7节，将就此问题给出并证明一个更强的结论。

[1-5] 随着问题输入规模的不断扩大，同一算法所需的计算时间通常都呈单调递增趋势，但情况亦并非总是如此。试举实例说明，随着输入规模的扩大，同一算法所需的计算时间可能上下波动。

【解答】

例如，对任意整数n ≥ 2做素因子分解的一种蛮力算法是，反复地从2到n递增地逐一尝试。采用这一算法，对于不同的输入n，所需的时间T(n)如下表所示。

n	2	3	4	5	6	7	8	...
T(n)	1	2	2	4	3	6	3	...

n	47	48	49	50	51	52	53	...
T(n)	46	6	12	9	18	14	52	...

n	62	63	64	65	66	67	68	...
T(n)	31	10	6	16	13	66	18	...

实际上，任意素数n都对应于该算法的最坏情况，即：

$$T(n) = n - 1 = \mathcal{O}(n)$$

而任意形如n = 2^k的整数都对应于最好情况，即：

$$T(n) = k = \mathcal{O}(\log n)$$

因此，该算法的运行时间将在这两种极端情况之间，呈波动形式上下起伏。

[1-6] 在一台速度为1G flops的电脑上使用教材中代码1.1中的bubblesort1A()算法，大致需要多长时间才能完成对全国人口记录的排序？

【解答】

输入规模按n = 10^9（十亿人口）计，计算量为n^2 = 10^18。

该电脑的计算能力按10^9计，则大致需要10^(18 - 9) = 10^9秒 = 30年。

根据数据结构和算法的渐进复杂度，凭借在实际计算环境中积累的经验，针对计算过程主要部分进行的此类粗略估算，也称作封底估算（back-of-the-envelope calculation），意指只需在废信封背面寥寥数行即可完成的估算。

好的封底估算不仅简便易行，而且可以大体上对数据结构和算法的实际性能做出较为准确的比较和判断。这种对总体计算效率的把握能力，也是优秀程序员必备的一项基本素质。

[1-7] 试用C++语言描述一个包含循环、分支、子函数调用，甚至递归结构的算法，要求具有常数的总体时间复杂度。

【解答】

一个综合多种情况的实例，如代码x1.3所示。

这个名为O1()的函数虽然设有一个循环，但无论其输入参数n有多大，循环控制变量i总是以1 + n/2013为步长，从0逐次递增至n。因此迭代步数大致为2013 = $\mathcal{O}(1)$。

该函数还设有一个转向标志UNREACHABLE，但转向条件“1 + 1 != 2”永远无法满足，故这个转向分支实质上形同虚设。

以下，是经过条件判断之后对某个子函数doSomething()的“调用”。然而，这里的转向条件“n * n < 0”依然属于逻辑上的永非式，因此相应的调用绝不可能发生。

```
1 void O1( unsigned int n ) {
2    for ( unsigned int i = 0; i < n; i += 1 + n/2013 ) { //循环：但迭代至多2013次，与n无关
3 UNREACHABLE: //无法抵达的转向标志
4       if ( 1 + 1 != 2 ) goto UNREACHABLE; //分支：条件永非，转向无效
5       if ( n * n < 0 ) doSomething(n); //分支：条件永非，调用无效
6       if ( (n + i) * (n + i) < 4 * n * i ) doSomething( n ); //分支：条件永非，调用无效
7       if ( 2 == (n * n) % 5 ) O1( n + 1 ); //分支：条件永非，递归无效
8       int f = fib(n); if ( 12 < n && (sqrt(f) * sqrt(f) == f) ) O1( n - 1 ); //分支：条件永非
9    }
10 }
```

代码x1.3 包含循环、分支、子函数调用甚至递归结构，但具有常数时间复杂度的算法

目前某些高级的编译器，已经能够识别前一类完全由常数定义的永非式，并在编译过程中作相应的自动优化。然而不幸的是，对于由变量参与定义的这种（以及更为复杂的）逻辑条件，编译器尚不能有效地判别和优化。

例如，接下来经过条件判断“(n + i) * (n + i) < 4 * n * i”之后对子函数doSomething()的“调用”，也绝对不可能被执行。实际上，作为关于不等式的基本常识我们知道，非负整数的算术平均不可能小于其几何平均。

又如，再接下来经过条件判断“2 == (n * n) % 5”之后的“递归调用”，也绝对不可能被执行。实际上，由基本的数论知识不难验证，任意整数的平方关于5整除之后的余数，断乎不可能是2（或3）。

最后，经过条件判断“(12 < n) && (sqrt(f) * sqrt(f) == f)”之后的“递归调用”，依然绝对不可能被执行——实际上在Fibonacci数中，只有fib(0)、fib(1)、fib(2)、fib(12)是平方数，fib(n > 12)必然都不是。

不难理解，相对于前两种情况，后三种无效的分支语句几乎无法有效地辨别。由以上可见，对于程序时间复杂度的估算，不能完全停留和依赖于其外在的流程结构；更为准确而精细的分析，必然需要以对其内在功能语义的充分理解为基础。

[1-8] 试证明，在用对数函数界定渐进复杂度时，常底数的具体取值无所谓。

【解答】

设某函数的上界可表示为$f(n) = \mathcal{O}(\log_a n)$，其中$a > 1$为常数。

则对任一常数$b > 1$，因$\ln b/\ln a$为常数，故根据大$\mathcal{O}$记号的性质有：

$$f(n) = \mathcal{O}(\log_a n) = \mathcal{O}((\ln b/\ln a)\log_b n) = \mathcal{O}(\log_b n)$$

由此可见，无论更换为任一常数底，只会影响到常系数。

[1-9] 试证明，对于任何$\varepsilon > 0$，都有$\log n = \mathcal{O}(n^{\varepsilon})$。

【解答】

我们知道，函数$\ln n$增长得极慢，故总存在$M > 0$，使得$n > M$之后总有$\ln n < \varepsilon n$。

令$N = e^M$，则当$n > N$（即$\ln n > M$）之后，总有：$\ln(\ln n) < \varepsilon \ln n$，亦即：$\ln n < n^{\varepsilon}$。

实际上从另一角度来看，既然$n^{1-\varepsilon/2} \cdot \ln n$是凹函数（concave function，导数递减），$n^{1+\varepsilon/2}$是凸函数（convex function，导数递增），则也不难得出以上结论。

[1-10] 试证明，在大$\mathcal{O}$记号的意义下

a）等差级数之和与其中最大一项的平方同阶；

【解答】

考查首项为常数x、公差为常数$d > 0$、长度为n的等差级数：

$$\{ x, x + d, x + 2d, ..., x + (n - 1)d \}$$

其中末项$(n - 1)d = \Theta(n)$，各项总和为：

$$(d/2)n^2 + (x - d/2)n = \Theta(n^2)。$$

b）等比级数之和与其中最大一项同阶。

【解答】

考查首项为常数x、公比为常数$d > 1$、长度为n的等比级数：

$$\{ x, xd, xd^2, ..., xd^{n-1} \}$$

其中末项$xd^{n-1} = \Theta(d^n)$，各项总和为：

$$x(d^n-1)/(d-1) = \Theta(d^n)$$

[1-11] 若$f(n) = \mathcal{O}(n^2)$且$g(n) = \mathcal{O}(n)$，则以下结论是否正确：

a）$f(n) + g(n) = \mathcal{O}(n^2)$；

【解答】

正确。根据大$\mathcal{O}$记号的性质，多项式中的低次项可以忽略。

b）$f(n) / g(n) = \mathcal{O}(n)$；

【解答】

错误。

比如，对于$f(n) = n\log n = \mathcal{O}(n^2)$和$g(n) = 1 = \mathcal{O}(n)$，有$f(n)/g(n) = n\log n \neq \mathcal{O}(n)$。

c) $g(n) = O(f(n))$;

【解答】

错误。

比如，对于$f(n) = \log n = O(n^2)$和$g(n) = n = O(n)$，有$g(n) \neq O(f(n))$。

d) $f(n) * g(n) = O(n^3)$

【解答】

正确。

由大O记号定义，存在常数$c_1 > 0$和$N_1 > 0$，使得当$n > N_1$后总有$f(n) < c_1 n^2$。

同理，存在常数$c_2 > 0$和$N_2 > 0$，使得当$n > N_2$后总有$g(n) < c_2 n$。

于是，若令$c = c_1 c_2$，$N = \max(N_1, N_2)$，则当$n > N$后，总有：

$$f(n)*g(n) < cn^3 = O(n^3)$$

[1-12] 改进教材 13 页代码 1.2 中 countOnes()算法，使得时间复杂度降至

a) O(countOnes(n))，线性正比于数位 1 的实际数目；

【解答】

如代码x1.4所示，这里通过位运算的技巧，自低（右）向高（左）逐个地将数位1转置为0。

```
1 int countOnes1 ( unsigned int n ) { //统计整数二进制展开中数位1的总数：O(ones)正比于数位1的总数
2    int ones = 0; //计数器复位
3    while ( 0 < n ) { //在n缩减至0之前，反复地
4       ones++; //计数（至少有一位为1）
5       n &= n - 1; //清除当前最靠右的1
6    }
7    return ones; //返回计数
8 } //等效于glibc的内置函数int __builtin_popcount (unsigned int n)
```

代码x1.4 countOnes()算法的改进版

对于任意整数n，不妨设其最低（右）的数位1对应于2^k，于是n的二进制展开应该如下：

x x ... x [1 0 0 ... 0]

其中数位x可能是0或1，而最低的k + 1位必然是"[1 0 0 ... 0]"，即数位1之后是k个0。

于是相应地，n - 1的二进制展开应该如下：

x x ... x [0 1 1 ... 1]

也就是说，其最低的k + 1位与n恰好相反，其余的（更高）各位相同。

因此，二者做位与运算（n & (n - 1)）的结果应为：

x x ... x [0 0 0 ... 0]

等效于将原n二进制展开中的最低位1转置为0。

以上计算过程，仅涉及整数的减法和位与运算各一次。若不考虑机器的位长限制，两种运算均可视作基本运算，各自只需$O(1)$时间。因此，新算法的运行时间，应线性正比于n的二进制展开中数位1的实际数目。

b） $\mathcal{O}(\log_2 W)$，W = $\mathcal{O}(\log_2 n)$为整数的位宽。

【解答】

一种可行的实现方式，如代码x1.5所示。

```
1 #define POW(c) (1 << (c)) //2^c
2 #define MASK(c) (((unsigned long) -1) / (POW(POW(c)) + 1)) //以2^c位为单位分组，相间地全0和全1
3 // MASK(0) = 55555555(h) = 01010101010101010101010101010101(b)
4 // MASK(1) = 33333333(h) = 00110011001100110011001100110011(b)
5 // MASK(2) = 0f0f0f0f(h) = 00001111000011110000111100001111(b)
6 // MASK(3) = 00ff00ff(h) = 00000000111111110000000011111111(b)
7 // MASK(4) = 0000ffff(h) = 00000000000000001111111111111111(b)
8
9 //输入：n的二进制展开中，以2^c位为单位分组，各组数值已经分别等于原先这2^c位中1的数目
10 #define ROUND(n, c) (((n) & MASK(c)) + ((n) >> POW(c) & MASK(c))) //运算优先级：先右移，再位与
11 //过程：以2^c位为单位分组，相邻的组两两捉对累加，累加值用原2^(c + 1)位就地记录
12 //输出：n的二进制展开中，以2^(c + 1)位为单位分组，各组数值已经分别等于原先这2^(c + 1)位中1的数目
13
14 int countOnes2 ( unsigned int n ) { //统计整数n的二进制展开中数位1的总数
15    n = ROUND ( n, 0 ); //以02位为单位分组，各组内前01位与后01位累加，得到原先这02位中1的数目
16    n = ROUND ( n, 1 ); //以04位为单位分组，各组内前02位与后02位累加，得到原先这04位中1的数目
17    n = ROUND ( n, 2 ); //以08位为单位分组，各组内前04位与后04位累加，得到原先这08位中1的数目
18    n = ROUND ( n, 3 ); //以16位为单位分组，各组内前08位与后08位累加，得到原先这16位中1的数目
19    n = ROUND ( n, 4 ); //以32位为单位分组，各组内前16位与后16位累加，得到原先这32位中1的数目
20    return n; //返回统计结果
21 } //32位字长时，O(log_2(32)) = O(5) = O(1)
```

代码x1.5 countOnes()算法的再改进版

这里运用了多种二进制位运算的技巧，其数学原理及计算过程，请读者参照所附的注解，细心理解、体会和记忆。

可见，若计算模型支持的整数字长为W，则对于任意整数$n \in [0, 2^W)$，都可在：

$$T(n) = \mathcal{O}(\log_2 W) = \mathcal{O}(\log W) = \mathcal{O}(\log\log n)$$

时间内统计出n所含比特1的总数。

通常，$\mathcal{O}(\log\log n)$可以视作常数。比如，就人类目前所能感知的整个宇宙范围而言，所有基本粒子的总数约为：

$$N = 10^{81} = 2^{270}$$

即便如此之大的N，也不过：

$$\log\log N = \log 270 < 9$$

而在目前主流计算环境中，unsigned int类型的位宽多为W = 32，有：

$$\log\log N = \log W = 5$$

[1-13] **实现教材 14 页代码 1.4 中 power2BF_I()算法的递归版，要求时间复杂度保持为 $\mathcal{O}(n) = \mathcal{O}(2^r)$。**

【解答】

一种可行的实现方式，如代码x1.6所示。

```
1 __int64 power2BF ( int n ) { //幂函数2^n算法（蛮力递归版），n >= 0
2    return ( 1 > n ) ? 1 : power2BF ( n - 1 ) << 1; //递归
3 } //O(n) = O(2^r)，r为输入指数n的比特位数
```

代码x1.6 power2BF_I()算法的递归版

与原先的迭代版相比，该版本的原理完全一致，只不过计算方向恰好颠倒过来：

- 为计算出2^n，首先通过递归计算出2^(n - 1)，然后通过左移返回值加倍
- 经向下递归深入n层并抵达递归基power2BF(0)之后，再逆向地逐层返回
- 每返回一层，都执行一次加倍

就空间复杂度而言，该版本无形中提高至$\mathcal{O}(n)$。相对于原就地的迭代版，反而有所倒退。

[1-14] **实现教材 21 页代码 1.8 中 power2()算法的迭代版，要求时间复杂度保持为 $\mathcal{O}(\log n) = \mathcal{O}(r)$。**

【解答】

一种可行的实现方式，如代码x1.7所示。

```
1 __int64 power2_I ( int n ) { //幂函数2^n算法（优化迭代版），n >= 0
2    __int64 pow = 1; //O(1)：累积器初始化为2^0
3    __int64 p = 2; //O(1)：累乘项初始化为2
4    while ( 0 < n ) { //O(logn)：迭代log(n)轮，每轮都
5       if ( n & 1 ) //O(1)：根据当前比特位是否为1，决定是否
6          pow *= p; //O(1)：将当前累乘项计入累积器
7       n >>= 1; //O(1)：指数减半
8       p *= p; //O(1)：累乘项自乘
9    }
10   return pow; //O(1)：返回累积器
11 } //O(logn) = O(r)，r为输入指数n的比特位数
```

代码x1.7 power2()算法的迭代版

与原先的递归版相比，该版本的原理完全一致，只不过计算方向却恰好颠倒过来：由低到高，依次检查n二进制展开中的各比特，在该比特为1时累乘以累乘项p。

这里的辅助变量p，应始终等于各比特所对应的指数权重，亦即：

    2^1, 2^2, 2^4, 2^8, 2^16, ...

因此，其初始值应置为：

    2^1 = 2

而此后每经过一步迭代（并进而转向更高一位），p都会通过自平方完成更新。

不难看出，这个版本仅需$\mathcal{O}(1)$的辅助空间，故就空间复杂度而言，较之原递归的版本有了很大改进。

以上算法不难推广至一般的情况。比如，对于任意的整数a和n，计算a^n的一个通用算法，可实现如代码x1.8所示。

```
1  __int64 power ( __int64 a, int n ) { //a^n算法：n >= 0
2     __int64 pow = 1; //O(1)
3     __int64 p = a; //O(1)
4     while ( 0 < n ) { //O(logn)
5        if ( n & 1 ) //O(1)
6           pow *= p; //O(1)
7        n >>= 1; //O(1)
8        p *= p; //O(1)
9     }
10    return pow; //O(1)
11 } //power()
```

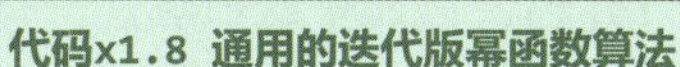
代码x1.8 通用的迭代版幂函数算法

请读者参照注释，对该算法的时间复杂度做一分析。

[1-15] 考查最大元素问题：从n个整数中找出最大者。

a） 试分别采用迭代和递归两种模式设计算法，在线性时间内解决该问题；

b） 用C++语言实现你的算法，并分析它们的复杂度。

【解答】

该问题迭代版算法一种可行的实现方式，如代码x1.9所示。

```
1 int maxI ( int A[], int n ) { //求数组最大值算法（迭代版）
2    int m = INT_MIN; //初始化最大值纪录，O(1)
3    for ( int i = 0; i < n; i++ ) //对全部共O(n)个元素，逐一
4       m = max ( m, A[i] ); //比较并更新，O(1)
5    return m; //返回最大值，O(1)
6 } //O(1) + O(n) * O(1) + O(1) = O(n + 2) = O(n)
```

代码x1.9 数组最大值算法（迭代版）

该问题线性递归版算法一种可行的实现方式，如代码x1.10所示。

```
1 int maxR ( int A[], int n ) { //数组求最大值算法（线性递归版）
2    if ( 2 > n ) //平凡情况，递归基
3       return A[n - 1]; //直接（非递归式）计算
4    else //一般情况，递归：在前n - 1项中的最大值与第n - 1项之间，取大者
5       return max ( maxR ( A, n - 1 ), A[n - 1] );
6 } //O(1) * 递归深度 = O(1) * (n + 1) = O(n)
```

代码x1.10 数组最大值算法（线性递归版）

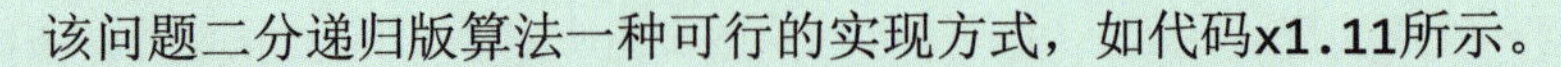

该问题二分递归版算法一种可行的实现方式，如代码x1.11所示。

```
1 int maxR ( int A[], int lo, int hi ) { //计算数组区间A[lo, hi)的最大值（二分递归）
2    if ( lo + 1 == hi ) //如遇递归基（区间长度已降至1），则
3       return A[lo]; //直接返回该元素
4    else { //否则（一般情况下lo + 1 < hi），则递归地
5       int mi = ( lo + hi ) >> 1; //以中位单元为界，将原区间一分为二：A[lo, mi)和A[mi, hi)
6       return max ( maxR ( A, lo, mi ), maxR ( A, mi, hi ) ); //计算子区间的最大值，再从中取大者
7    }
8 } //O(hi - lo)，线性正比于区间的长度
```

代码x1.11 数组最大值算法（二分递归版）

以上诸版本时间复杂度的分析结论，请参见所附注释。

就空间复杂度而言，迭代版为$\mathcal{O}(1)$，已属于就地算法。递归版的所需的空间量均取决于最大的递归深度，对二分递归而言为$\mathcal{O}(\log n)$，对线性递归而言为$\mathcal{O}(n)$。

[1-16] 考查如下问题：设S为一组共n个正整数，其总和为2m，判断是否可将S划分为两个不相交的子集，且各自总和均为m？美国总统选举即是该问题的一个具体实例：

> **若有两位候选人参选，并争夺 n = 51 个选举人团（50 个州和 1 个特区）的共计 2m = 538 张选举人票，是否可能因两人恰好各得 m = 269 张，而不得不重新选举？**

a) 试设计并实现一个对应的算法，并分析其时间复杂度；

【解答】

采用蛮力策略，逐一枚举S的每一子集，并统计其中元素的总和。一旦发现某个子集的元素总和恰为m，即成功返回。若直至枚举完毕均未发现此类子集，即失败返回。

b) 若没有其它（诸如限定整数取值范围等）附加条件，该问题可否在多项式时间内求解？

【解答】

此问题已被证明是NP完全的（NP-complete）。这意味着，就目前的计算模型而言，不存在可在多项式时间内回答此问题的算法。反过来，上述基于直觉的蛮力算法已属最优。

[1-17] 试证明，若每个递归实例仅需使用常数规模的空间，则递归算法所需的空间总量将线性正比于最大的递归深度。

【解答】

根据递归跟踪分析法，在递归程序的执行过程中，系统必须动态地记录所有活跃的递归实例。在任何时刻，这些活跃的递归实例都可按照调用关系，构成一个调用链，该程序执行期间所需的空间，主要用于维护上述调用链。不难看出，按照题目所给的条件，这部分空间量应线性正比于调用链的最大长度，亦即最大的递归深度。

在教材的4.2.1节，还将针对递归实现机制——函数调用栈——做详细的介绍。届时，我们将了解上述过程更多的具体细节。简而言之，以上所定义的调用链，实际上就对应于该栈中的所有帧。在任何时刻，其中每一对相邻的帧，都对应于存在“调用与被调用”关系的一对递归实例。若各递归实例所需空间均为常数量，则空间占用量与栈内所含帧数成正比，并在递归达到最深层时达到最大。

总而言之由上可见，递归算法所需的空间总量，并不直接取决于计算过程中出现过的递归实例总数，与总体消耗的计算时间也没有必然的关系。

[1-18] 试采用递推方程法，分析教材 17 页代码 1.5 中线性递归版 sum()算法的空间复杂度。

【解答】

设采用该算法对长度为n的数组统计总和，所需空间量为S(n)，于是可得递推方程如下：

$$S(1) = \mathcal{O}(1)$$

$$S(n) = S(n - 1) + \mathcal{O}(1)$$

两式联合求解即得：

$$S(n) = \mathcal{O}(n)$$

[1-19] 考查如教材 24 页代码 1.12 所示的二分递归版 fib(n)算法，试证明：

a）对任一整数 $1 \leq k \leq n$，形如 fib(k)的递归实例，在算法执行过程中都会先后重复出现 fib(n - k + 1)次；

【解答】

在该算法的递归跟踪图中，每向下递归深入一层，入口参数就减一（向左）或减二（向右）。在从入口fib(n)通往每一fib(k)递归实例的沿途，各递归实例的入口参数只能依次减一或减二。因此，fib(k)出现的次数，应该等于从n开始，经每次减一或减二，最终减至k的路径总数。

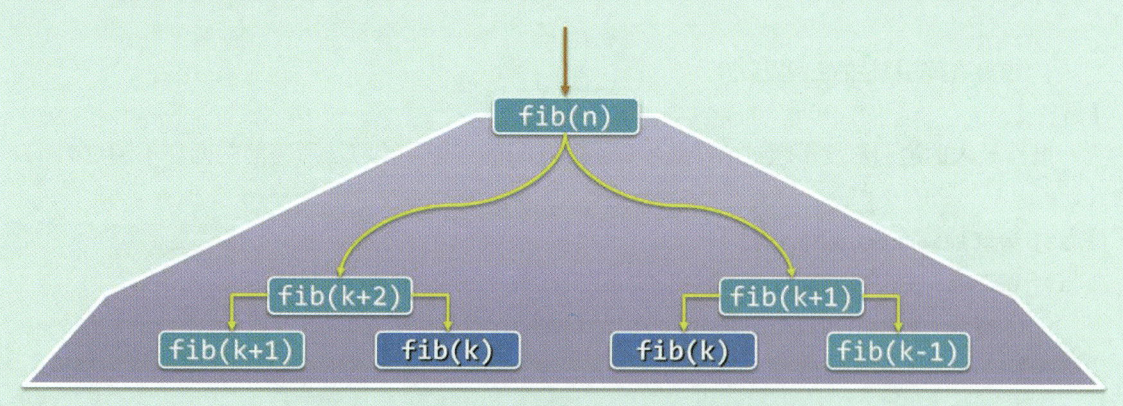

图x1.3 fib()算法中递归实例fib(k)的两种出现可能

考查这些路径的最后一步，如图x1.3所示无非两种可能：或由fib(k + 1)向左抵达fib(k)，或由fib(k + 2)向右抵达fib(k)。故若将fib(k)出现的次数记作F(k)，则可得递推式如下：

$$F(n) = 1$$

$$F(k) = F(k + 1) + F(k + 2)$$

两式联合求解，即得：

$$F(k) = fib(n - k + 1)$$

b） 该算法的时间复杂度为指数量级；

【解答】

该算法每个递归实例自身仅消耗常数时间，故总体运行时间应线性正比于递归实例的总数：

$$\sum_{k=0}^{n} F(k) = \sum_{k=0}^{n} fib(n - k + 1)$$

$$= \sum_{k=1}^{n+1} fib(k) = fib(n + 3) - 1 = \mathcal{O}(\Phi^n)$$

其中，$\Phi = (1 + \sqrt{5})/2 = 1.618$。

为便捷而准确地估计此类算法的时间和空间复杂度，我们不妨记住以下关于Φ的近似估计：

Φ^5 ≈ 10 , Φ^67 ≈ 10^14

Φ^3 ≈ 2^2 , Φ^36 ≈ 2^25

就以这里的二分递归版fib(n)算法为例。如读者编译并运行该算法，就会发现在其计算至第45项之后，即可感觉到明显的（秒量级以上的）延迟。

其实，只要注意到目前常见的CPU主频大致在1G Hz = 10^9 Hz量级，而且由以上近似经验值可估算出Φ^45 ≈ 10^9，即不难解释和理解上述现象。

c） 该算法的最大递归深度为$\mathcal{O}(n)$；

【解答】

在该算法运行过程中的任一时刻，（在函数调用栈内）活跃的递归实例所对应的入口参数，必然从n（栈底）到k ≥ 0（栈顶）严格单调地递减。因此，活跃实例的总数不可能多于n个。

d） 该算法具有线性的空间复杂度。

【解答】

既然最大的递归深度不超过n，故由习题[1-18]的结论，该算法所需的空间亦不超过$\mathcal{O}(n)$。

[1-20] 考查 Fibonacci 数的计算。

a） 试证明，任意算法哪怕只是直接打印输出 fib(n)，也至少需要Ω(n)的时间；

（提示：无论以任何常数为进制，fib(n)均由Θ(n)个数位组成）

【解答】

从渐进角度看，$fib(n) = \Theta(\Phi^n)$。因此采用任何常数进制展开，fib(n)均由Θ(n)个数位组成。这就意味着，即便已知fib(n)的数值大小，将该数值逐位打印出来也至少需要Θ(n)时间。

b） 试参考教材 21 页代码 1.8 中 power2()算法设计一个算法，在$\mathcal{O}(\log n)$时间内计算出 fib(n)；

【解答】

根据Fibonacci数的定义，可得如下矩阵形式的递推关系：

$$\begin{pmatrix} 0 & 1 \\ 1 & 1 \end{pmatrix} \begin{pmatrix} fib(k-1) \\ fib(k) \end{pmatrix} = \begin{pmatrix} fib(k) \\ fib(k+1) \end{pmatrix}$$

由此，可进一步得到如下通项公式：

$$\begin{pmatrix} fib(n) \\ fib(n+1) \end{pmatrix} = \begin{pmatrix} 0 & 1 \\ 1 & 1 \end{pmatrix}^n \begin{pmatrix} fib(0) \\ fib(1) \end{pmatrix} = \begin{pmatrix} 0 & 1 \\ 1 & 1 \end{pmatrix}^n \begin{pmatrix} 0 \\ 1 \end{pmatrix}$$

于是，若套用power2()算法的流程，只要将其中的整数平方运算sqr()换成矩阵的平方运算，即可实现fib(n)的计算。更重要的是，这里仅涉及2×2矩阵的计算，每次同样只需常数时间，故整体的运行时间也是$\mathcal{O}(\log n)$。

c） 以上结论是否矛盾？为什么？

【解答】

以上结论在表面上的确构成悖论。究其根源在于，以上对power2()与fib()等算法的时间复杂度分析都假定，整数的乘法、位移和打印等基本操作各自只需$\mathcal{O}(1)$时间——即采用所谓的常数代价准则（uniform cost criterion）——而这只是在一定程度上的近似。

设参与运算的整数（的数值）为k。不难看出，上述基本操作都需要逐个地读取k的二进制展开的每一有效比特位，故更为精确地，这些操作的时间成本应该线性正比于k的有效位的总数$\mathcal{O}(\log k)$——即采用所谓的对数代价准则（logarithmic cost criterion）。

当k不是很大时，两种准则之间的差异并不是不大；而当k很大甚至远远超出机器字长之后，二者之间的差异将不容忽略。仍以Fibonacci数为例。因$fib(n) = \Theta(\Phi^n)$，故该数列应以Φ为比率呈指数递增，各项的二进制展开长度$\log_2(\Phi^n)$则以匀速呈线性递增。根据习题[1-19]所给的估算经验，相邻项约相差$\log_2\Phi = 0.694$个比特，大致每隔36项相差25个比特。也就是说，自fib(48)后便会导致32位无符号整数的溢出，自fib(94)后便会导致64位无符号整数的溢出。

[1-21] 考查 fib()算法的二分递归版、线性递归版和迭代版。

a） 分别编译这些算法，针对 n = 64 实际运行并测试对比；

b） 三者的运行速度有何差别？为什么？

【解答】

请读者通过实际动手，独立完成实测和对比任务，并根据测试结果给出结论。

需要特别留意的是，根据上述分析，中途很快即会发生字长溢出的现象。另外，若采用时间复杂度为$\mathcal{O}(\Phi^n)$的二分递归版，在计算出fib(64)之前我们大致需要等待：

$$\Phi^{64} / 10^9 = \Phi^{67-3} / 10^9 = (10^{14}/4) / 10^9$$
$$= 10^5 / 4 \text{ 秒} = 1/4 \text{ 天} = 6 \text{ 小时}$$

而多少令我们惊讶的是，若计算的目标是fib(92)，则需要等待

$$\Phi^{92} / 10^9 = \Phi^{67+25} / 10^9 = 10^{14+5} / 10^9$$
$$= 10^{10} \text{ 秒} = 3 \text{ 世纪}$$

但愿我们都能如此长寿！不过，即便不考虑电脑老化或故障等因素，在经过一个世纪之后，或许你倒是可以甚至应该更换一台更快速的新型电脑——当然，那台“电脑”未必仍然需要电能驱动，届时我们也将不再会因计算的中途停电而懊恼沮丧了。

[1-22] 参照教材 26 页代码 1.14 中迭代版 fibI()算法，实现支持如下接口的 Fib 类。

```
1 class Fib { //Fibonacci数列类
2 public:
3    Fib(int n); //初始化为不小于n的最小Fibonacci项（如，Fib(6) = 8），O(logΦ(n))时间
4    int get(); //获取当前Fibonacci项（如，若当前为8，则返回8），O(1)时间
5    int next(); //转至下一Fibonacci项（如，若当前为8，则转至13），O(1)时间
6    int prev(); //转至上一Fibonacci项（如，若当前为8，则转至5），O(1)时间
7 };
```

【解答】

Fib类一种可行的实现方式，如代码x1.12所示。

```
1 class Fib { //Fibonacci数列类
2 private:
3    int f, g; //f = fib(k - 1), g = fib(k)。均为int型，很快就会数值溢出
4 public:
5    Fib ( int n ) //初始化为不小于n的最小Fibonacci项
6    { f = 1; g = 0; while ( g < n ) next(); } //fib(-1), fib(0)，O(log_phi(n))时间
7    int get()  { return g; } //获取当前Fibonacci项，O(1)时间
8    int next() { g += f; f = g - f; return g; } //转至下一Fibonacci项，O(1)时间
9    int prev() { f = g - f; g -= f; return g; } //转至上一Fibonacci项，O(1)时间
10 };
```

代码x1.12 Fib类的实现

套用教材1.4.5节介绍的动态规划（dynamic programming）策略，这里也设置了两个内部的私有成员变量f和g，始终分别记录当前的一对相邻Fibonacci数，在构造函数中，它们分别被初始化为：

$$f = fib(-1) = 1$$
$$g = fib(0) = 0$$

为定位至不小于n的最小项，以下反复调用next()接口依次递增地遍历，直至首次达到或者超过n。因n与Fibonacci数的第$\log_\Phi(n)$项渐进地同阶，故整个遍历过程不超过$O(\log_\Phi(n))$步。

next()接口对f和g的更新方式，与教材26页代码1.14完全一致：经过滚动式的叠加，使之继续指向下一对相邻的Fibonacci项。

取前一项的方法亦与此相似，只不过方向颠倒而已。

[1-23] 法国数学家Edouard Lucas于1883提出的Hanoi塔问题，可形象地描述如下：

有n个中心带孔的圆盘贯穿在直立于地面的一根柱子上，各圆盘的半径自底而上不断缩小；需要利用另一根柱子将它们转运至第三根柱子，但在整个转运的过程中，游离于这些柱子之外的圆盘不得超过一个，且每根柱子上的圆盘半径都须保持上小下大。

试将上述转运过程描述为递归形式，并进而实现一个递归算法。

【解答】

将三根柱子分别记作X、Y和Z，则整个转运过程可递归描述为：

```
为将X上的n只盘子借助Y转运至Z，只需（递归地）
    将X上的n - 1只盘子借助Z转运至Y
    再将X上最后一只盘子直接转移到Z
    最后再将Y上的n - 1只盘子借助X转运至Z
```

按照这一理解，即可如代码x1.13所示实现对应的递归算法。

```
1 // 按照Hanoi规则，将柱子Sx上的n只盘子，借助柱子Sy中转，移到柱子Sz上
2 void hanoi ( int n, Stack<Disk>& Sx, Stack<Disk>& Sy, Stack<Disk>& Sz ) {
3    if ( n > 0 )   { //没有盘子剩余时，不再递归
4       hanoi ( n - 1, Sx, Sz, Sy ); //递归：将Sx上的n - 1只盘子，借助Sz中转，移到Sy上
5       move ( Sx, Sz ); //直接：将Sx上最后一只盘子，移到Sz上
6       hanoi ( n - 1, Sy, Sx, Sz ); //递归：将Sy上的n - 1只盘子，借助Sx中转，移到Sz上
7    }
8 }
```

代码x1.13 Hanoi塔算法

关于时间复杂度，该算法对应的边界条件和递推式为：

$$T(1) = \mathcal{O}(1)$$
$$T(n) = 2*T(n - 1) + \mathcal{O}(1)$$

若令：

$$S(n) = T(n) + \mathcal{O}(1)$$

则有：

$$S(1) = \mathcal{O}(2)$$
$$\begin{aligned}S(n) &= 2\cdot S(n - 1)\\ &= 2^2\cdot S(n - 2)\\ &= 2^3\cdot S(n - 3)\\ &= \ldots\\ &= 2^{n-1}\cdot S(1)\\ &= 2^n\end{aligned}$$

故有：

$$T(n) = \mathcal{O}(2^n)$$

[1-24] 如图 x1.4 所示，考查缺失右上角（面积为 $4^n - 1$）的 $2^n \times 2^n$ 棋盘，$n \geq 1$。

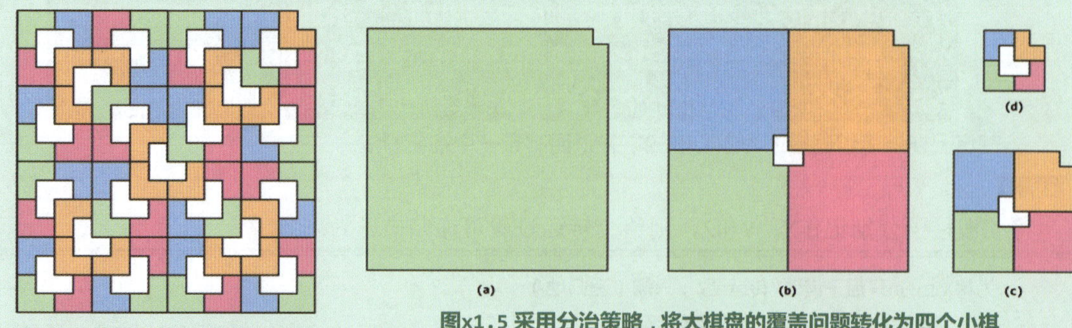

图x1.4 使用85块L形积木，可以恰好覆盖缺失一角的16×16棋盘

图x1.5 采用分治策略，将大棋盘的覆盖问题转化为四个小棋盘的覆盖问题

a）试证明，使用由三个 1×1 正方形构成、面积为 3 的 L 形积木，可以恰好覆盖此类棋盘；

【解答】

将n称作此类棋盘的阶次，并对n做数学归纳。作为归纳基，$n = 1$时显然。

故假设阶次低于n的此类棋盘都可被L形积木覆盖，考查如图x1.5(a)所示的n阶棋盘。先将一块L形积木摆放至棋盘中心处，缺口方向与棋盘缺口一致。

于是如图(b)所示，棋盘的剩余部分可以划分为四个$n - 1$阶的棋盘。由归纳假设，它们均可被L形积木覆盖，故原n阶棋盘亦是如此。

b）试给出一个算法，对于任意 $n \geq 1$，给出覆盖方案；

【解答】

参照以上归纳证明的思路，即可得出构造覆盖方案的如下递归算法。

```
1  // 覆盖基准点在(x, y)的n ≥ 1阶棋盘
2  // 四种缺口方向，由(dx, dy)指定：(+1, +1)东北、(+1, -1)东南、(-1, +1)西北、(-1, -1)西南
3  // 算法的起始调用入口为cover(n, 0, 0, 1, 1)：基准点在(0, 0)、缺口朝向东北的n阶棋盘
4  void cover(int n, int x, int y, int dx, int dy) {
5     int s = 1 << (n-1); //子棋盘的边长：2^(n-1)
6     place(x + dx * (s - 1), y + dy * (s - 1), dx, dy); //首先用一块L形积木覆盖中心
7     if (1 < n) { //只要棋盘仍未完全覆盖，则继续递归地覆盖四个子棋盘
8        cover(n - 1, x,                  y,                   dx,  dy); //递归：覆盖西南方子棋盘
9        cover(n - 1, x + dx * s,         y + dy * s,          dx,  dy); //递归：覆盖东北方子棋盘
10       cover(n - 1, x + dx * (2*s - 1), y,                  -dx,  dy); //递归：覆盖东南方子棋盘
11       cover(n - 1, x,                  y + dy * (2*s - 1),  dx, -dy); //递归：覆盖西北方子棋盘
12    }
13 }
```

算法x1.2 缺角棋盘的覆盖算法

有兴趣的读者，不妨尝试实现与该递归算法对应的迭代版本。

实际上，该问题还可进一步推广：即便缺失的正方形不是位于角部，亦存在覆盖的方案。有兴趣的读者可自行给出证明，并参照以上算法设计出相应的算法。

c） 该算法的时间复杂度是多少？

【解答】

以上算法的每一递归实例本身只需常数时间，根据算法流程可得如下递推式：

$$T(1) = \mathcal{O}(1)$$
$$T(n) = 4*T(n - 1) + \mathcal{O}(1)$$

两式联合求解，即得：

$$T(n) = \mathcal{O}(4^n)$$

若以棋盘的边长N = 2^n（而非棋盘的阶次n）为依据，则有

$$T(N) = \mathcal{O}(N^2)$$

若以棋盘的面积M = 4^n - 1为依据，则有

$$T(M) = \mathcal{O}(M)$$

也可从另一角度简便而精准地估计出本算法的时间复杂度。为此，需要注意到以下事实：

每个递归实例，都对应于覆盖方案中的某一块L形积木，反之亦然

这就意味着，递归实例的总数恰好等于所用L形积木的总数，后者恰为棋盘面积的三分之一，渐进地即是$\mathcal{O}(M)$。

[1-25] 《九章算术》记载的“中华更相减损术”可快速地计算正整数 a 和 b 的最大公约数，其过程如下：

```
1 令p = 1
2 若a和b不都是偶数，则转5)
3 令p = p×2，a = a/2，b = b/2
4 转2)
5 令t = |a - b|
6 若t = 0，则返回并输出a×p
7 若t为奇数，则转10)
8 令t = t/2
9 转7)
10 若a ≥ b，则令a = t；否则，令b = t
11 转5)
```

a） 按照上述流程，编写一个算法 int gcd(int a, int b)，计算 a 和 b 的最大公约数；

【解答】

运用“中华更相减损术”的最大公约数算法，可实现如代码 x1.14 所示。

```
1 __int64 gcdCN ( __int64 a, __int64 b ) { //assert: 0 < min(a, b)
2    int r = 0; //a和b的2^r形式的公因子
3    while ( ! ( ( a & 1 ) || ( b & 1 ) ) ) { //若a和b都是偶数
4       a >>= 1; b >>= 1; r ++; //则同时除2（右移），并累加至r
5    } //以下，a和b至多其一为偶
```

```
6     while ( 1 ) {
7        while ( ! ( a & 1 ) ) a >>= 1; //若a偶（b奇），则剔除a的所有因子2
8        while ( ! ( b & 1 ) ) b >>= 1; //若b偶（a奇），则剔除b的所有因子2
9        ( a > b ) ? a = a - b : b = b - a; //简化为：gcd(max(a, b) - min(a, b), min(a, b))
10       if ( 0 == a ) return b << r; //简化至平凡情况：gcd(0, b) = b
11       if ( 0 == b ) return a << r; //简化至平凡情况：gcd(a, 0) = a
12    }
13 }
```

代码x1.14 运用“中华更相减损术”的最大公约数算法

b） 与功能相同的欧几里得算法相比，这一算法有何优势？

【解答】

不妨将两个算法分别简称作“中”和“欧”。

首先可以证明，算法“中”的渐进时间复杂度依然是$\mathcal{O}(\log(a + b))$。

考查该算法的每一步迭代，紧接于两个内部while循环之后设置一个断点，观察此时的a和b。实际上，在a和b各自剔除了所有因子2之后，此时它们都将是奇数。接下来，无论二者大小如何，再经一次互减运算，它们必然将成为一奇一偶。比如，不失一般性地设a > b，则得到：

a - b （偶）

b　　（奇）

再经一步迭代并重新回到断点时，前者至多是：

$(a - b)/2$

两个变量之和至多是：

$(a - b)/2 + b \leq (a + b)/2$

可见，每经过一步迭代，a + b至少减少一半，故总体迭代步数不超过：

$\log_2(a + b)$

另外，尽管从计算流程来看，算法“中”的步骤似乎比算法“欧”更多，但前者仅涉及加减、位测试和移位（除2）运算，而不必做更复杂的乘除运算。因此，前者更适于在现代计算机上编程实现，而且实际的计算效率更高。

反之，无论是图灵机模型还是RAM模型[②]，除法运算在底层都是通过减法实现的。因此，对于算法“欧”所谓的“除法加速”效果，不可过于乐观——而在输入整数大小悬殊时，尤其如此。

最后，较之算法“欧”，算法“中”更易于推广至多个整数的情况。

② 关于这两种典型的计算模型的定义、性质及其关系，建议读者阅读文献[4]的第一章。

[1-26] 试设计并实现一个就地的算法 shift(int A[], int n, int k)，在 $\mathcal{O}$(n)时间内将数组 A[0, n) 中的元素整体循环左移 k 位。例如，数组 A[] = { 1, 2, 3, 4, 5, 6 }经 shift(A, 6, 2)之后，有 A[] = { 3, 4, 5, 6, 1, 2 }。（提示：利用教材 20 页代码 1.7 中 reverse()算法）

【解答】

一个可行的算法，如代码x1.15所示。

```
1 int shift2 ( int* A, int n, int k ) { //借助倒置算法，将数组循环左移k位，O(3n)
2    k %= n; //确保k <= n
3    reverse ( A, k ); //将区间A[0, k)倒置：O(3k/2)次操作
4    reverse ( A + k, n - k ); //将区间A[k, n)倒置：O(3(n - k)/2)次操作
5    reverse ( A, n ); //倒置整个数组A[0, n)：O(3n/2)次操作
6    return 3 * n; //返回累计操作次数，以便与其它算法比较：3/2 * (k + (n - k) + n) = 3n
7 }
```

代码x1.15 借助reverse()算法在O(n)时间内就地移位

若在原向量V中前k个元素组成的前缀为L，剩余的（后缀）部分为R，则如图x1.6所示，经整体左移之后的向量应为：

R + L

这里约定，任意向量V整体倒置后的结果记作V'。于是该算法的原理来自如下恒等式：

R + L = (L' + R')'

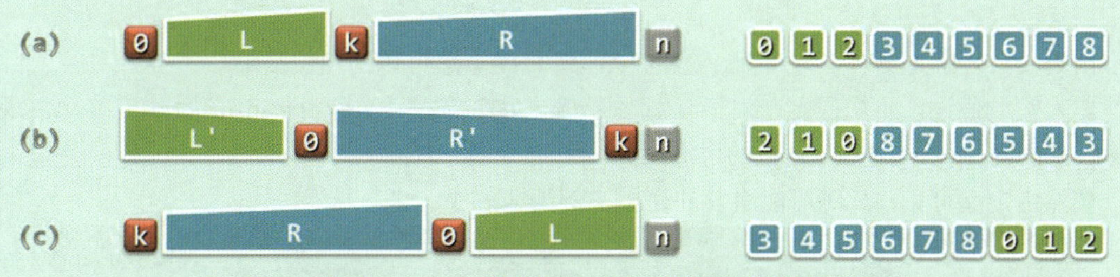

图x1.6 借助reverse()算法在O(n)时间内就地移位的过程及原理

该算法的运行时间主要消耗于元素的互换操作。在整个三轮兑换中，每个元素至多参与两次互换操作。通常，每一对元素的互换需要3次移动操作，因此移动操作的累计次数不超过：

$n \times 2 \times 3 / 2 = 3n$

该算法的其它版本有可能只需更少的交换操作，故单就此指标而言，似乎更加“优于”以上版本。然而就实际的计算效率而言，以上版本却要远远优于其它版本。

究其原因在于，reverse()之类的操作所涉及的数据元素，在物理上是连续分布的，因此操作系统的缓存机制可以轻易地被激活，并充分发挥作用；其它版本的交换操作尽管可能更少，但数据元素在空间往往相距很远，甚至随机分布，缓存机制将几乎甚至完全失效。

在实际的算法设计与编程中，这些方面也是首先必须考虑的因素；在当下，面对规模日益膨胀的大数据，这方面的技巧对算法的实际性能更是举足轻重。在教材的8.2等节，我们还将结合B-树等数据结构，就此深入讨论。

[1-27] 试实现一个递归算法，对任意非负整数 m 和 n，计算以下 Ackermann 函数值：

$$\text{Ackermann}(m, n) = \begin{cases} n + 1 & (\text{若} m = 0) \\ \text{Ackermann}(m - 1, 1) & (\text{若} m > 0 \text{且} n = 0) \\ \text{Ackermann}(m - 1, \text{Ackermann}(m, n - 1)) & (\text{若} m > 0 \text{且} n > 0) \end{cases}$$

对于每一(m, n)组合，这个算法是否必然终止？

【解答】

以上定义本身就是递归式的，故不难将其转换为一个递归算法。请读者独立完成这一任务。

在可计算性理论中，Ackermann函数是典型的非原始递归的递归函数。尽管其定义和计算过程较为复杂，依然可以证明其计算过程必然终止，故对任何(m, n)参数组合均有明确的定义。以下，可以采用超限数学归纳法（transfinite induction）来证明上述论断。

为此，我们首先需要在所有非负整数的组合(m, n)之间，定义如下次序：

> 对于任何(m_1, n_1)与(m_2, n_2)，若$m_1 < m_2$，或者$m_1 = m_2$且$n_1 < n_2$，则称前者小于后者，记作$(m_1, n_1) < (m_2, n_2)$

实际上，所有的(m, n)组合与平面上第一象限内的整点一一对应。不难看出，任何两个整点都可按照这一定义比较大小，故这是一个全序。更重要地，该整点集的任何一个子集，都有最小元素——即该子集中的最左最低点（leftmost-then-lowest point）。其中特别地，全集的最小元素即为坐标原点(0, 0)。因此，如上定义的次序“<”，的确是一个良序（well order）。

由定义，任意形如(0, n)的输入都会立即终止——这可作为归纳基础。

作为归纳假设，不妨假定：对于任意小于(m, n)的输入，Ackermann函数均能终止。现考查输入参数为(m, n)时，该函数的可终止性。

依然由定义可见，此时可能引发的递归实例无非三类：

```
Ackermann(m - 1, 1)
Ackermann(m - 1, *)
Ackermann(m, n - 1)
```

可见，根据如上约定的次序，其对应的参数组合均小于(m, n)。故由归纳假设，以此参数组合对该函数的调用，亦必然会终止。

[1-28] 考查所谓咖啡罐游戏（Coffee Can Game）：在咖啡罐中放有 n 颗黑豆与 m 颗白豆，每次取出两颗：若同色，则扔掉它们，然后放入一颗黑豆；若异色，则扔掉黑豆，放回白豆。

a） 试证明，该游戏必然终止（当罐中仅剩一颗豆子时）；

【解答】

尽管游戏的每一步都有（同色或异色）两个分支，但不难验证：无论如何，每经过一次迭代，罐中豆子的总数（n + m）必然减一。因此就总体而言，罐中豆子的数目必然不断地单调递减，直至最终因不足两颗而终止。

b） 对于哪些(n, m)的组合，最后剩下的必是白豆？

【解答】

类似地，尽管这里有两个分支，但无论如何迭代，罐中白色豆子总数（m）的奇偶性始终保持不变。因此若最终仅剩一颗白豆，则意味着白色豆子始终都是奇数颗。反之，只要初始时白豆共计奇数颗，则最终剩余的也必然是一颗白豆。

[1-29] 序列Hailstone(n)是从n开始，按照以下规则依次生成的一组自然数：

$$\text{Hailstone}(n) = \begin{cases} \{1\} & (\text{若}n = 1) \\ \{n\} \cup \text{Hailstone}(n/2) & (\text{若}n\text{为偶数}) \\ \{n\} \cup \text{Hailstone}(3n+1) & (\text{若}n\text{为奇数}) \end{cases}$$

比如：

Hailstone(7) = { 7, 22, 11, 34, 17, 52, 26, 13, 40, 20, 10, 5, 16, 8, 4, 2, 1 }

试编写一个非递归程序[③]，计算Hailstone(n)的长度hailstone(n)。

【解答】

由题中所给的定义，可以直接导出该算法的递归实现。

该算法的一种可行的非递归实现方式，则如代码x1.16所示。

```
1 template <typename T> struct Hailstone { //函数对象：按照Hailstone规则转化一个T类对象
2    virtual void operator() ( T& e ) { //假设T可直接做算术运算
3       int step = 0; //转换所需步数
4       while ( 1 != e ) { //按奇、偶逐步转换，直至为1
5          ( e % 2 ) ? e = 3 * e + 1 : e /= 2;
6          step++;
7       }
8       e = step; //返回转换所经步数
9    }
10 };
```

代码x1.16 计算Hailstone(n)序列长度的“算法”

正如教材中已经指出的，“序列Hailstone(n)长度必然有限”的结论至今尚未得到证明，故以上程序未必总能终止，因而仍不能称作是一个真正的算法。

[1-30] 在分析并界定其渐进复杂度时，迭代式算法往往体现为级数求和的形式，递归式算法则更多地体现为递推方程的形式。针对这两类主要的分析技巧，参考文献[7]做了精辟的讲解和归纳。试研读其中的相关章节。

【解答】

请读者独立完成研读任务，并根据自己的理解进行归纳总结。

③ 据作者所知，“序列Hailstone(n)长度必然有限”的结论尚未得到证明，故你编写的程序可能并非一个真正的算法

[1-31] 试针对教材 20 页代码 1.7 中的 reverse()算法和 21 页代码 1.8 中的 power2()算法，运用递归跟踪法分析其时间复杂度。

【解答】

reverse()算法的递归跟踪过程，如图x1.7所示。

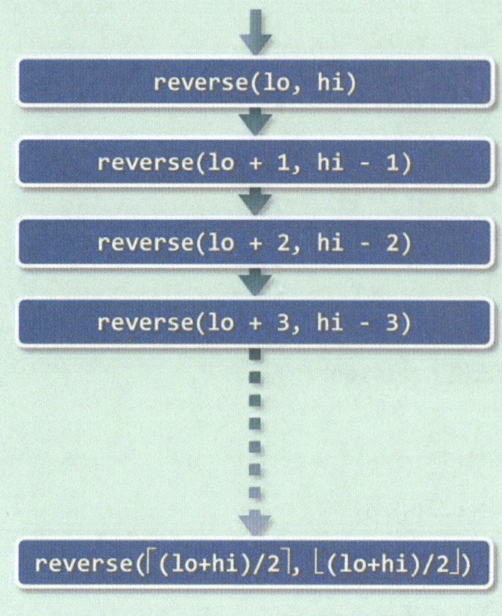

图x1.7 reverse()算法的递归跟踪

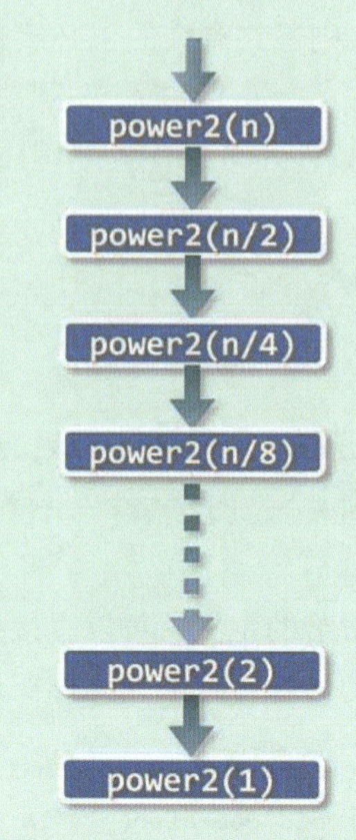

图x1.8 power2()算法的递归跟踪

从中可以清楚地看出，每递归深入一层，入口参数lo和hi之间的差距必然缩小2，因此递归深度（亦即时间复杂度）为：

$$(hi - lo) / 2 = n/2 = \mathcal{O}(n)$$

power2()算法的递归跟踪过程，如图x1.8所示。

类似地也可看出，每递归深入一层，入口参数n即缩小一半，因此递归深度（亦即时间复杂度）应为：

$$\log_2 n = \mathcal{O}(\log n)$$

若按教材中的定义，将参数n所对应二进制展开的宽度记作r = logn，则由图x1.8看出，每递归深入一层，r都会减一，因此递归深度（亦即时间复杂度）应为：

$$\mathcal{O}(r) = \mathcal{O}(\log n)$$

这与上述分析殊途同归。

[1-32] 若假定机器字长无限，移位操作只需单位时间，递归不会溢出，且 rand()为理想的随机数发生器。试分析以下函数 F(n)，并以大 $\mathcal{O}$ 记号的形式确定其渐进复杂度的紧上界。

```
01) void F(int n) {
        for (int i = 0; i < n; i ++)
        for (int j = 0; j < n; j ++);
    }
```

【解答】

这是最基本的二重循环模式，其特点是循环控制变量均按算术级数变化。内循环的每次迭代只需$O(1)$时间，故执行时间取决于总体的迭代次数。因外、内循环的范围分别是i ∈ [0, n)和j ∈ [0, n)，故累计迭代次数为：

$$\sum_{i=0}^{n-1}\sum_{j=0}^{n-1}1=\sum_{i=0}^{n-1}n=n\times n=O(n^2)$$

实际上在如图x1.9(a)所示的(i, j)坐标平面上，此二重循环的执行过程对应于匀速地自下而上、由左到右逐行扫过矩形[0, n) × [0, n)。因此，这一过程所需的时间也就对应于该矩形的面积，就渐进意义而言即是$O(n^2)$。

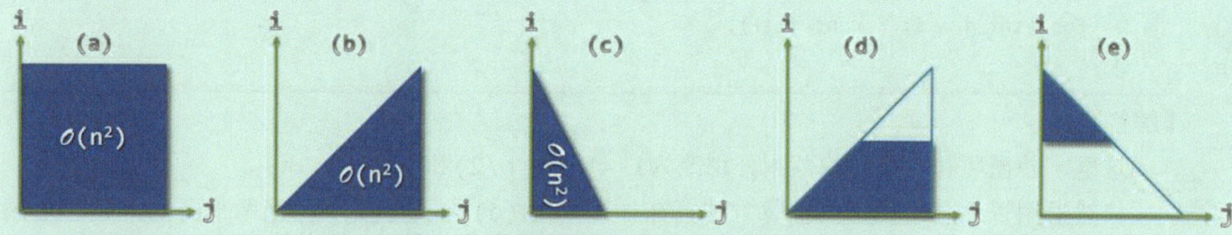

图x1.9 二重循环执行时间的对应图形

相对于以上严格的计算，基于这一图形式理解的估算不仅更加简捷，而且可以更好地体现通过大O记号刻画渐进复杂度总体趋势的要义。而对于接下来更为复杂的情况，这种方法的上述优势则尤为突出。

```
02) void F(int n) {
        for (int i = 0; i < n; i ++)
        for (int j = i; j < n; j ++);
    }
```

【解答】

这也是一种典型的二重循环模式，循环控制变量仍然按算术级数变化。与上例相比，外循环的范围依然是i ∈ [0, n)，但内循环的范围则变成j ∈ [i, n)，故累计迭代次数为：

$$\sum_{i=0}^{n-1}\sum_{j=i}^{n-1}1=\sum_{i=0}^{n-1}(n-i)=\sum_{(k=n-i)=1}^{n}k=n(n+1)/2=O(n^2)$$

也可套用以上基于图形的估算方法，在如图x1.9(b)所示的(i, j)坐标平面上，此二重循环的执行过程对应于匀速地自下而上、由左到右逐行扫过三角形[0, n) × [i, n)。该三角形的面积大致为原矩形的一半——就渐进意义而言，时间复杂度依然是$O(n^2)$。

```
03) void F(int n) {
        for (int i = 0; i < n; i ++)
        for (int j = 0; j < i; j += 2013);
    }
```

【解答】

这里，外循环的范围依然是i ∈ [0, n)，但内循环控制变量j递增的步长改为2013，对应的范围变成j*2013 ∈ [0, i)。

套用以上基于图形的估算方法，在如图x1.9(c)所示的(i, j)坐标平面上，此二重循环的执行过程对应于匀速地自下而上、由左到右逐行扫过一个三角形。该三角形的高仍保持为n，底边压缩了2013倍，故其面积大致为原矩形的1/2/2013 = 1/4026倍——就渐进意义而言，时间复杂度依然是$\mathcal{O}(n^2)$。

```
04) void F(int n) {
        for (int i = 0; i < n/2; i ++)
        for (int j = i; j < n; j ++);
    }
```

【解答】

这里，外循环和内循环的范围分别改为i ∈ [0, n/2)和j ∈ [i, n)。

依然沿用以上基于图形的估算方法，在如图x1.9(d)所示的(i, j)坐标平面上，此二重循环的执行过程对应于匀速地自下而上、由左到右逐行扫过一个梯形。该梯形的上底和下底分别长为n/2和n，高度为n/2，故其面积大致为原矩形的3/8倍——就渐进意义而言，其 时间复杂度依然是$\mathcal{O}(n^2)$。

```
05) void F(int n) {
        for (int i = n/2; i < n; i ++)
        for (int j = 0; j < n - i; j ++);
    }
```

【解答】

这里，外循环的范围改为i ∈ [n/2, n)，内循环的范围是j ∈ [0, i)。

依然沿用以上基于图形的估算方法，在如图x1.9(e)所示的(i, j)坐标平面上，此二重循环的执行过程对应于匀速地自下而上、由左到右逐行扫过一个小三角形。该三角形的底和高均为n/2，故其面积大致为原矩形的1/8倍——就渐进意义而言，其时间复杂度依然是$\mathcal{O}(n^2)$。


```
06) void F(int n) {
        for (int i = 0; i < n; i ++)
        for (int j = 1; j < n; j <<= 1);
    }
```

【解答】

请注意，在此二重循环模式中，尽管外循环的控制变量i仍在[0, n)内按算术级数变化，但内循环的控制变量j在[1, n)内却是按（以2为倍数的）几何级数变化，故累计迭代次数为：

$$\sum_{i=0}^{n-1}\sum_{(k=\log j)=0}^{\log n-1}1=\sum_{i=0}^{n-1}(\log n-1)=n\log n-n=O(n\log n)$$

这里所采用的左移操作，不仅因为可以便捷地实现控制变量j的倍增，同时更为重要的是，这也为复杂度的快速估算提供了线索和依据。我们知道，任意正整数的二进制展开的宽度，与其数值呈对数关系。具体地，数值的加倍对应于其展开宽度加一，反之亦然。

从这一角度考查此处的内循环可见，随着j以2为倍数不断递增，j的二进制展开宽度将以1为步长不断递增。每一轮内循环的迭代次数既然等于j从1至n的倍增次数，也应该就是n的二进制展开宽度，即**logn**。因此，n轮内循环共计耗时O(nlogn)。

```
07) void F(int n) {
        for (int i = 0; i < n; i ++)
        for (int j = 1; j < 2013; j <<= 1);
    }
```

【解答】

此处内循环的控制变量j尽管也是按几何级数递增，但其变化范围固定在[1, 2013)内。因此每一轮内循环只做常数（**log2013**）次的迭代。故总体时间复杂度仅取决于外循环，为O(n)。

```
08) void F(int n) {
        for (int i = 1; i < n; i ++)
        for (int j = 0; j < n; j += i);
    }
```

【解答】

此处内循环的控制变量j尽管是在[0, n)内按算术级数递增，但步长并不固定。具体地，第i轮内循环采用的步长即为i，故需做n/i次迭代。于是，所有循环的累计迭代次数为：

$$\sum_{i=1}^{n-1}\sum_{(k=\frac{j}{i})=0}^{\frac{n}{i}-1}1=\sum_{i=1}^{n-1}\frac{n}{i}=n\sum_{i=1}^{n-1}\frac{1}{i}=O(n\log n)$$

这里需要借助关于调和级数的以下性质：

$$\sum_{i=1}^{n}\frac{1}{i}=1+\frac{1}{2}+\frac{1}{3}+\cdots+\frac{1}{n}=\ln n+\gamma+\Theta(\frac{1}{2n})$$

其中，$\gamma\approx0.577216$为欧拉常数。

```
09) void F(int n) { for (int i = 0, j = 0; i < n; i += j, j ++); }
```

【解答】

这里的变量i和j均从0开始不断递增，每经过一步迭代，i递增j，j递增1。

表x1.1 函数F(n)中变量i和j随迭代不断递增的过程

迭代次序t	0	1	2	3	4	...
变量i	0	0 + 0	0 + 0 + 1	0 + 0 + 1 + 2	0 + 0 + 1 + 2 + 3	...
变量j	0	1	2	3	4	...

具体地，这一过程可以归纳如表x1.1所示。故经过k次迭代后，必有：

$$i = \sum_{t=0}^{k-1} t = k(k-1)/2$$

在循环退出之前，必有：

$$i = k(k-1)/2 < n \text{，或等价地，} k < \frac{1+\sqrt{1+8n}}{2}$$

故该函数的时间复杂度为$\mathcal{O}(\sqrt{n})$。

```
10) void F(int n) { for (int i = 1, r = 1; i < n; i <<= r, r <<= 1); }
```

【解答】

这里的变量i和r均从1开始不断递增，每经过一步迭代，i递增为i·2^r，r递增为2·r。

表x1.2 函数F(n)中变量i和r随迭代不断递增的过程

迭代次序t	0	1	2	3	4	...
变量i	2^0	2^(0+1)	2^(0+1+2)	2^(0+1+2+4)	2^(0+1+2+4+8)	...
变量r	2^0 = 1	2^1 = 2	2^2 = 4	2^3 = 8	2^4 = 16	...

具体地，这一过程可以归纳如表x1.2所示。故经过k次迭代后，必有

$$i = \prod_{t=0}^{k-1} 2^{(2^t)} = 2^{\sum_{t=0}^{k-1} 2^t} = 2^{(2^k-1)}$$

在循环退出之前，必有

$$i = 2^{(2^k-1)} < n$$

亦即

$$2^k - 1 < \log n$$

$$2^k \le \log n$$

$k \le \log\log n$

故该函数的时间复杂度为O(loglogn)。

同样地，这里通过左移操作实现变量递增的方式，也为我们快捷地估算时间复杂度提供了新的视角和线索。从二进制展开的角度来看，变量r的展开宽度每次增加一位，而变量i则每次增加r位。也就是说，变量i的宽度将以（大致）加倍的指数速度膨胀，直至刚好超过logn。因此，总体的迭代次数应不超过logn的对数，亦即O(loglogn)。

```
11) void F(int n) { for (int i = 1; i < n; i = 1 << i); }
```

【解答】

每经一次迭代，i即增长至2^i。设经过k次迭代之后，因i ≥ n而退出迭代。

现颠倒原迭代的方向，其过程应等效于反复令n = $\log_2$n，并经k次迭代之后有n ≤ 1。由此可知，若对n反复取对数直至其不大于1，则k等于其间所做对数运算的次数，记作k = $\log^*$n，读作“log-星-n”。

我们知道，指数函数增长的速度本来就很快，而按照i = 2^i规律增长的速度更是极其地快。因此不难理解，作为反函数的T(n) = O($\log^*$n)尽管依然是递增的，但增长的速度应极其地慢。

另一方面，既然此前习题[1-12]介绍的O(loglogn)通常可以视作常数，则O($\log^*$n)更应该可以。

不妨仍以人类目前所能感知的宇宙范围内，所有基本粒子的总数N = 10^81 = 2^270为例，不难验证有：

$\log^*$N < 5

```
12) int F(int n) { return (n > 0) ? G(G(n - 1)) : 0; }
    int G(int n) { return (n > 0) ? G(n - 1) + 2*n - 1 : 0; }
```

【解答】

首先，需要分析这两个函数的功能语义。不难验证，G(n) = n^2实现了整数的平方运算功能；相应地，F(n) = $((n - 1)^2)^2 = (n - 1)^4$。

接下来为分析时间复杂度，这里及以下将F(n)和G(n)的时间复杂度分别记作f(n)和g(n)。

G(n)属于线性递归（linear recursion），其原理及计算过程实质上可以表示为：

n^2 = (2n - 1) + (2n - 3) + ... + 5 + 3 + 1

也就是说，经递归n层计算前n个奇数的总和。因此，其运行时间为g(n) = O(n)。

请注意，这里的F()并非递归函数，其本身只消耗O(1)时间。不过，F(n)会启动G()的两次递归，入口参数分别为n - 1和$(n - 1)^2$。故综合而言，总体运行时间应为：

$$\begin{aligned} f(n) &= O(1) + g(n - 1) + g((n - 1)^2) \\ &= O(1) + O(n - 1) + O((n - 1)^2) \\ &= O(n^2) \end{aligned}$$

需要强调的是，既然G($(n - 1)^2$)的递归深度为$(n - 1)^2$，故在实际运行时此类代码比较容易因递归过深而导致存储空间的溢出。

```
13) void F(int n) { for (int i = 1; i < n/G(i, 0); i ++); }
    int G(int n, int k) { return (n < 1) ? k : G(n - 2*k - 1, k + 1); }
```

【解答】

同样地，首先需要分析这两个函数的功能语义。不难验证，G(n, 0) = $\lceil\sqrt{n}\rceil$实现了整数的开方运算功能；相应地，F(n)只不过是以1为步长，令变量i从1递增到n/$\lceil\sqrt{n}\rceil$。

G(n)属于线性递归（linear recursion），其原理实质上与前一题相同，只不过计算过程相反——从1开始，依次从n中扣除各个奇数，直至n不再是正数。因此与前一题同理，共需递归$\lceil\sqrt{n}\rceil$层，其运行时间亦为：

$$g(n) = O(\lceil\sqrt{n}\rceil)$$

这里的F()本身只是一个基本的迭代，递增的控制变量i初始值为1。在迭代终止时，应有：

$$i \geq n/\lceil\sqrt{i}\rceil$$

亦即：

$$i = \Theta(n^{2/3})$$

需要特别留意的是，函数F()中的循环每做一步迭代，都需要调用一次G(i, 0)以核对终止条件。故综合而言，这部分时间累计应为：

$$\begin{aligned} f(n) &= O(\sqrt{1}) + O(\sqrt{2}) + O(\sqrt{3}) + \ldots + O(\sqrt{n^{2/3}}) \\ &= O(\int_0^{n^{2/3}} \sqrt{x}) \\ &= O(n) \end{aligned}$$

即便计入F()自身所需的$O(n^{2/3})$时间，已不足以影响这一结论。

在以上分析的基础上稍加体会即不难理解，对于函数F()而言，循环的终止条件实际上完全取决于输入参数n——迭代过程等效于变量i从1逐步递增至$n^{2/3}$。故就此问题而言，为提高算法的整体效率，应该首先直接估算出$n^{2/3}$，然后将其作为越界点。比如，可以改写函数G(n)并使之返回G(n) = $n^{1/3}$，进而得到n/G(n) = $n^{2/3}$，从而使得F()仅需调用一次G()。

实际上只要实现得法，具有以上新的操作语义的函数G(n)本身的耗时仅为$O(n^{1/3})$。请读者根据以上提示，独立完成此项任务。

```
14) int F(int n) { return (n > 0) ? G(2, F(n - 1)) : 1; }
    int G(int n, int m) { return (m > 0) ? n + G(n, m - 1) : 0; }
```

【解答】

同样地，首先需要分析这两个函数的功能语义。不难验证有：

G(n, m) = n * m，实现了整数的乘法运算功能

F(n) = 2^n，实现了2的整数次幂运算功能

接下来，分析这两个函数的时间复杂度。

G(n, m)的计算过程，实质上就是将n累加m次，故其运行时间为：

$$g(n, m) = O(m)$$

从F(n)入口的递归跟踪过程，如图x1.10所示。

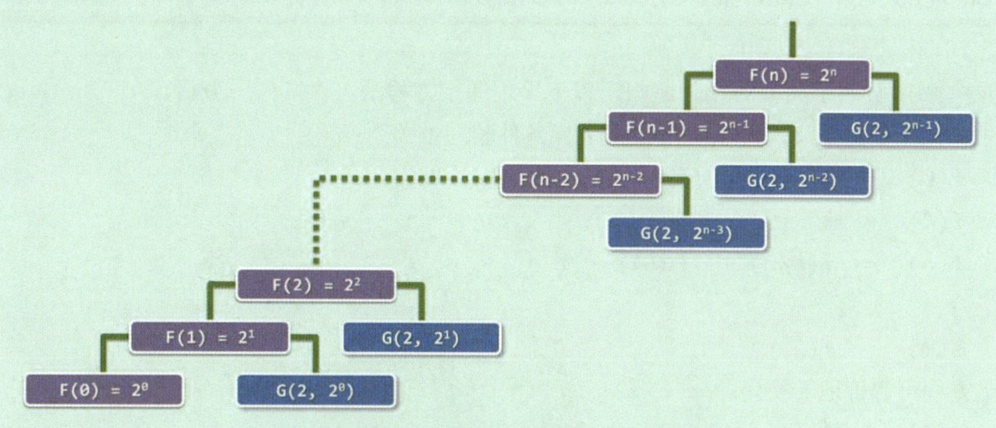

图x1.10 联合递归函数F(n)和G(n)的递归跟踪图

实质上该过程的功能就是，通过对G()的n次调用，实现对n个2的累乘。其中，函数F()共计出现过n + 1个递归实例（在图中以紫色矩形示意），各自需要$\mathcal{O}(1)$时间。

在整个计算过程中，函数G()的递归实例可以分为n组，各组的起始实例所对应的入口参数m依次从2^{n-1}开始不断折半，直至$2^0 = 1$。这些起始实例，在图中以蓝色矩形示意；为简洁起见，由其引发的后续实例则未予标出。

根据以上分析，G()属于单分支的线性递归，递归深度取决于入口参数m。因此，各组递归实例的数目也从2^{n-1}开始反复折半，直至最终的$2^0 = 1$。根据几何级数的特性，其总和应与最高项渐进地同阶，为$\mathcal{O}(2^n)$。

综合考虑F()和G()两类递归实例，总体时间复杂度取决于G()，亦为$\mathcal{O}(2^n)$。

也可采用递推方程法。首先考查g()。根据以上分析，可以得出如下边界条件和递推关系：

$$g(n, 0) = \mathcal{O}(1)$$

$$g(n, m) = g(n, m - 1) + \mathcal{O}(1)$$

两式联合求解，即得：

$$g(n, m) = \mathcal{O}(m)$$

至于f()，根据以上分析，也可以得出如下边界条件和递推关系：

$$f(0) = \mathcal{O}(1)$$

$$f(n) = f(n - 1) + g(2, 2^{n-1}) = f(n - 1) + \mathcal{O}(2^{n-1})$$

两式联合求解，即得：

$$f(n) = \mathcal{O}(2^n)$$

同样地请注意，G()最大的递归深度为2^m。这就意味着，递归深度将随着m的扩大急剧增加，故在实际运行时，此类代码极其容易因递归过深而导致存储空间的溢出。因此，在设计和实现算法时，应尽力避免这类形式的递归。

```
15) int F(int n) { return (n > 3) ? F(n >> 1) + F(n >> 2) : n; }
```

【解答】

该F(n)函数属于典型的二分递归，以下采用递推方程法，对其做一分析。

根据该函数的定义，可以得出如下边界条件和递推关系：

$$f(0) = f(1) = f(2) = f(3) = 1$$
$$f(4) = 3$$
$$f(n) = f(n/2) + f(n/4) + 1$$

若令

$$s(m) = f(2^m)$$

则以上方程可等价地转换为：

$$s(0) = 1$$
$$s(1) = 1$$
$$s(2) = 3$$
$$s(m) = s(m - 1) + s(m - 2) + 1$$

再令

$$t(m) = (s(m) + 1)/2$$

则可进一步转换为：

$$t(0) = 1$$
$$t(1) = 1$$
$$t(2) = 2$$
$$t(m) = t(m - 1) + t(m - 2)$$

与Fibonacci数列做一对比，即可知有：

$$t(m) = fib(m + 1) = \mathcal{O}(\Phi^m)$$

其中，$\Phi = (1 + \sqrt{5})/2 = 1.618$

于是有：

$$\begin{aligned} f(n) &= 2\cdot t(\log n) - 1 \\ &= 2\cdot\mathcal{O}(\Phi^{\log n}) - 1 \\ &= \mathcal{O}(\Phi^{\log n}) \\ &= \mathcal{O}(n^{\log\Phi}) \\ &= \mathcal{O}(n^{0.694}) \end{aligned}$$

饶有趣味的是，尽管该函数的形式属于二分递归，但经以上分析可见，其计算过程中出现的递归实例却远不足$\mathcal{O}(n)$个，其复杂度亦远低于线性。

从分治策略的角度看，该算法模式意味着，每个规模为n的问题，均可在$\mathcal{O}(1)$时间内分解为规模分别为n/2和n/4的两个子问题。实际上其复杂度之所以仅为$o(n)$，关键在于两个子问题的规模总和（3n/4）已经严格地小于原问题的规模（n）。

```
16) void F(int n) {
        for (int i = n; 0 < i; i --)
           if (!(rand() % i))
              for (int j = 0; j < n; j ++);
    }
```

【解答】

这是一种典型的随机算法（randomized algorithm）模式，其中通过随机数rand()决定程序执行的去向，因此通常需要从概率期望的角度来界定其运行时间。

以下不妨基于随机均匀分布的假定条件（即rand()在整数范围内取任意值的概率均等），来分析该程序的平均运行时间。

这里的外循环共迭代n步。在每一步中，只有当随机数rand()整除外循环的控制变量i时，方可执行内循环。内循环的长度与变量i无关，共执行n步。若内循环执行，则其对总体时间复杂度的贡献即为n；否则，贡献为0。

既然假定属于均匀随机分布，故rand()能够整除变量i的概率应为1/i。这就意味着，与每个变量i相对应的内循环被执行的概率为：

　　1/i

反过来，内循环不予执行的概率即为：

　　(i - 1)/i

故就概率期望的角度而言，对应于变量i的内循环平均迭代n/i步。

于是根据期望值的线性律（linearity of expectation），整个程序执行过程中内循环迭代步数的期望值，应该等于在每一步外循环中内循环迭代步数期望值的总和，亦即：

$$f(n) = (1/n + 1/(n - 1) + ... + 1/3 + 1/2 + 1) \times n = \text{expected-}\mathcal{O}(n\log n)$$

这里同样需要借助关于调和级数的以下性质：

$$\sum_{i=1}^{n}\frac{1}{i} = 1 + \frac{1}{2} + \frac{1}{3} + \cdots + \frac{1}{n} = \ln n + \gamma + \Theta(\frac{1}{2n})$$

其中，$\gamma \approx 0.577216$为欧拉常数。

即便再计入n步外循环本身所需的$\mathcal{O}$(n)时间，总体的渐进复杂度亦是如此。

第2章

向量

[2-1]　关于某个算法，甲证明“其平均时间复杂度为$O(n)$”，乙证明“其分摊时间复杂度为$O(n)$”。若他们的结论均正确无误，则是甲的结论蕴含乙的结论，乙的结论蕴含甲的结论，还是互不蕴含？

【解答】

两个结论之间不存在蕴含关系，但相对而言，后一结论更为可靠和可信。

所谓平均复杂度，是指在假定各种输入实例的出现符合某种概率分布之后，进而估算出的加权复杂度均值。比如在教材的第12.1.5节中，将基于“待排序的元素服从独立均匀随机分布”这一假设，估算出快速排序算法在各种情况下的加权平均复杂度。

所谓分摊复杂度，则是纵观连续的足够多次操作，并将其间总体所需的运行时间分摊至各次操作。与平均复杂度的本质不同在于，这里强调，操作序列必须是的确能够真实发生的，其中各次操作之间应存在前后连贯的时序关系。比如在参考文献[41]中，Tarjan采用势能分析法对伸展树所有可能的插入、删除操作序列进行分析，并估算出在此意义下单次操作的分摊执行时间。

由此可见，前者不必考查加权平均的各种情况出现的次序，甚至其针对概率分布所做的假设未必符合真实情况；后者不再割裂同一算法或数据结构的各次操作之间的因果关系，更加关注其整体的性能。综合而言，基于后一尺度得出的分析结论，应该更符合于真实情况，也更为可信。

以教材2.4节中基于容量加倍策略的可扩充向量为例。若采用平均分析，则很可能因为所做的概率分布假定与实际不符，而导致不准确的结论。比如若采用通常的均匀分布假设，认为扩容与不扩容事件的概率各半，则会得出该策略效率极低的错误结论。实际上，只要假定这两类事件出现的概率各为常数，就必然导致这种误判。而实际情况是，采用加倍扩容策略后，在其生命期内随着该数据结构的容量不断增加，扩容事件出现的概率将以几何级数的速度迅速趋近于零。对于此类算法和数据结构，唯有借助分摊分析，方能对其性能做出综合的客观评价。

[2-2]　教材32页代码2.2的copyFrom()算法中，目标数组_elem[]是通过new操作由系统另行分配的，故可保证在物理上与来源数组A[]相互独立。若不能保证这种独立性，该算法需要做哪些调整？

【解答】

若不能保证目标数组与来源数组之间的独立性，则二者可能在空间上有所重叠，出现所谓的“搭接”现象。此时，需要区分两种情况分别处理。若目标数组的某一后缀与来源数组的某一前缀重叠搭接，则需要按“从前到后”的次序逐一转移各元素；反之，若目标数组的某一前缀与来源数组的某一后缀重叠搭接，则应改用“从后到前”的次序。

[2-3]　假设将教材34页代码2.4中expand()算法的扩容策略改为“每次追加固定数目的单元”。

a）试证明，在最坏情况下，单次操作中消耗于扩容的分摊时间为$\Theta(n)$，其中n为向量规模；

【解答】

假定每次追加d个单元。于是，只要每隔固定的常数k次操作就发生一次扩容，则初始容量为n_0的向量在经过连续的$N >> k$次操作之后，容量将增加至：

$$n = n_0 + d\cdot(N/k)$$

在此过程中，消耗于扩容操作的时间合计为：

$$T(N) = (n_0 + d) + (n_0 + 2d) + (n_0 + 3d) + \ldots + (n_0 + d\cdot(N/k))$$
$$= n_0\cdot(N/k) + d\cdot(N/k)(N/k - 1)$$

均摊至单次操作，所需时间为：

$$T(N)/N = n_0/k + (d/k)(N/k - 1)$$
$$= [n_0 + d\cdot(N/k)]/k - d/k$$
$$= n/k - d/k$$
$$= \Theta(n)$$

b） 试举例说明，这种最坏情况的确可能发生。

【解答】

考查初始为空（$n_0 = 0$）的向量，假定持续地对其执行插入操作。于是，每经过d次操作，都需要花费线性时间进行扩容。于是就分摊意义而言，单次操作需花费$\Theta(n)$时间用于扩容。

[2-4] 试证明，教材 36 页代码 2.5 中 shrink()算法具有分摊的常数时间复杂度。

【解答】

与教材2.4.4节对expand()算法的分析方法完全一致。

[2-5] 设某算法中设有一个无符号 32 位整型变量 count = $b_{31}b_{30}\ldots b_1b_0$，其功能是作为计数器，不断地递增（count++，溢出后循环）。每经一次递增，count 的某些比特位都会在 0 和 1 之间翻转。

比如，若当前有： count = $43_{(10)}$ = $0\ldots0101\underline{011}_{(2)}$

则下次递增之后将有： count = $44_{(10)}$ = $0\ldots0101\underline{100}_{(2)}$

在此过程中，共有（最末尾的）三个比特发生翻转。

现在，考查对 c 连续的足够多次递增操作。纵观这一系列的操作，试证明：

a） 每经过 2^k 次递增，b_k 恰好翻转一次；

【解答】

每经过2^k次递增，计数器的数值恰好增加2^k。体现在其二进制展开中，对应于数位b_k的（由0到1或由1到0）翻转。

b） 对于每次递增操作，就分摊的意义而言，count 只有 $\mathcal{O}(1)$个比特位发生翻转。

【解答】

不妨从0开始，考查该计数器的连续N >> 2次递增操作。我们将在此期间的所有数位翻转，分别“记账”至对应的数位。于是根据以上a）所证的性质，所有数位的翻转次数总和为：

$$N/2^{31} + N/2^{30} + \ldots + N/4 + N/2 + N$$
$$= N\cdot(1/2^{31} + 1/2^{30} + \ldots + 1/4 + 1/2 + 1)$$
$$< 2N$$

因此就分摊意义而言，单次递增操作仅引发$\mathcal{O}(1)$次数位翻转。

与基于加倍策略的可扩充向量同理，这里的关键在于参与累计的各项构成（以1/2为倍数的）几何级数，正如我们已知的，就渐进意义而言其总和同阶于其中的最大项。因此无论这里的计数器有多少个二进制数位组成，上述性质与结论均可成立。实际上，即便假设计数器拥有无穷个数位（故永不溢出），亦是如此。

[2-6] 考查教材37页代码2.7中的permute()算法，假设rand()为理想的随机数发生器，试证明：

a) 通过反复调用permute()算法，可以生成向量V[0, n)的所有n!种排列；

【解答】

可以通过对向量规模n的数学归纳予以证明。假定该命题对于规模不足n的任意向量均成立。作为归纳的基础，规模n = 1的情况不证自明。以下考查规模为n的任意向量V[]：

V[0], V[1], V[2], ..., V[n - 1]

任取该向量的一个排列：

V[a_0], V[a_1], V[a_2], ..., V[a_{n-1}]

只需证明，该排列有可能被permute()算法生成。

实际上，在该算法的第一次迭代中，有可能取rand() % n = a_{n-1}。于是，首次参与交换的将是V[n - 1]和V[rand() % i] = V[a_{n-1}]，且如此交换之后的向量成为：

V[0], V[1], ..., V[a_{n-1} - 1], V[n - 1], V[a_{n-1} + 1], ..., V[n - 2], V[a_{n-1}]

不难看出，自此之后的计算过程完全等效于，对于其中前n - 1个元素组成的子向量置乱。也就是说，可等效于将向量：

V[0], V[1], ..., V[a_{n-1} - 1], V[n - 1], V[a_{n-1} + 1], ..., V[n - 2]

置乱为：

V[a_0], V[a_1], V[a_2], ..., V[a_{n-2}]

由归纳假设，permute()算法可以生成长度为n - 1的该排列（以及长度为n的整个排列）。

b) 由该算法生成的排列中，各元素处于任一位置的概率均为1/n；

【解答】

可以按照各元素在permute()算法中（自后向前）就位的次序，归纳证明这一命题。

首先，鉴于rand()的随机均匀性，最早就位的元素V[a_{n-1}]必以相等的概率选自整个向量，故原向量中每个元素最终出现在该位置的概率为1/n。

不妨假定该命题对前k个（$0 \le k < n$）就位的元素均成立，即它们均是以1/n的等概率取自原向量中各元素。以下，考查下一个就位的元素X = V[a_{n-k-1}]。

图x2.1 permute()算法中第k + 1个就位元素，应等概率地随机选自当时的前n - k个元素

如图x2.1所示，按照算法流程，元素X应随机地选自当时的前n - k个元素（包含其自身），且其中各元素被选中的概率均为1/(n - k)。

请注意，当时的这前n - k个元素均有可能参与过此前的k次随机交换。这些元素都是截至当前尚未就位者，原向量中的任何一个元素，都有(n - k)/n的概率成为它们中的一员。因此，原向量中每个元素接下来被随机选中且随即交换成为V[a_{n-1}]的概率应是：

(n - k)/n × 1/(n - k) = 1/n

c） 该算法生成各排列的概率均为1/n!。

【解答】

既然以上已经证明，原向量中各元素最终就位于各位置的概率均等，permute()算法就应以相等的概率，随机地生成所有可能的排列。

对于规模为n的向量，可能的排列共计n!种，故概率分别为1/n!。

[2-7] 在C语言标准库中，Brian W. Kernighan和Dennis M. Ritchie设计的随机数发生器如下：

```
unsigned long int next = 1;

/* rand:  return pseudo-random integer on 0..32767 */
int rand(void)
{
    next = next * 1103515245 + 12345;
    return (unsigned int)(next/65536) % 32768;
}

/* srand:  set seed for rand() */
void srand(unsigned int seed)
{
    next = seed;
}
```

a） 阅读这段代码，并理解其原理；

【解答】

该算法维护一个32位的无符号长整数next，随着next的“随意”变化，不断输出伪随机数。通过srand(seed)，可以设置next的初始值（随机种子）。

此后rand()的每一次执行过程，均如图x2.2所示。

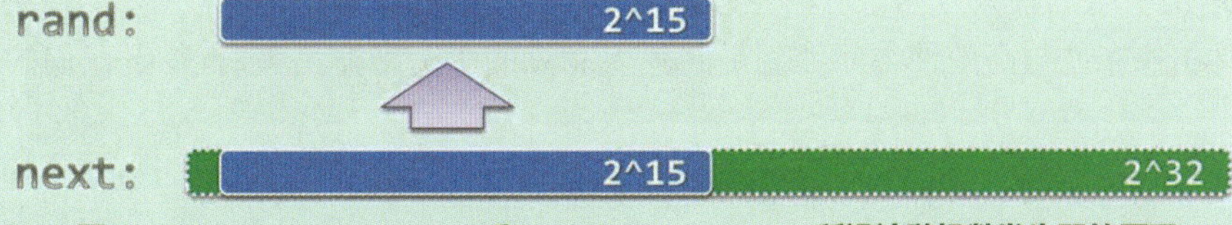

图x2.2 Brian W. Kernighan和Dennis M. Ritchie所设计随机数发生器的原理

首先，在next当前值的基础上乘以1103515245 = 3^5 × 5 × 7 × 129749，并加上12345。然后，通过整除运算在该长整数的二进制展开中截取高16位，进而通过模余运算抹除最高比特位。经如此的“混沌化”处理之后，即可作为“随机数”返回。

b） 试说明，若采用 rand()的这个版本实现 permute()算法，则上题的结论 a)和 b)并不能兑现；
（提示：绝大多数的排列实际上根本无法由该算法生成）

【解答】

不难注意到，以上rand()算法的返回值尽管具有一定的随机性，但远非理想的随机。实际上更严格地讲，其返回值是确定的：只要知道当前的next值，即可确定地得出下一next值。

反观如教材37页代码2.7所示的permute算法，其对每一个向量的置乱结果，应完全取决于其间对rand()函数n = V.size()次调用所返回的n个“随机数”。但使用如上实现的rand()，这些返回值完全取决于所设定的起始种子seed。

permute()算法如需兑现上题中结论a)和b)所述的性质，本应保证能够（通过rand()）获得n个彼此独立的随机数。然而不幸的是，由以上分析可见这一条件并不成立。

实际上我们甚至可以确定，如此可能获得的长度为n的“随机数”序列有多少个——其总数不超过seed的取值范围，就此例而言即为：

$$2^{16} = 65,536 < 9! = 362,880$$

这就意味着，即便是长度n = 9的向量，借助该版本的rand()也无法枚举出所有可能的置乱排列；而对于更长的向量，这个算法就更是无能为力了。

c） 试说明，采用此类伪随机数发生器实现 permute()算法，上题的结论 a)和 b)必然无法兑现；

【解答】

由以上分析可知，只要继续沿用这种“种子 + 迭代”的模式，增加rand()输出整数的位宽亦是徒然——这种“改进”并不能有效地克服上述缺陷。比如，不难验证有：

$$2^{64} = 2^{60+4} < 20 \times 10^{18} < 21! = 51,090,942,171,709,440,000$$

也就是说，即便使用64位的无符号整数，在向量的规模超过20之后，借助这种模式的随机数发生器就无法覆盖所有可能的置乱排列。进一步地，随着向量规模n的进一步扩大，如此可枚举出来的排列，在所有n!种排列中所占的比例将迅速下降，并很快趋近于零。

d） 针对 b)和 c)所指出的不足，应如何改进 rand()和 permute()算法？

【解答】

以上所介绍基于“种子 + 迭代”模式的随机数发生器，在permute()之类的算法中之所以显得力不从心，关键在于它们无法保证所生成随机数之间的独立性（independence）。反过来，这也给我们指出了改进的大方向。

当然，要在独立性与高效性之间达到足够令人满意的平衡绝非易事，有待于我们的持续探索。

[2-8] 考查教材 39 页代码 2.10 中的无序向量查找算法 find(e, lo, hi)。

a） 在最好情况下，该算法需要运行多少时间？为什么？

【解答】

若首次接受比对的元素（即向量区间的末元素_elem[hi - 1]）恰好就是目标元素，则算法可以随即因查找成功而终止。这自然地属于最好情况——此种情况下，累计仅需常数时间。

b） 若仅考查成功的查找，则平均需要运行多少时间？为什么？

【解答】

这种顺序式的查找算法，可能成功地终止于向量区间内的任意位置。此外，各元素对应的查找长度，自后向前构成一个递增的等差数列：

```
1, 2, 3, ..., n  =  hi - lo
```

于是若按照默认惯例，假定所有元素作为目标元素的概率均等，则其查找长度的均值（数学期望）应渐进地与其中的最高项同阶，为$\mathcal{O}(n)$。详细（但嫌复杂）的分析，亦是殊途同归：

$$(1 + 2 + 3 + \ldots + n)/n = (n + 1)/2 = \mathcal{O}(n)$$

[2-9] 考查教材 40 页代码 2.11 中的无序向量插入算法 insert(r, e)。

试证明，若插入位置 r 等概率分布，则该算法的平均时间复杂度为 $\mathcal{O}(n)$，n 为向量的规模。

【解答】

这里，运行时间主要来自于后继元素顺次后移的操作。因此对于每个插入位置而言，对应的移动操作次数恰好等于其后继元素（包含自身）的数目。不难看出它们也构成一个等差数列，故在等概率的假设条件下，其均值（数学期望）应渐进地与其中的最高项同阶，为$\mathcal{O}(n)$。

详细（但嫌复杂）的分析，亦是殊途同归。

[2-10] 考查教材 41 页代码 2.12 中的无序向量删除算法 remove(lo, hi)。

a） 若以自后向前的次序逐个前移后继元素，可能出现什么问题？

【解答】

位置靠前的元素，可能被位置靠后（优先移动）的元素覆盖，从而造成数据的丢失。

b） 何时出现这类问题？试举一例。（提示：后继元素多于待删除元素时，部分单元会相互覆盖）

【解答】

如图x2.3(a)所示，考查规模为5的向量：

```
V[0, 5)  =  { 0, 1, 2, 3, 4 }
```

假设我们试图通过调用V.remove(0, 2)以删除其中的前两个元素。若采用题中所述不当的次序，则数据元素的移动过程应如该图(b~d)所示。可见，原数据元素V[2] = 2并未顺利转移至输出向量中的V[0]，即出现数据的丢失现象。

(a) 0 1 2 3 4

(b) 0 1 4 3

(c) 0 3 4

(d) 4 3 4

图x2.3 无序向量删除算法remove(lo, hi)中，采用自后向前的次序移动可能造成数据丢失

不难验证，只要按照教材的建议颠倒移动的次序，即可便捷地避免这类错误。

[2-11] Vector::deduplicate()算法的如下实现是否正确？为什么？

```
1 template <typename T> int Vector<T>::deduplicate() { //删除无序向量中重复元素（错误版）
2    int oldSize = _size; //记录原规模
3    for (Rank i = 1; i < _size; i++) { //逐一考查_elem[i]
4       Rank j = find(_elem[i], 0, i); //在_elem[i]的前驱中寻找与之雷同者（至多一个）
5       if (0 <= j) remove(j); //若存在，则删除之（但在此种情况，下一迭代不必做i++）
6    }
7    return oldSize - _size; //向量规模变化量，即被删除元素总数
8 }
```

【解答】

按照这一“算法”，若果真发现雷同的前驱_elem[j]，虽然的确可以剔除之，但由此产生的副作用是，秩为i的单元所对应的将不再是原先的_elem[i]（而是其直接后继_elem[i + 1]）。

这里即便假设，如教材代码2.14所实现的同名算法那样，仍能保证接受检查的每个_elem[i]至多只有一个雷同的前驱，但因如上所述的副作用，原_elem[i + 1]也将被跳过，从而导致遗漏与之雷同的元素。实际上，该“算法”每发现一次雷同，都有可能如此遗漏另一个雷同。

[2-12] 考查教材42页代码2.14中的无序向量唯一化算法deduplicate()。

a） 试证明，即便在最好情况下，该算法也需要运行$\Omega(n^2)$时间；

【解答】

该算法由$\mathcal{O}(n)$次迭代构成，每次迭代都需要做一次查找操作，以及可能的一次删除操作。对于元素_elem[k]，若需做删除操作，则为此需花费$\mathcal{O}(n - k)$时间移动所有的后继元素；反之，若不需要做删除操作，则意味着此前的查找操作以失败告终，其间已经花费了$\mathcal{O}(k)$时间。总而言之，无论如何，各轮迭代至少需要$\Omega(\min(n - k, k))$时间，累计$\Omega(n^2)$。

b） 试参照教材46页代码2.19中有序向量唯一化算法uniquify()的技巧，改进该算法，并分析其时间复杂度；

【解答】

比如，在发现重复元素后不必立即剔除，而是借助位图Bitmap结构（习题[2-34]）将其标注为“待删除”。待所有雷同元素均已筛选完毕，再经一趟遍历在$\mathcal{O}(n)$时间内统一删除。

经如此改进之后，尽管渐进的时间复杂度依然为$\mathcal{O}(n^2)$，但因为时间消耗主要来源于静态的查找操作，故实际的运行速度仍将大幅提高。

c） 试继续改进该算法，使其时间复杂度降至$\mathcal{O}(n\log n)$；

【解答】

最为直接的方法，就是先调用sort()接口对向量做整体排序，然后调用uniquify()接口做唯一化处理。只要实现得当（比如采用教材所介绍的优化算法），这两步均只需$\mathcal{O}(n\log n)$时间。

当然，由此将产生的一个副作用——保留下来的元素，未必延续此前的相对排列次序。实际上，完全可以在不增加渐进时间复杂度的前提下，消除这一副作用。请读者独立完成这一任务。

d） 这一效率是否还有改进的余地？为什么？

【解答】

如果没有其它的附加条件，那么在图灵机等通常的计算模型下，可以证明“无序向量唯一化”问题的复杂度下界（难度）为$\Omega(n\log n)$。为此，我们可以借助归约的技巧。

一般地，考查难度待界定的问题B。若另一问题A满足以下性质：

1）问题A的任一输入，都可以在线性时间内转换为问题B的输入

2）问题B的任一输出，都可以在线性时间内转换为问题A的输出

则称“问题A可在线性时间内归约为问题B”，或简称作“问题A可线性归约为问题B”，或者称“从问题A到问题B，存在一个线性（时间）归约（linear-time reduction）关系”，记作：

$$A \leq_N B$$

此时，若问题A的难度（记作|A|）已界定为严格地高于$\Omega(n)$，亦即：

$$|A| = \Omega(f(n)) = \omega(n)$$ [①]

则问题B的难度（记作|B|）也不会低于这个复杂度下界，亦即：

$$|B| \geq |A| = \Omega(f(n))$$

实际上，若问题A果真可以线性归约为问题B，则由后者的任一算法，必然同时也可以导出前者的一个算法。这一结论，可由图x2.4直接看出：为求解问题A，可将其输入转化为问题B的输入，再调用后者的算法，最后将输出转化为前者的输出。

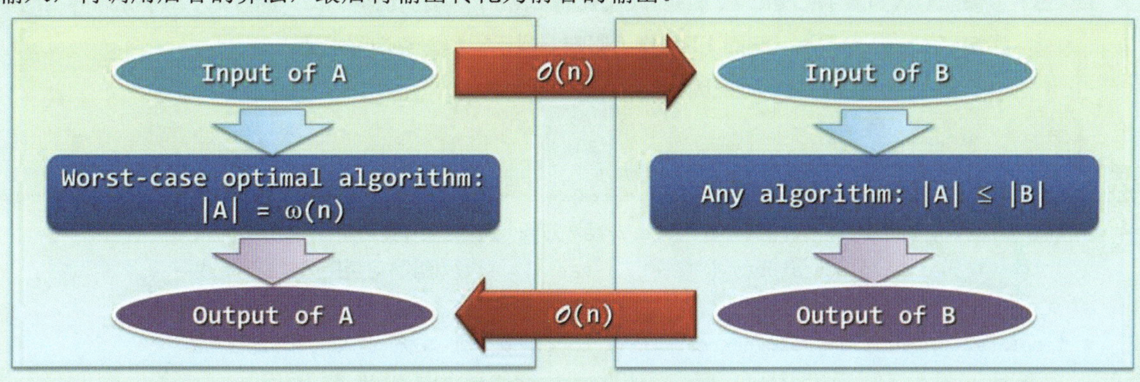

图x2.4 从问题A到问题B的线性归约

因此，假若问题B具有一个更低的下界，则至少存在一个$o(f(n))$[②]的算法，于是由上可知，问题A也存在一个$o(f(n))$的算法——这与问题A已知的$\omega(n)$下界相悖。

---

① 这里的“小ω记号”（small-omega notation），也是界定复杂度的尺度。
准确地，若存在函数f(n)，使得对于任何正的常数c，当n足够大之后都有$T(n) > c \cdot f(n)$，则可认为f(n)给出了T(n)增长速度的一个严格非紧的渐进下界，记作$T(n) = \omega(f(n))$。请注意小ω记号与大Ω记号的微妙区别。
比如，$2n(n+1) = \Omega(n\log n)$而且$2n(n+1) = \omega(n\log n)$，$2n\log n = \Omega(n\log n)$但$2n\log n \neq \omega(n\log n)$

② 这里的“小o记号”（small-O notation），也是界定复杂度的尺度。
准确地，若存在函数f(n)，使得对于任何正的常数c，当n足够大之后都有$T(n) < c \cdot f(n)$，则可认为f(n)给出了T(n)增长速度的一个严格非紧的渐进上界，记作$T(n) = o(f(n))$。请注意小o记号与大O记号的微妙区别。
比如，$2n = O(n\log n)$而且$2n = o(n\log n)$，$2n\log n = O(n\log n)$但$2n\log n \neq o(n\log n)$

归纳起来，为运用线性归约界定问题B的难度下界，须经以下步骤：

> 1）找到难度已知为ω(n)的问题A
> 2）证明问题A可线性归约为问题B——其输入、输出可在线性时间内完成转换

就本题而言，“无序向量唯一化”即是难度待界定的问题B，将其简记作UNIQ。作为参照，考查所谓的元素唯一性（Element Uniqueness，简称EU）问题A：

> 对于任意n个实数，判定其中是否有重复者

作为EU问题的输入，任意n个实数都可在线性时间内组织为一个无序向量，从而转换为UNIQ问题的输入；另一方面，一旦得到UNIQ问题的输出（即去重之后的向量），只需花费线性时间，核对向量的规模是否依然为n，即可判定原实数中是否含有重复者（亦即，得到EU问题的输出）。因此，EU问题可以线性归约为UNIQ问题，亦即：

$$A \le_N B$$

实际上，算法复杂度理论业已证明，EU问题具有Ω(nlogn)的复杂度下界，故这也是UNIQ问题的一个下界。反过来，以上所给的$\mathcal{O}$(nlogn)算法，已属最优。

[2-13] 试参照函数对象 Increase（教材 44 页代码 2.16）重载运算符“()”的方式，基于无序向量的遍历接口 traverse()，实现以下操作（假定向量元素类型支持算术运算）：

a） decrease()：所有元素数值减一；

【解答】

一种可行的实现方式，如代码x2.1所示。

```
1 template <typename T> struct Decrease //函数对象：递减一个T类对象
2    { virtual void operator() ( T& e ) { e--; }  }; //假设T可直接递减或已重载--
3
4 template <typename T> void decrease ( Vector<T> & V ) //统一递减向量中的各元素
5 {  V.traverse ( Decrease<T>() );  } //以Decrease<T>()为基本操作进行遍历
```

代码x2.1 基于遍历实现向量的decrease()功能

与教材代码2.16中increase()接口的实现方式同理，这里首先定义一个名为Decrease的函数对象，然后以此为基本操作，通过遍历接口对向量的所有元素逐一处理。

b） double()：所有元素数值加倍。

【解答】

一种可行的实现方式，如代码x2.2所示。

```
1 template <typename T> struct Double //函数对象：倍增一个T类对象
2    { virtual void operator() ( T& e ) { e *= 2; }  }; //假设T可直接倍增
3
4 template <typename T> void double ( Vector<T> & V ) //统一加倍向量中的各元素
```

```
5 {  V.traverse ( Double<T>() );  } //以Double<T>()为基本操作进行遍历
```

代码x2.2 基于遍历实现向量的double()功能

与以上Decrease的实现方式相仿，这里的关键依然在于定义一个名为Double的函数对象。

[2-14] 字符串、复数、矢量等类型没有提供自然的比较规则，但仍能人为地对其强制定义某种大小关系（即次序关系）。试分别为这三种类型的对象定义“人工的”次序。

【解答】

比如，可以采用字典序来确定字符串之间的次序。

复数与复平面上的点一一对应，故可以按照“先实部、后虚部”的原则定义复数之间的次序；复数也与极坐标平面上的点一一对应，故也可以按照“先幅值、后极角”的原则定义其次序。

二维矢量与复数彼此对应，故定义于复数之间任何一种次序，也应适用于矢量。反之亦然。

读者可参照以上方式，结合具体应用的特点及需求，定义不同的次序。

[2-15] 考查采用 CBA 式算法对 4 个整数的排序。

a） 试证明，最坏情况下不可能少于 5 次比较；

【解答】

既然是考查最坏情况，不妨假定所有整数互异，此时的CBA式算法经每次比较之后，在对应的比较树（comparison tree）中只有两个有效的分支。

此时共有4!种可能的输出，故算法对应的比较树至少拥有24个叶节点，因此树高至少是：

$$\lceil \log_2 24 \rceil = 5$$

b） 试设计这样的一个 CBA 式算法，即便在最坏情况下，至多只需 5 次比较。

【解答】

比如，可以采用教材61页2.8.3节介绍的归并排序（mergesort）算法。

如图x2.5所示，当输入规模为4时，归并排序算法的递归深度为2。

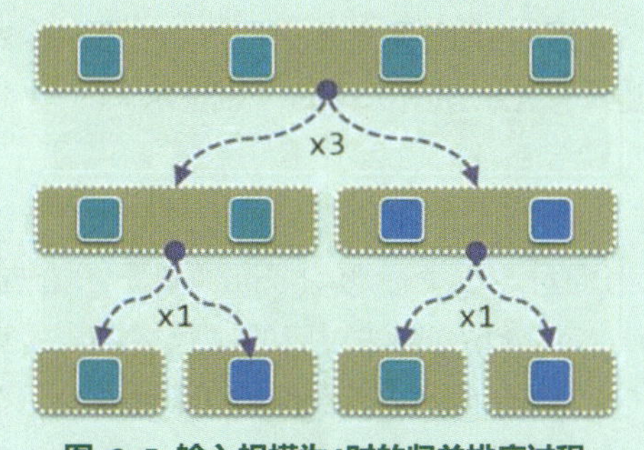

图x2.5 输入规模为4时的归并排序过程

底层的两次二路归并，各自仅需1次比较；顶层的一次二路归并，最坏情况下只需3次比较。总体合计，不过5次比较。

[2-16] search(e, lo, hi)算法版本C（教材56页代码2.24）所返回的秩，均符合接口规范。试针对以下情况，分别验证这一结论：

a） [lo, hi)中的元素均小于e；

b） [lo, hi)中的元素均等于e；

c） [lo, hi)中的元素均大于e；

d） [lo, hi)中既包含小于e的元素，也包含大于e的元素，但不含等于e的元素。

【解答】

请读者对照该算法对应的代码，独立完成分析和验证任务。

[2-17] 考虑用向量存放一组字符串。

为在其中进行二分查找，可依据字典序确定字符串之间的次序：

> **设字符串 $a = a_1a_2...a_n$ 和 $b = b_1b_2...b_m$**
>
> **则 $a < b$ 当且仅当 $n = 0 < m$，或者 $a_1 < b_1$，或者 $a_1 = b_1$ 且 $a_2...a_n < b_2...b_m$**

也就是说，两个字符串之间的大小关系，取决于它们（按首字符对齐后）第一对互异的字符。

a） 试实现一个字符串类，并提供相应的比较器，或者重载对应的操作符；

【解答】

请读者仿照教材代码2.9，独立完成编码与调试任务。

b） 若共有n个字符串，二分查找的复杂度是否仍为$\mathcal{O}(\log n)$？

【解答】

总体而言，此时的二分查找，未必可以保证在$\mathcal{O}(\log n)$时间内完成。

尽管二分查找算法的流程、迭代次数均保持不变，但与整数、字符之类的基本数据类型不同，字符串的长度并不确定，且无上限。因此，"每次比较仅需$\mathcal{O}(1)$时间"的假设条件不再成立，换而言之，此时字符串之间的比较已经不能继续视作基本操作。

[2-18] 设采用实现如教材48页代码2.21所示的二分查找binSearch()算法版本A，针对独立均匀分布于[0, 2n]内的整数目标，在固定的有序向量{ 1, 3, 5, ..., 2n - 1 }中查找。

a） 若将平均的成功和失败查找长度分别记作S和F，试证明：$(S + 1) \cdot n = F \cdot (n + 1)$；

【解答】

对向量规模n做数学归纳。

假定对于规模小于n的所有向量，以上命题均成立。以下考查规模为n的向量。

实际上，我们可以考查binSearch()算法对应的比较树。一般地，若向量的规模为n，则对应的比较树应由n个内部节点（成功的返回）以及n + 1个叶节点（失败的返回）。

特别地，规模为n - 1和n的向量所对应的比较树（CT_{n-1}和CT_n）应该分别如图x2.6(a)和(b)所示。二者之间的差异仅在于，前者的某一外部节点x，被替换为由一个内部节点x和两个外部节点a与b组成的子树。也就是说，原先的某一查找失败情况，现在对应于一种成功情况，另加两种失败情况。综合而言，成功情况及失败情况各自增加一种。

比如，对于向量{ 1, 3 }，共计有2种成功情况{ 1, 3 }以及3种失败情况{ 0, 2, 4 }；

而对于向量{ 1, 3, 5 }，则共计有3种成功情况{ 1, 3, 5 }以及4种失败情况{ 0, 2, 4, 6 }。

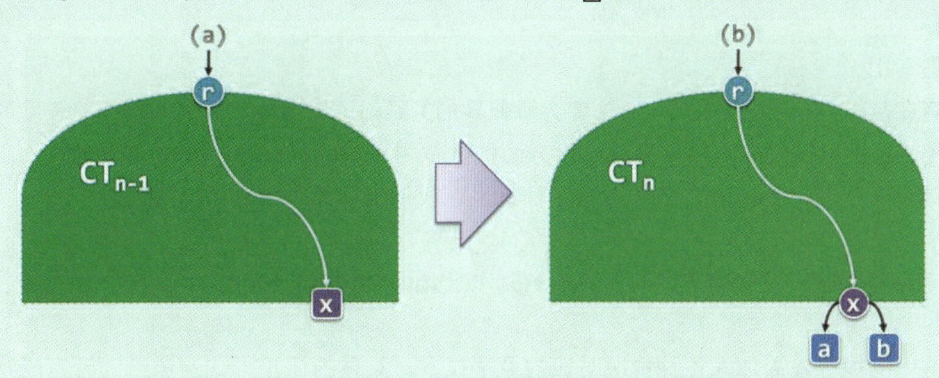

图x2.6 二分查找binSearch()算法版本A所对应的比较树，在向量规模递增后的结构变化

设在CT_{n-1}中，失败情况x所对应的查找长度为d。于是根据算法流程，在CT_n中成功情况x对应的查找长度应为d + 2，而新的两种失败情况对应的查找长度为d + 1和d + 2。

若在CT_{n-1}中，内部节点、外部节点所对应的成功查找总长度、失败查找总长度应分别为：

$S\cdot(n - 1)$

$F\cdot n$

则在CT_n中，内部节点、外部节点所对应的成功查找总长度、失败查找总长度应分别为：

$S\cdot(n - 1) + (d + 2)$

$F\cdot n + (d + 1) + (d + 2) - d \;=\; F\cdot n + (d + 3)$

于是在CT_n中，成功查找、失败查找的平均长度应分别为：

$S' \;=\; [S\cdot(n - 1) + (d + 2)]/n$

$F' \;=\; [F\cdot n + (d + 3)]/(n + 1)$

故有：

$(S' + 1)\cdot n \;=\; (S + 1)\cdot(n - 1) + (d + 3)$

$F'\cdot(n + 1) \;=\; F\cdot n + (d + 3)$

根据归纳假设，应有：

$(S + 1)\cdot(n - 1) \;=\; F\cdot n$

故有：

$(S' + 1)\cdot n \;=\; F'\cdot(n + 1)$

至于以上证明的归纳基础，该命题的平凡情况不难验证。我们将此留给读者完成。

b） 上述结论，是否适用于binSearch()算法的其它版本？为什么？

【解答】

仍然适用。

证明方法完全类似，只不过在从CT_{n-1}转换至CT_n时，内部节点、叶节点所对应的成功、失败查找长度的计算口径不同。

c） 上述结论，是否适用于fibSearch()算法的各个版本？为什么？

【解答】

依然适用。

考查在从CT_{n-1}转换至CT_n后，（二者有所差异的）局部子树对成功、失败查找总长度的贡献。实际上在命题中恒等式的两端，只要这两方面的贡献相互抵消，恒等式即可继续成立。

不难验证，fibSearch()依然具有这种特性。我们也将此留给读者完成。

d） 若待查找的整数按照其它的随机规律分布，以上结论又应如何调整？

【解答】

命题中的恒等式需加入各种情况对应的概率权重。具体的调整形式，留给读者完成。

实际上，原命题中的恒等式，也可视作一种特殊情况——在等概率分布下，所有权重均等。

[2-19] 为做Fibonacci查找，未必非要严格地将向量整理为fib(n) - 1形式的长度。

比如，可考虑以下策略：

a） 按照黄金分割比，取mi = ⌊0.382*lo + 0.618*hi⌋

b） 按照近似的黄金分割比，取mi = ⌊(lo + 2*hi) / 3⌋

c） 按照近似的黄金分割比，取mi = (lo + (lo << 1) + hi + (hi << 2)) >> 3

这几种替代策略，综合性能各有什么优劣？为什么？

【解答】

在如代码2.22（教材53页）所示的fibSearch()算法中，首先需要调用Fib类的初始化接口，找到一个尽可能小，却亦足够覆盖整个向量V[0, n)的Fibonacci数，作为初始查找范围的宽度：

$$N \geq hi - lo$$

如代码x1.12所示，Fib类对象的初始化只需$\mathcal{O}(\log_\Phi(n))$时间（分摊至后续的查找过程，每次递归仅增加$\mathcal{O}(1)$时间）。接下来在迭代式逐层深入地查找过程中，还需通过一个内循环确定合适的黄金分割点——实际上每个分割点只需不超过两次迭代。

尽管以上足以说明fibSearch()算法的高效性，但就算法流程的简洁性而言，却远不如标准的二分查找binSearch()算法。

究其原因在于，目前实现的版本对Fibonacci查找思想的理解和贯彻过于机械。实际上，本题所建议的几种方式都能在保持渐进效率的前提下适当地灵活变通，使算法的流程得以简化和清晰。建议的三种改进方案中，方案a)采用近似值快速地估算出切分点，方案b)可更好地发挥整数运算的优势，而方案c)则通过移位操作替代更为耗时的乘、除法运算。

[2-20] 试分别针对二分查找算法版本A（代码2.21）及Fibonacci算法（代码2.22），推导其失败查找长度的显式公式，并就此方面的性能对二者做一对比。

【解答】

可以证明：对于规模为n的有序向量，二分查找在失败情况下的平均比较次数不超过：

$$1.5 \cdot \log_2(n + 1) \quad = \quad \mathcal{O}(1.5 \cdot \log n)$$

为此，我们采用数学归纳法。作为归纳基，这一命题对长度为1的向量显然。

以下考查二分查找的第一步迭代，如图x2.7所示无非两种情况。

图x2.7 二分查找失败情况的递归分类

首先，考查左、右子向量规模均为n的情况。此时如图(a)所示，左侧子向量总共包含n + 1种失败情况，由归纳假设，其平均比较长度不超过：

$$1 + 1.5\cdot\log_2(n + 1)$$

右侧子向量也总共包含n + 1种失败情况，由归纳假设，其平均比较长度不超过：

$$2 + 1.5\cdot\log_2(n + 1)$$

综合所有失败情况，总体的平均查找长度不超过：

$$[(n + 1)\cdot(1 + 1.5\cdot\log_2(n+1)) + (n + 1)\cdot(2 + 1.5\cdot\log_2(n+1))] / (2n + 2)$$
$$= 1.5\cdot\log_2(2n + 2)) = \mathcal{O}(1.5\cdot\log(2n + 1))$$

再考查左、右子向量规模分别为n和n - 1的情况。此时如图(b)所示，左侧子向量总共包含n + 1种失败情况，由归纳假设，其平均比较长度不超过：

$$1 + 1.5\cdot\log_2(n + 1)$$

右侧子向量总共包含n种失败情况，由归纳假设，其平均比较长度不超过：

$$2 + 1.5\cdot\log^2 n$$

综合所有失败情况，总体的平均查找长度不超过：

$$[(n + 1)\cdot(1 + 1.5\cdot\log_2(n + 1)) + n\cdot(2 + 1.5\cdot\log_2 n)] / (2n + 1)$$
$$= [(3n + 1) + 1.5\cdot((n + 1)\cdot\log_2(n + 1) + n\cdot\log_2 n)] / (2n + 1)$$
$$\sim^{③} [(3n + 1) + 1.5\cdot 2\cdot(n + 1/2)\cdot\log_2(n + 1/2)] / (2n + 1)$$
$$= (3n + 1)/(2n + 1) + 1.5\cdot\log_2(n + 1/2)$$
$$\sim 1.5\cdot[1 + \log_2(n + 1/2)]$$
$$= 1.5\cdot\log_2(2n + 1)) = \mathcal{O}(1.5\cdot\log(2n))$$

类似地还可以证明：Fibonacci查找在失败情况下的平均比较次数不超过：

$$\lambda\cdot\log_2(n + 1) = \mathcal{O}(\lambda\cdot\log n)$$

其中

$$\lambda = 1 + 1/\Phi^2 = (2 + \Phi)/(1 + \Phi) = 3 - \Phi = 1.382$$
$$\Phi = (\sqrt{5} + 1) / 2 = 1.618$$

我们依然采用数学归纳法。作为归纳基，这一命题对长度为1的向量显然。

③ 本书约定，使用符号"~"表示渐进同阶

以下如图x2.8所示，设向量长度为n = fib(k) - 1，考查Fibonacci查找的第一步迭代。

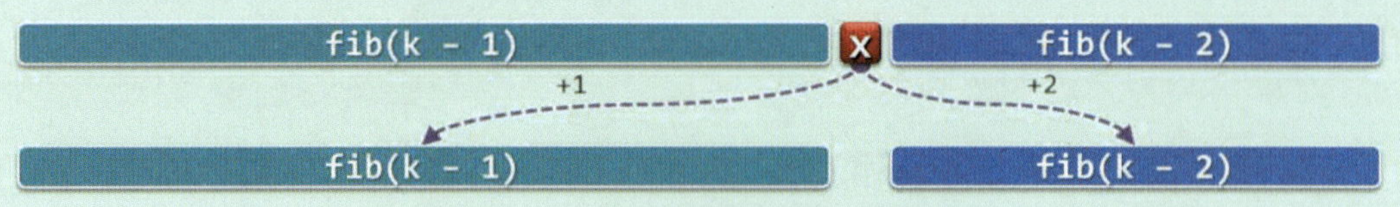

图x2.8 Fibonacci查找失败情况的递归分类

此时，左侧子向量共计fib(k - 1)种失败情况，由归纳假设，其平均比较长度不超过：

$$1 + \lambda \cdot \log_2 fib(k-1)$$

右侧子向量共计fib(k - 2)种失败情况，其平均比较长度不超过：

$$2 + \lambda \cdot \log_2 fib(k-2)$$

综合所有失败情况，平均查找长度不超过：

$$[fib(k-1) \cdot (1 + \lambda \cdot \log_2 fib(k-1)) + fib(k-2) \cdot (2 + \lambda \cdot \log_2 fib(k-2))] / fib(k)$$

$$= [(fib(k) + fib(k-2)) + \lambda \cdot (fib(k-1) \cdot \log_2 fib(k-1) + fib(k-2) \cdot \log_2 fib(k-2))] / fib(k)$$

$$\sim [\lambda \cdot fib(k) + \lambda \cdot fib(k) \cdot (\log_2 fib(k) - 1)] / fib(k)$$

$$= \lambda \cdot \log_2 fib(k)$$

由上可见，就失败情况而言，尽管两种查找算法的渐进时间复杂度均为$O(\log n)$，但常系数却又一定的差异——Fibonacci查找的$\lambda = 1.382$，较之二分查找的1.5更小。

[2-21] 设A[0, n)为一个非降的正整数向量。

试设计并实现算法expSearch(int x)，对于任意给定的正整数$x \le A[n-1]$，从该向量中找出一个元素A[k]，使得$A[k] \le x \le A[\min(n-1, k^2)]$。

若有多个满足这一条件的k，只需返回其中任何一个，但查找时间不得超过$O(\log(\log k))$。

（提示：指数查找（exponential search））

【解答】

我们令k从1开始不断递增（A[k]亦相应地非降变化），直至A[k]首次超过查找目标x。

当然，这里不能采用顺序的逐一递增（k = k + 1）模式：

k = 1, 2, 3, 4, 5, 6...

显然，在抵达$A[k] \le x \le A[k+1]$之前，必然已经花费了$O(k)$时间。可见，为尽快抵达目标位置，必须加大各试探位置的间距。

然而类似地，采用一般的递增模式仍不足够，比如加倍的递增（k = 2 * k）模式：

k = 1, 2, 4, 8, 16, 32, ...

因为在抵达$A[k] \le x \le A[2k]$之前，如此必然已经花费了$O(\log k)$时间。

为进一步加大各次试探位置的间距，可以采用指数递增（k = k * k）模式：

k = 1, 2, 4, 16, 256, 65536, ...

如此，在抵达$A[k] \le x \le A[k^2]$之前，仅需试探的步数为：

$$O(\log(\log k)) = O(\log\log k)$$

[2-22] 设A[0, n)[0, n)为整数矩阵（即二维向量），A[0][0] = 0且任何一行（列）都严格递增。

a）试设计一个算法，对于任一整数x ≥ 0，在$\mathcal{O}$(r + s + logn)时间内，从该矩阵中找出并报告所有值为x的元素（的位置），其中A[0][r]（A[s][0]）为第0行（列）中不大于x的最大者；

（提示：马鞍查找（saddleback search））

【解答】

一种可行的算法，过程大致如算法x2.1所示。

```
1 saddleback( int A[n][n], int x ) {
2    int i = 0; //不变性：有效查找范围始终为左上角的子矩形A[i, n)[0, j]
3    int j = binSearch(A[0][], x); //借助二分查找，在O(logn)时间内，从A的第0行中找到不大于x的最大者
4    while ( i < n && -1 < j ) { //以下，反复根据A[i][j]与x的比较结果，不断收缩查找范围A[i, n)[0, j)
5       if ( A[i][j] < x ) i++; //矩形区域的底边上移
6       else if ( x < A[i][j] ) j--; //矩形区域的右边左移
7       else { report( A[i][j] ); i++; j--; } //报告当前命中元素，矩形区域的底边上移、右边左移
8    }
9 }
```

算法x2.1 马鞍查找

该算法的原理及过程，如图x2.9所示。若将待查找矩阵A视作二维矩形区域，则在算法的每一次迭代中，搜索的范围始终可精简为该矩形左上角的某一子矩形（以阴影示意）。当然，该子矩形在初始情况下即为矩阵对应的整个区域。

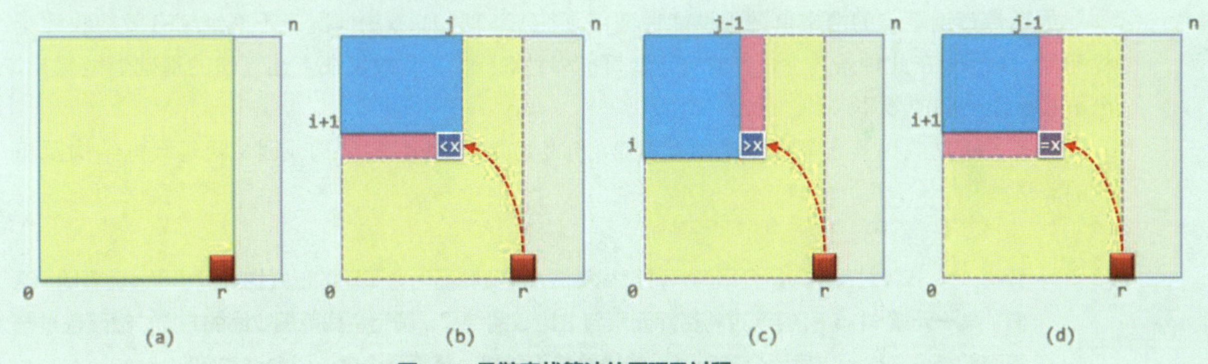

图x2.9 马鞍查找算法的原理及过程

算法首先通过二分查找，花费$\mathcal{O}$(logn)的时间在首行A[0][]中确定起始元素A[0][j = r]。于是如图(a)所示，根据该矩阵的单调性，查找范围即可收缩至A[i = 0, n)[0, j = r]。

接下来，反复地根据子矩形右下角元素A[i][j]与目标元素x的大小关系，不断收缩子矩形。既然该矩阵在两个维度均具有单调性，故若A[i][j] < x，则如图(b)所示，意味着当前子矩形的底边可以向上收缩一行；若x < A[i][j]，则如图(c)所示，意味着当前子矩形的右边可以向左收缩一列；而倘若A[i][j] = x，则如图(d)所示，不仅意味着找到了一个新的命中元素，而且当前子矩形的底边和右边可以同时收缩。

总而言之无论如何，每经过一次迭代，搜索的范围都可有效地收缩。由此可见，该算法也采用了减而治之（decrease-and-conquer）的策略。

为估计这一过程所需进行的迭代次数，我们不妨考查观察量：k = j - i。

开始迭代之前，设二分查找返回值为j = r < n，则当时应有：

k = j - i = r - 0 < n

此后每经过一次迭代，或者j减一，或者i加一，或者二者同时如此变化。总而言之，无论如何观察量k都至少减一。另一方面根据循环条件，最后一次迭代中必然有i = s和0 ≤ j ，即：

k = j - i ≥ 0 - s > -n

由此可见，这个过程中的迭代次数不超过：

r + s < 2n

请注意，单调性在此扮演了重要的角色。实际上，如果将矩阵理解为某一地区，将其中各单元的数值视作对应位置的高度，则该地区的地形将类似于马鞍的形状，该算法也因此得名。

从这一视角来看，所有命中的元素应该就是输入指定高度x所对应的一条等高线。于是，上述查找过程，则等效于从某一端的起点出发，逐点遍历该等高线。因为元素数值的严格单调性，该等高线与每一行、每一列至多相交于一个单元。这些单元也就是算法需要遍历并检查的单元，若等高线的起点和终点分别为A[0][r]和A[s][0]，则其包含的单元应不超过r + s个。这一结论，与前面的分析殊途同归。

b） 若A的各行（列）只是非减（而不是严格递增），你的算法需做何调整？复杂度有何变化？

【解答】

如果带查询矩阵的严格单调性不能保证，则在A[i][j] = x的情况下不能继续有效地收缩查找范围。实际上在此种条件下，命中的元素可能多达$\Omega(n^2)$个，故仅在上述算法的基础上做修补，已很难保证整体的效率。

为此，不妨改用其它策略，比如采用第8章将要介绍的kd-树结构或四叉树等数据结构及相应的算法。

[2-23] 教材2.6节针对有序向量介绍的各种查找算法，落实减而治之策略的形式均大同小异：反复地“猜测”某一元素S[mi]，并通过将目标元素与之比较的结果，确定查找范围收缩的方向。然而在某些特殊的场合，沿前、后两个方向深入的代价并不对称，甚至其中之一只允许常数次。

比如，在仅能使用直尺的情况下，可通过反复实验，用鸡蛋刚能摔碎的下落高度（比如精确到毫米）来度量蛋壳的硬度。尽管可以假定在破裂之前蛋壳的硬度保持不变，但毕竟破裂是不可逆的。故若仅有一枚鸡蛋，则我们不得不从0开始，以1毫米为单位逐步增加下落的高度。若蛋壳的硬度不超过n毫米，则需要进行$\mathcal{O}(n)$次实验。就效率而言，这等价于退化到无序向量的顺序查找。

a） 若你拥有两枚鸡蛋（假定它们硬度完全相同），所需实验可减少到多少次？试给出对应的算法；

【解答】

不妨以$\sqrt{n}$为间距，将区间[1, n]均匀地划分为$\sqrt{n}$个区间。于是，借助第一枚鸡蛋，即可在$\mathcal{O}(\sqrt{n})$时间内确定其硬度值所属的区间。接下来，再利用第二枚鸡蛋，花费$\mathcal{O}(\sqrt{n})$时间在此区间之内精确地确定其硬度值。

两步合计，共需花费$\mathcal{O}(2\cdot\sqrt{n}) = \mathcal{O}(\sqrt{n})$时间。

b） 进一步地，如果你拥有三枚鸡蛋呢？

【解答】

仿照上述思路，以$n^{1/3}$为间距，将区间[1, n]均匀地划分为$n^{1/3}$个区间（宽度各为$n^{2/3}$）；然后，再将每个区间继续均匀地细分为$n^{1/3}$个子区间（宽度各为$n^{1/3}$）。

类似地，借助第一枚鸡蛋，在$O(n^{1/3})$时间内将查找范围缩减至$n^{2/3}$；接下来，再利用第二枚鸡蛋，在$O(n^{1/3})$时间内将查找范围缩减至$n^{1/3}$；最后，利用第三枚鸡蛋，花费$O(n^{1/3})$时间在此区间之内精确地确定硬度值。

综合以上三步，总共耗时不过：

$$O(3 \cdot n^{1/3}) = O(n^{1/3})$$

c） 一般地，如果共有 d 枚鸡蛋可用呢？

【解答】

将以上方法推广，也就是对区间[1, n]逐层细分。每深入一层，都将当前层的每个子区间均匀地细分为$n^{1/d}$个更小的子区间。累计共分为d层。

查找也是逐层进行，不断深入：每花费$O(n^{1/d})$时间，查找范围的宽度都收缩至此前的$n^{-1/d}$。

纵观整个查找过程，共计d次复杂度为$O(n^{1/d})$顺序查找，累计耗时不过：

$$O(d \cdot n^{1/d}) = O(n^{1/d})$$

需特别留意的是，为实现子区间的分层细分，只需根据输入参数d确定规则，并不需要进行实质性的计算，因此这部分时间无需考虑。

[2-24] 在实际应用中，有序向量内的元素不仅单调排列，而且往往还服从某种概率分布。若能利用这一性质，则可以更快地完成查询。

以查阅英文字典为例，单词"Data"应大致位于前 1/5 和 1/4 之间，而"Structure"则应大致位于后 1/5 和 1/4 之间。对元素的分布规律掌握得越准确，这种加速效果也就越加可观。

此类方法的原理大同小异，无非是利用向量元素的分布规律，根据目标数值，通过插值估计出其大致所对应的秩，从而迅速缩小搜索范围，故称作插值查找（interpolation search）。

a） 若有序向量中的元素均独立且等概率地取自某一数值区间，试证明它们应大致按线性规律分布；

【解答】

既然是均匀且独立的分布，样本数量（向量区间内元素的数量）自然应线性正比于取值范围（向量区间两端点的数值之差）。

b） 针对此类有序向量，如何通过插值来估计待查找元素的秩？试给出具体的计算公式；

【解答】

若查找区间为[lo, hi)，且查找目标为Y（A[lo] ≤ Y < A[hi]），则Y的秩可以近似地估计为：

```
mi  =  lo + (hi - lo) * (Y - A[lo]) / (A[hi] - A[lo])
```

c） 试证明：对于此类向量，每经一次插值和比较，待搜索区间的宽度大致以平方根的速度递减[25]；

【解答】

设查找的目标为Y。

该算法通过不断迭代逐步逼近最终位置，故不妨考查其中第j步迭代S_j，j = 1, 2, ...。

若此步迭代对应于子区间V_j = [L_j, H_j)，区间宽度$N_j = H_j - L_j$，则按照上述估计公式，接受比较的元素的秩为：

$$K_j = L_j + N_j \cdot P_j$$

其中，

$$P_j = (Y - A[L_j])/(A[H_j] - A[L_j])$$

这里的P_j，既可看作Y在区间V_j内的相对位置，同时也是均匀分布于V_j之内的每一随机变量取值不大于Y的概率。

我们将V_j中不大于Y的元素数目记作I_j。既然该区间内的N_j个元素相互独立，故I_j应该就是它们取值不大于Y的概率总和。更准确地，I_j可视作一个符合二项式分布的随机变量，于是I_j的期望值为$N_j \cdot P_j$，方差为$N_j \cdot P_j \cdot (1 - P_j)$。

再来考查查找目标Y，将其在整个区间中的秩记作K^*——亦即，总共恰有K^*个元素不大于Y。

于是，在查找范围业已收缩至V_j时，$K^* - L_j$就是上述符合二项式分布的随机变量。因此若如上将第j个接受比较的元素的秩记作K_j，则按照该算法的原理，K_j即是在经过此前各步迭代而进入状态S_j的情况下，取K^*的条件期望，亦即：

$$K_j = E(K^* \mid S_1, S_2, ..., S_j) \quad \text{.......(1)}$$

以下考查前后相邻的两次试探位置的间距，令：

$$D_j = |K_{j+1} - K_j|$$

实际上，根据该算法的原理不难看出，以下两个等式中，总是必有其一成立：

$$K_j = L_{j+1}$$

$$K_j = H_{j+1}$$

相应地，以下两式之一也必然成立：

$$D_j = N_{j+1} \cdot P_{j+1}$$

$$D_j = N_{j+1} \cdot (1 - P_{j+1})$$

因此无论如何，总是有：

$$\mathrm{var}(K^* \mid S_1, S_2, ..., S_j) = N_j \cdot P_j \cdot (1 - P_j) \le D_{j-1} \quad \text{.......(2)}$$

由以上的定义，还可以导出：

$$\begin{aligned} D_j &= |K_{j+1} - K_j| \\ &= |E(K^* \mid S_1, S_2, ..., S_j, S_{j+1}) - K_j| \\ &= |E(K^* - K_j \mid S_1, S_2, ..., S_j, S_{j+1})| \end{aligned}$$

由柯西不等式可知：

$$\begin{aligned} {D_j}^2 &= [E(K^* - K_j \mid S_1, S_2, ..., S_j, S_{j+1})]^2 \\ &\le [E([K^* - K_j]^2 \mid S_1, S_2, ..., S_j, S_{j+1})] \end{aligned}$$

根据条件期望值的性质，进一步地有：

$$E({D_j}^2 \mid S_1, S_2, ..., S_j)$$

$$\leq E([E([K^* - K_j]^2 \mid S_1, S_2, ..., S_j, S_{j+1})] \mid S_1, S_2, ..., S_j)$$
$$= E([K^* - K_j]^2 \mid S_1, S_2, ..., S_j)$$

由(1)式，在依次转入S_1，S_2，...，S_j状态后，随机变量K^*的期望值为K_j，故上式也就是K^*在此时的条件方差。于是由(2)式，继续有：

$$E(D_j^2 \mid S_1, S_2, ..., S_j) \leq D_{j-1} \quad \cdots\cdots (3)$$

最后，再次根据柯西不等式，并利用条件期望值的性质，由(3)式有：

$$[E(D_j \mid S_1)]^2 \leq E(D_j^2 \mid S_1)$$
$$= E(E(D_j^2 \mid S_1, S_2, ..., S_j) \mid S_1)$$
$$\leq E(D_{j-1} \mid S_1)$$

亦即：

$$E(D_j \mid S_1) \leq \sqrt{E(D_{j-1} \mid S_1)}$$

这就意味着，从进入第一步迭代之后，随后各步迭代所对应查找自区间的宽度，将以平方根的速度逐次递减。

实际上，第一步迭代所对应的子区间也具有这一性质。请读者参照以上方法，独立补充证明。

d） 试证明：对于长度为 n 的此类向量，插值查找的期望运行时间为 $\mathcal{O}$(loglogn)；

【解答】

针对宽度为n的向量做插值查找时，记所需的时间为T(n)。于是有以下边界条件及递推方程：

$$T(1) = \mathcal{O}(1)$$
$$T(n) = T(\sqrt{n}) + \mathcal{O}(1)$$

令：

$$S(n) = T(2^n)$$

则有：

$$S(1) = \mathcal{O}(1)$$
$$S(n) = S(n/2) + \mathcal{O}(1)$$

解之可得：

$$S(n) = \mathcal{O}(\log n)$$

对应地：

$$T(n) = S(\log n) = \mathcal{O}(\log\log n)$$

e） 按照以上思路实现对应的插值查找算法，并通过实际测量，与二分查找等算法做一效率对比；

【解答】

请读者独立完成算法的编码与调试任务。

f） 你的实测对比结果，与理论分析是否吻合？若不吻合，原因何在？

【解答】

请读者独立完成实验，依据统计结果加以验证，并作出分析与解释。

[2-25] 对于几乎有序的向量，如教材代码 2.26（60 页）和代码 2.27（60 页）所示的起泡排序算法，都显得效率不足。

比如，即便乱序元素仅限于 A[0, $\sqrt{n}$)区间，最坏情况下仍需调用 bubble()做$\Omega(\sqrt{n})$次调用，共做$\Omega(n)$次交换操作和$\Omega(n^{3/2})$次比较操作，因此累计运行$\Omega(n^{3/2})$时间。

a） 试改进原算法，使之在上述情况下仅需 $\mathcal{O}(n)$时间；

【解答】

可改进如代码x2.3和代码x2.4所示：

```
1 template <typename T> //向量的起泡排序
2 void Vector<T>::bubbleSort ( Rank lo, Rank hi ) //assert: 0 <= lo < hi <= size
3 { while ( lo < ( hi = bubble ( lo, hi ) ) ); } //逐趟做扫描交换，直至全序
```

代码x2.3 向量的起泡排序（改进版）

```
1 template <typename T> Rank Vector<T>::bubble ( Rank lo, Rank hi ) { //一趟扫描交换
2    Rank last = lo; //最右侧的逆序对初始化为[lo - 1, lo]
3    while ( ++lo < hi ) //自左向右，逐一检查各对相邻元素
4       if ( _elem[lo - 1] > _elem[lo] ) { //若逆序，则
5          last = lo; //更新最右侧逆序对位置记录，并
6          swap ( _elem[lo - 1], _elem[lo] ); //通过交换使局部有序
7       }
8    return last; //返回最右侧的逆序对位置
9 }
```

代码x2.4 单趟扫描交换（改进版）

较之教材中的代码2.26和2.27，这里将逻辑型标志sorted改为秩last，以记录各趟扫描交换所遇到的最后（最右）逆序元素。如此，在乱序元素仅限于A[0, $\sqrt{n}$)区间时，仅需一趟扫描交换，即可将问题范围缩减至这一区间。累计耗时：

$$\mathcal{O}(n + (\sqrt{n})^2) = \mathcal{O}(n)$$

b） 继续改进，使之在如下情况下仅需 $\mathcal{O}(n)$时间：乱序元素仅限于 A[n - $\sqrt{n}$, n)区间；

【解答】

仿照a）的思路与技巧，将扫描交换的方向调换为自后（右）向前（左），记录最前（最左）逆序元素。请读者独立完成这一改进。

c） 综合以上改进，使之在如下情况下仅需 $\mathcal{O}(n)$时间：乱序元素仅限于任意的 A[m, m+$\sqrt{n}$)区间。

【解答】

综合以上a）和b）的思路与技巧，方向交替地执行扫描交换，同时动态地记录和更新最左和最右的逆序元素。请读者独立完成这一改进。

[2-26] 根据教材 2.8.3 节所给递推关系以及边界条件试证明，如教材 62 页代码 2.28 所示 mergeSort() 算法的运行时间 T(n) = $\mathcal{O}$(nlogn)。

【解答】

教材中已针对该算法，给出了如下边界条件及递推方程：

$$T(1) = \mathcal{O}(1)$$
$$T(n) = 2\times T(n/2) + \mathcal{O}(n)$$

或等价地

$$T(n)/n = T(n/2)/(n/2) + \mathcal{O}(1)$$

以下若令：

$$S(n) = T(n)/n$$

则有：

$$\begin{aligned} S(1) &= \mathcal{O}(1) \\ S(n) &= S(n/2) + \mathcal{O}(1) \\ &= S(n/4) + \mathcal{O}(2) \\ &= \ldots \\ &= S(n/2^k) + \mathcal{O}(k) \\ &= \mathcal{O}(\log n) \end{aligned}$$

于是有：

$$\begin{aligned} T(n) &= n\cdot S(n) \\ &= \mathcal{O}(n\log n) \end{aligned}$$

归并排序的边界条件及递推方程，在算法复杂度分析中非常典型，以上解法也极具有代表性。因此，读者不妨记住这一递推模式，并在今后作为基本结论直接应用。

[2-27] 如教材 62 页代码 2.28 所示 mergeSort()算法，即便在最好情况下依然需要Ω(nlogn)时间。实际上略微修改这段代码，即可使之在(子)序列业已有序时仅需线性时间。为此，mergeSort() 的每个递归实例仅需增加常数的时间，且其它情况下的总体计算时间仍然保持 $\mathcal{O}$(nlogn)。试给出你的改进方法，并说明其原理。

【解答】

只需将原算法中的

```
merge(lo, mi, hi);
```

一句改为：

```
if (_elem[mi - 1] > _elem[mi]) merge(lo, mi, hi);
```

实际上按照原算法的流程，在即将调用merge()接口对业已各自有序的向量区间[lo, mi)和[mi, hi)做二路归并之前，_elem[mi - 1]即是前一（左侧）区间的末（最靠右）元素，而_elem[mi]则是后一（右侧）区间的首（最靠左）元素。

于是，若属于本题所指（业已整体有序）的情况，则必有_elem[mi - 1] ≤ _elem[mi]；反之亦然。因此只需加入如上的比较判断，即可在这种情况下省略对merge()的调用。

不难看出，如此并不会增加该算法的渐进时间复杂度。

[2-28] 教材 63 页代码 2.29 中的二路归并算法 merge()，反复地通过 new 和 delete 操作申请和释放辅助空间。然而实验统计表明，这类操作的实际时间成本，大约是常规运算的 100 倍，故往往成为制约效率提高的瓶颈。

a） 试改写该算法，通过尽量减少此类操作，进一步优化整体效率；

【解答】

可以在算法启动时，统一申请一个足够大的缓冲区作为辅助向量B[]，并作为全局变量为所有递归实例公用；归并算法完成之后，再统一释放。

如此可以将动态空间申请的次数降至$O(1)$，而不再与递归实例的总数$O(n)$相关。当然，这样会在一定程度上降低代码的规范性和简洁性，代码调试的难度也会有所增加。

b） 试通过实测，对比并验证你的改进效果。

【解答】

请读者独立完成实验测试，并给出验证结论。

[2-29] 二路归并算法 merge()（教材 63 页代码 2.29）中的循环体内，两条并列语句的判断逻辑，并非完全对称。

a） 若将后一句中的“C[k] < B[j]”改为“C[k] <= B[j]”，对算法将有何影响？

【解答】

经如此调整之后，虽不致影响算法的正确性（仍可排序），但不再能够保证各趟二路归并的稳定性，整个归并排序算法的稳定性也因此不能保证。

原算法的控制逻辑可以保证稳定性。实际上，若两个子区间当前接受比较的元素分别为B[j]和C[k]，则唯有在前者严格大于后者时，才会将后者转移至A[i++]；反之，只要前者不大于后者（包含二者相等的情况），都会优先转移前者。由此可见，无论是子区间内部（相邻）的重复元素，还是子区间之间的重复元素，在归并之后依然能够保持其在原向量中的相对次序。

b） 若将前一句中的“B[j] <= C[k]”改为“B[j] < C[k]”，对算法将有何影响？

【解答】

当待归并的子向量之间有重复元素时，循环体内的两条处理语句均会失效，两个子向量的首元素都不会被转移，算法将在此处进入死循环。

c） 若同时做以上修改，对算法又将有何影响？

【解答】

不影响算法的正确性，仍可排序。然而每经过一趟归并，子向量之间的重复元素都会颠倒前后的次序，从而进一步地破坏整个归并排序算法的稳定性。

[2-30] 二路归并算法 merge()（教材 63 页代码 2.29）中的循环体，虽然形式上简洁，但流程控制逻辑却较为复杂。

a） 试分情况验证并解释该算法的正确性；

【解答】

这里之所以引入了较为复杂的控制逻辑，目的是为了统一对不同情况的处理。尽管如此可使代码在形式上更为简洁，但同时也会在一定程度上造成运行效率的下降。

实际上，二路归并算法过程中可能出现的情况，如图x2.10至图x2.13所示无非四种。

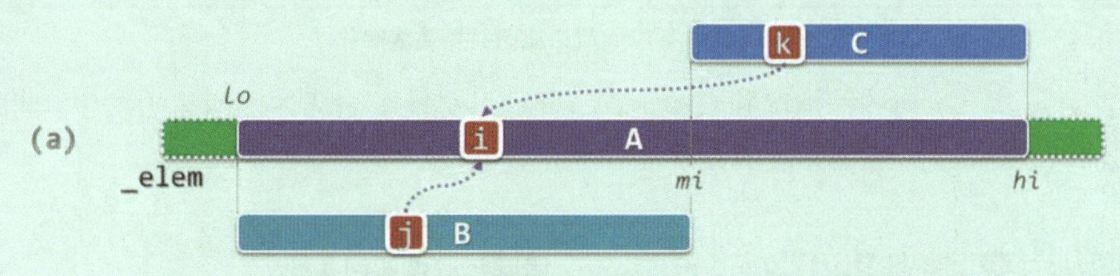

图x2.10 B[]和C[]中的元素均未耗尽，且已转入A[]的元素总数i ≤ lb

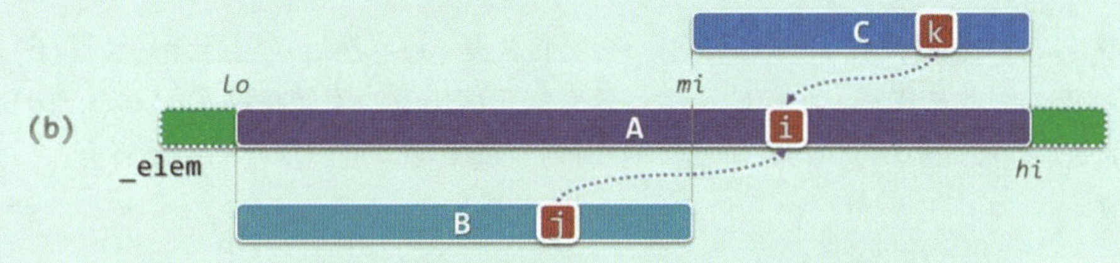

图x2.11 B[]和C[]中的元素均未耗尽，且已转入A[]的元素总数i > lb

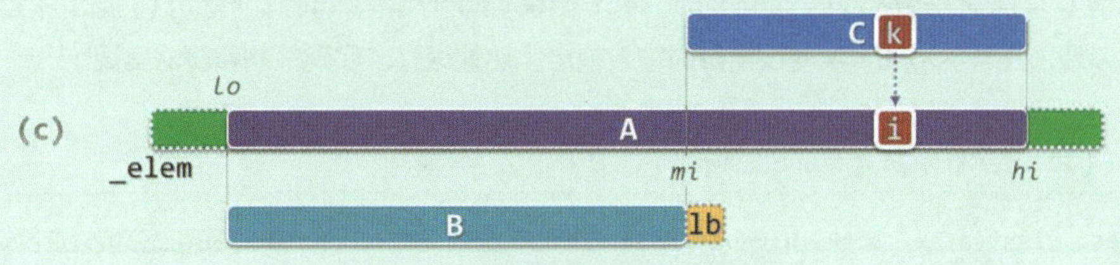

图x2.12 B[]中的元素先于C[]耗尽

就本章特定的二路归并而言，在情况(c)下C[]中剩余元素已不必移动。

此时，为更好地理解循环体内的控制逻辑“lb <= j || (C[k] < B[j])”，不妨假想地设置一个哨兵B[lb] = +∞。如此，“lb <= j”即可作为特殊情况归入“C[k] < B[j]”。

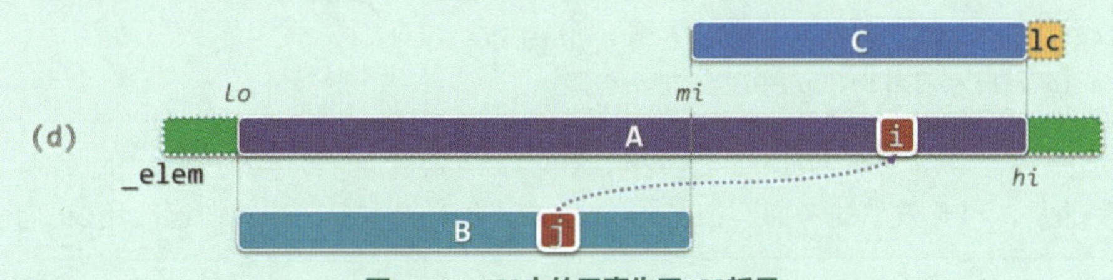

图x2.13 C[]中的元素先于B[]耗尽

类似地，此时为更好地理解循环体内的控制逻辑“lc <= k || (B[j] <= C[k])”，不妨假想地设置一个哨兵C[lc] = +∞，即可将“lc <= k”作为特殊情况归入“B[j] < C[k]”。

b） 基于以上理解，该循环体可以如何简化？

【解答】

可以考虑精简为如下形式（为便于对比，这里插入了一些空格）：

```
1 for ( Rank i = 0, j = 0, k = 0; j < lb; ) { //将B[j]和C[k]中的小者续至A末尾
2    if ( ( k < lc ) &&              ( C[k] <  B[j] )   ) A[i++] = C[k++];
3    if (               ( lc <= k ) || ( B[j] <= C[k] )   ) A[i++] = B[j++];
4 }
```

代码x2.5 有序向量二路归并算法的简化

请读者对照以上所列各种情况独立验证，尽管这里交换了循环体内两句的次序，同时删除了一些判断条件，却并不影响该算法的正确性和稳定性。

c） 如果从代码可维护性及运行效率的角度出发，该算法应该如何实现？

【解答】

不难看出，上述四种情况的发生次序，必然首先是(a)，然后（可能会）经过(b)，最后以(c)或(d)结束。因此从代码可维护性及运行效率的角度出发，不妨将(a和b)与(c或d)分为两个阶段，分别处理。如此虽然会增加代码量，但因判断逻辑可以进一步精简，反而会在一定程度上提高运行效率。

[2-31] 找到（v2.4 之前版本）Python 的 bisect 模块，阅读其中 bisect_right()接口的实现代码。

a） 试以增加注释的形式，说明该接口的输入输出、功能语义、实现策略和算法实现；

【解答】

bisect模块增加注释之后的源代码，如代码x2.6所示：

```
def bisect_right(a, x, lo=0, hi=None):  # 在有序向量区间a[lo, hi)中，采用二分策略查找x
   if hi is None:  # hi未予明确指定时，默认值取作
      hi = len(a)  # a的长度——因lo默认取作0，故默认时等效于对整个向量做查找
   while lo < hi:  # 每步迭代仅需做一次比较判断，有两个分支
      mid = (lo+hi)//2  # 以中点为轴点
      if x < a[mid]: hi = mid  # 经一比较后，若x小于轴点，则向左深入[lo, mi)
      else: lo = mid + 1  # 否则向右深入(mi, hi)
   return lo # lo为x在a[lo, hi)中适当的插入位置
```

代码x2.6 增加注释后，Python的bisect模块中bisect_right接口的源代码

需说明的是，出于效率的考虑，在Python v2.4之后版本中，该接口已改用C语言实现。

b） 就以上方面而言，该接口与本章向量的哪个接口基本类似？同时，又有什么区别？

【解答】

bisect_right()的功能语义、算法原理及流程，与Vector::binsearch()的版本C（教材56页代码2.24）几乎如出一辙。二者之间的差异无非在于，前者返回的秩比后者大一。

[2-32] 自学 C++ STL 中 vector 容器的使用方法，阅读对应的源代码。

【解答】

请读者独立完成相关代码的阅读和分析。

[2-33] 自学 Java 语言中的 Java.util.ArrayList 和 java.util.Vector 类，并阅读对应的源代码。

【解答】

请读者独立完成相关代码的阅读和分析任务。

[2-34] 位图（Bitmap）是一种特殊的序列结构，可用以动态地表示由一组（无符号）整数构成的集合。其长度无限，且其中每个元素的取值均为布尔型（初始均为 false），支持的操作接口主要包括：

```
void set(int i); //将第i位置为true（将整数i加入当前集合）
void clear(int i); //将第i位置为false（从当前集合中删除整数i）
bool test(int i); //测试第i位是否为true（判断整数i是否属于当前集合）
```

a） 试给出 Bitmap 类的定义，并具体实现以上接口；

【解答】

一种可行的实现方式，如代码x2.7所示。

```
1  class Bitmap { //位图Bitmap类
2  private:
3     char* M; int N; //比特图所存放的空间M[]，容量为N*sizeof(char)*8比特
4  protected:
5     void init ( int n ) { M = new char[N = ( n + 7 ) / 8]; memset ( M, 0, N ); }
6  public:
7     Bitmap ( int n = 8 ) { init ( n ); } //按指定或默认规模创建比特图（为测试暂时选用较小的默认值）
8     Bitmap ( char* file, int n = 8 ) //按指定或默认规模，从指定文件中读取比特图
9     {  init ( n ); FILE* fp = fopen ( file, "r" ); fread ( M, sizeof ( char ), N, fp ); fclose
   ( fp );  }
10    ~Bitmap() { delete [] M; M = NULL; } //析构时释放比特图空间
11
12    void set   ( int k ) { expand ( k );        M[k >> 3] |=   ( 0x80 >> ( k & 0x07 ) ); }
13    void clear ( int k ) { expand ( k );        M[k >> 3] &= ~ ( 0x80 >> ( k & 0x07 ) ); }
14    bool test  ( int k ) { expand ( k ); return M[k >> 3] &    ( 0x80 >> ( k & 0x07 ) ); }
15
16    void dump ( char* file ) //将位图整体导出至指定的文件，以便对此后的新位图批量初始化
17    {  FILE* fp = fopen ( file, "w" ); fwrite ( M, sizeof ( char ), N, fp ); fclose ( fp );  }
18    char* bits2string ( int n ) { //将前n位转换为字符串——
19       expand ( n - 1 ); //此时可能被访问的最高位为bitmap[n - 1]
20       char* s = new char[n + 1]; s[n] = '\0'; //字符串所占空间，由上层调用者负责释放
21       for ( int i = 0; i < n; i++ ) s[i] = test ( i ) ? '1' : '0';
22       return s; //返回字符串位置
23    }
```

```
24    void expand ( int k ) { //若被访问的Bitmap[k]已出界，则需扩容
25       if ( k < 8 * N ) return; //仍在界内，无需扩容
26       int oldN = N; char* oldM = M;
27       init ( 2 * k ); //与向量类似，加倍策略
28       memcpy_s ( M, N, oldM, oldN ); delete [] oldM; //原数据转移至新空间
29    }
30 };
```

代码x2.7 位图Bitmap类

这里使用了一段动态申请的连续空间M[]，并依次将其中的各比特位与位图集合中的各整数一一对应：若集合中包含整数k，则该段空间中的第k个比特位为1；否则该比特位为0。

在实现上述一一对应关系时，这里借助了高效的整数移位和位运算。鉴于每个字节通常包含8个比特，故通过移位运算：

```
k >> 3
```

即可确定对应的比特位所属字节的秩；通过逻辑位与运算：

```
k & 0x07
```

即可确定该比特位在此字节中的位置；通过移位操作：

```
0x80 >> (k & 0x07)
```

即可得到该比特位在此字节中对应的数值掩码（mask）。

得益于这种简明的对应关系，只需在局部将此字节与上述掩码做逻辑或运算，即可将整数k所对应的比特位设置为1；将此字节与上述掩码做逻辑与运算，即可测试该比特位的状态；将此字节与上述掩码的反码做逻辑位与运算，即可将该比特位设置为0。

这里还提供了一个dump()接口，可以将位图整体导出至指定的文件，以便对此后的新位图批量初始化。例如在后面9.3节实现高效的散列表结构时，经常需要快速地找出不小于某一整数的最小素数。为此，可以借助Eratosthenes算法，事先以位图形式筛选出足够多个候选素数，并通过dump()接口将此集合保存至文件。此后在使用散列表时，可一次性地读入该文件，即可按照需要反复地快速确定合适的素数。

与可扩充向量一样，一旦即将发生溢出，这里将调用expand()接口扩容。可见，这里采用的也是“加倍”的扩容策略。

b） 试针对你的实现，分析各接口的时间和空间复杂度；

【解答】

根据以上分析，set()、clear()和test()等接口仅涉及常数次基本运算，故其时间复杂度均为$O(1)$。可见，这种实现方式巧妙地发挥了向量之“循秩访问”方式的优势。

此外，相对于四则运算等常规运算，这里所涉及的整数移位和位运算更为高效，因此该数据结构实际的运行效率非常高，该结构也是一种典型的实用数据结构。

这里，位图向量所占的空间线性正比于集合的取值范围——在很多应用中，这一范围就是问题本身的规模，故通常不会导致渐进空间复杂度的增加。

c） 创建Bitmap对象时，如何节省下为初始化所有元素所需的时间？（提示：参考文献[4][9]）

【解答】

首先考查简单的情况：位图结构只需提供test()和set()接口，暂且不需要clear()接口。针对此类需求，一种可行的方法大致如代码x2.8所示。

```
1 class Bitmap { //位图Bitmap类：以空间作为补偿，节省初始化时间（仅允许插入，不支持删除）
2 private:
3    Rank* F; Rank N; //规模为N的向量F，记录[k]被标记的次序（即其在栈T[]中的秩）
4    Rank* T; Rank top; //容量为N的栈T，记录被标记各位秩的栈，以及栈顶指针
5
6 protected:
7    inline bool valid ( Rank r ) { return ( 0 <= r ) && ( r < top ); }
8
9 public:
10   Bitmap ( Rank n = 8 ) //按指定（或默认）规模创建比特图（为测试暂时选用较小的默认值）
11   { N = n; F = new Rank[N]; T = new Rank[N]; top = 0; } //在O(1)时间内隐式地初始化
12   ~Bitmap() { delete [] F; delete [] T; } //析构时释放空间
13
14 // 接口
15   inline void set ( Rank k ) { //插入
16      if ( test ( k ) ) return; //忽略已带标记的位
17      F[k] = top++; T[ F[k] ] = k; //建立校验环
18   }
19   inline bool test ( Rank k ) //测试
20   {  return valid ( F[k] ) && ( k == T[ F[k] ] );  }
21 };
```

代码x2.8 可快速初始化的Bitmap对象（仅支持set()操作）

首先，将代码x2.7中Bitmap类的内部空间M[]，代替换为一对向量F[]和T[]，其中元素均为Rank类型，其规模N均与（逻辑上的）位图结构B[]相同。实际上，T[]的工作方式将等效于栈，栈顶由top指示，初始top = 0。

请注意，与代码x2.7的版本相比，这里对两个向量均未做显式的初始化。

此后，每当需要调用set(k)标记新的B[k]位时，即可将k压入栈T[]中，并将该元素（当前的顶元素）在栈中的秩存入F[k]。

如此产生的效果是，在k与T[F[k]]之间建立了一个校验环路。也就是说，当F[k]指向栈T[]中的某个有效元素（valid(F[k])），而且该元素T[F[k]]恰好就等于k时，在逻辑上必然等效于B[k] = true；更重要的是，反之亦然。因此如代码x2.8所示，test(k)接口只需判断以上两个条件是否同时成立。

经如此改造之后，位图结构的一个运转实例如图x2.14所示。

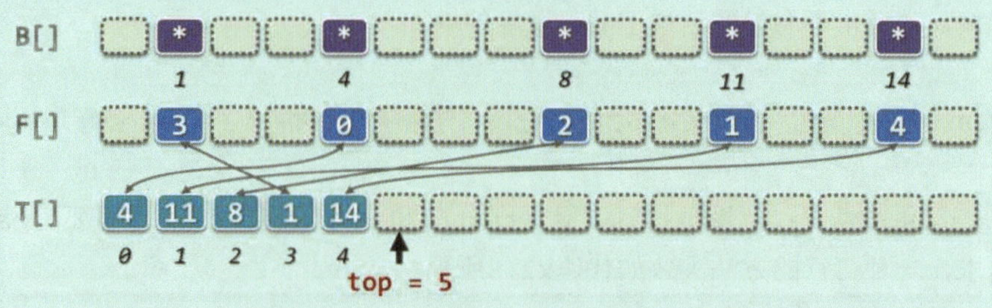

图x2.14 通过引入两个等长的向量，在$O(1)$时间内初始化Bitmap对象

按以上方法，首先在$O(1)$时间内对该位图结构做初始化。接下来，依次标记：

B[4],　B[11],　B[8],　B[1],　B[14],　...

相应地依次压入栈T[]中的分别是：

T[0] = 4, T[1] = 11, T[2] = 8, T[3] = 1, T[4] = 14, ...

向量F[]中依次存入的秩为：

F[4] = 0, F[11] = 1, F[8] = 2, F[1] = 3, F[14] = 4, ...

不难看出，整个过程中，凡可通过test(k)逻辑的任何比特位k，均被标记过；反之亦然。

由上同时可见，经如上改造之后的test()和set()接口，各自仍然仅需$O(1)$时间。

当然，以上方法仅限于标记操作set()，尚不支持清除操作clear()。如需兼顾这两个接口，就必须有效地辨别两种无标记的位：从未标记过的，以及曾经一度被标记后来又被清除的。否则，每次为无标记的位增加标记时，若简单地套用目前的set()接口为其增加一个校验环，则栈T[]的规模将线性正比于累积的操作次数，从而无法限制在N以内（尽管向量F[]仍可以），整个结构的空间复杂度也将随着操作次数的增加严格单调的增加。

能够有效区分以上两种无标记位的一种Bitmap类，可实现如代码x2.9所示。

```
1  class Bitmap { //位图Bitmap类：以空间作为补偿，节省初始化时间（既允许插入，亦支持删除）
2  private:
3     Rank* F; Rank N; //规模为N的向量F，记录[k]被标记的次序（即其在栈T[]中的秩）
4     Rank* T; Rank top; //容量为N的栈T，记录被标记各位秩的栈，以及栈顶指针
5
6  protected:
7     inline bool valid ( Rank r ) { return ( 0 <= r ) && ( r < top ); }
8     inline bool erased ( Rank k ) //判断[k]是否曾被标记过，且后来又被清除
9     { return valid ( F[k] ) && ! ( T[ F[k] ] + 1 + k ); } //这里约定：T[ F[k] ] = - 1 - k
10
11 public:
12    Bitmap ( Rank n = 8 ) //按指定（或默认）规模创建比特图（为测试暂时选用较小的默认值）
13    { N = n; F = new Rank[N]; T = new Rank[N]; top = 0; } //在O(1)时间内隐式地初始化
14    ~Bitmap() { delete [] F; delete [] T; } //析构时释放空间
```

```
15
16 // 接口
17    inline void set ( Rank k ) { //插入
18       if ( test ( k ) ) return; //忽略已带标记的位
19       if ( !erased ( k ) ) F[k] = top++; //若系初次标记，则创建新校验环
20       T[ F[k] ] = k; //若系曾经标记后被清除，则恢复原校验环
21    }
22    inline void clear ( Rank k ) //删除
23    {  if ( test ( k ) ) T[ F[k] ] = - 1 - k;  } //忽略不带标记的位
24    inline bool test ( Rank k ) //测试
25    {  return valid ( F[k] ) && ( k == T[ F[k] ] );  }
26 };
```

代码x2.9 可快速初始化的Bitmap对象（兼顾set()和clear()操作）

这里的clear()接口并非简单地破坏原校验环，而是将T[F[k]]取负之后再减一。也就是说，可以在与正常校验环不相冲突的前提下，就地继续保留原校验环的信息。

基于这一约定，set(k)接口只需调用erase(k)，即可简明地判定[k]究竟属于哪种类型。若系从未标记过的，则按此前的方法新建一个校验环；否则可以直接恢复原先的校验环。

不难再次确认，在扩充后的版本中，各接口依然保持常数的时间复杂度。

最后，考查经改进之后Bitmap结构的空间复杂度。尽管表面上看，F[]和T[]的规模均不超过N，但这并不意味着整个结构所占空间的总量渐进不变。关键在于，两个向量的元素类型已不再是比特位或逻辑位，而是秩。二者的本质区别在于，前一类元素自身所占空间与整体规模无关，而后者有关。具体来说，这里Rank类型的取值必须足以涵盖Bitmap的规模；反之，可用Bitmap的最大规模也不能超越Rank类型的取值范围。比如，若Rank为四个字节的整数，则Bitmap的规模无法超过2^31 - 1 = $\mathcal{O}$(10^9)，否则Rank自身的字宽必须相应加大。所幸，目前的多数应用尚不致超越这个规模，因此仍可近似地认为以上改进版Bitmap具有线性的空间复杂度。

与之相关的另一问题是，目前的版本仍不支持动态扩容。我们将这一任务留给读者，并请读者对可扩容版Bitmap结构的空间、时间复杂度做一分析。

[2-35] 利用 Bitmap 类设计算法，在 $\mathcal{O}$(n)时间内剔除 n 个 ASCII 字符中的重复字符，各字符仅保留一份。

【解答】

将非重复的ASCII字符视作一个集合，并将其组织为一个Bitmap结构——ASCII编码为k的字符，对应于其中第k个比特位。

初始时，该集合为空，Bitmap结构中的所有比特位均处于0状态。以下，只需在$\mathcal{O}$(n)时间内遍历所有的输入字符，并对ASCII编码为k的字符，通过set(k)接口将其加入集合。

请注意，这里使用的Bitmap结构只需128个比特位。因此，最后只需再花费$\mathcal{O}$(128) = $\mathcal{O}$(1)时间遍历一趟所有的比特位，并输出所有通过test()测试的比特位，即可完成字符集的去重。

[2-36] 利用 Bitmap 类设计算法，快速地计算不大于 10^8 的所有素数。（提示：Eratosthenes 筛法）

【解答】

比如，可以采用Eratosthenes[④]筛法。该算法一种可行的实现方式如代码x2.10所示。

```
1 #include "../Bitmap/Bitmap.h" //引入Bitmap结构
2
3 /******************************************************************************************
4  * 筛法求素数
5  * 计算出不大于n的所有素数
6  * 不计内循环，外循环自身每次仅一次加法、两次判断，累计O(n)
7  * 内循环每趟迭代O(n/i)步，由素数定理至多n/ln(n)趟，累计耗时不过
8  *        n/2 + n/3 + n/5 + n/7 + n/11 + ...
9  *     <  n/2 + n/3 + n/4 + n/6 + n/7 + ... + n/(n/ln(n))
10 *     =  O(n(ln(n/ln(n)) - 1))
11 *     =  O(nln(n) - nln(ln(n)) - 1)
12 *     =  O(nlog(n))
13 * 如下实现做了进一步优化，内循环从i * i而非i + i开始，迭代步数由O(n / i)降至O(max(1, n / i - i))
14 ******************************************************************************************/
15 void Eratosthenes ( int n, char* file ) {
16    Bitmap B ( n ); B.set ( 0 ); B.set ( 1 ); //0和1都不是素数
17    for ( int i = 2; i < n; i++ ) //反复地，从下一
18       if ( !B.test ( i ) ) //可认定的素数i起
19          for ( int j = __min ( i, 46340 ) * __min ( i, 46340 ); j < n; j += i ) //以i为间隔
20             B.set ( j ); //将下一个数标记为合数
21    B.dump ( file ); //将所有整数的筛选标记统一存入指定文件，以便日后直接导入
22 }
```

代码x2.10 Eratosthenes素数筛选算法

这里的Bitmap结构B，相当于Eratosthenes的羊皮纸。初始时，（除0和1之外的）所有整数都有可能是素数，正如羊皮纸在开始前是完好无损的。

算法的主循环启动之后，将逐一检测各整数i（即与之对应的比特位[i]）。若当前的整数i已可被判定为合数（即B.test(i) = true，亦相当于羊皮纸上对应的方格已穿洞），则忽略之。否则，整数i应为素数，故须从2i开始以i为间隔，将后续所有形如j = ki（k ≥ 2）的整数j逐一标记为合数（即B.set(j)，亦相当于在羊皮纸上对应方格中穿孔）。

图x2.15逐行地依次给出了该算法在初始状态以及前三次迭代之后，Bitmap位图结构（Eratosthenes筛子）所对应的内部组成和状态。其中，白色的比特位（有穿孔的方格）所对应的整数已确认为合数；跨行的箭头联线，表示在确认了一个新的素数i之后，开始从2i开始筛

④ Eratosthenes (276-194 B.C.)，埃拉托斯特尼，古希腊先哲。经纬坐标系的发明者。其对地球半径简捷而精准地计算，也是封底估算方法的经典实例。此处实现的算法也源自于他，并被形象地称作埃拉托斯特尼的筛子（the sieve of Eratosthenes）。

除其所有的整倍数；而同行内的箭头，则对应于逐个筛除其整倍数的过程。

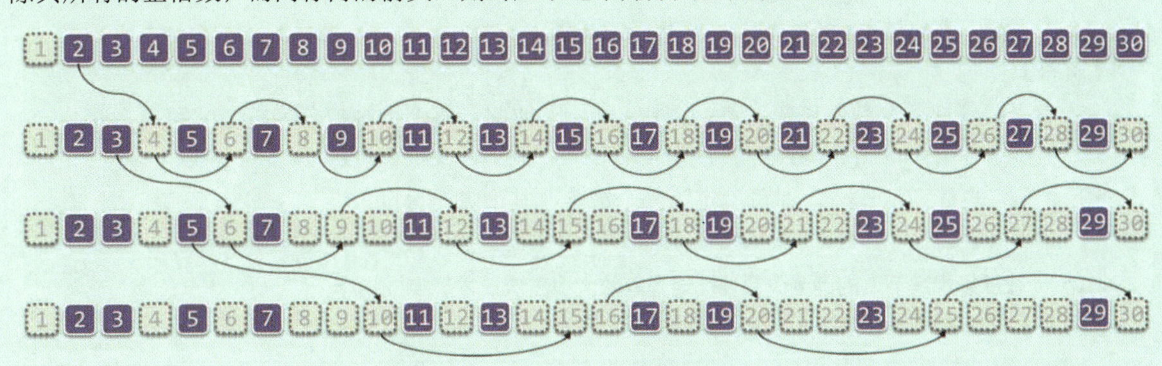

图x2.15 Eratosthenes算法的实例

通过不断重排所有整数，我们可以更好地理解该算法的原理及过程。在算法确认了一个新的素数i之后，不妨将所有整数以i个为一行，顺次排成i列的矩阵（当然，理论上应有无穷行）。如此，各次迭代所对应的重排结果应如图x2.16所示，依次为2列、3列、5列、7列、...。

图x2.16 Eratosthenes算法：每次迭代中所筛除的整数，恰好就是重排矩形的最右侧一列

该算法可在O(nlogn)时间内计算出不超过n的所有素数，具体分析可参见代码所附注释。

实际上，这里所实现的版本已在以上思路的基础上做了改进（尽管不是渐进意义上的改进）。

不难发现，在从对应于素数i的重排矩阵中筛除其最右侧一列时，完全可以直接从i^2（而不是2i）出发。以i = 5为例，如图x2.17所示完全可以从25（而不是10）出发。实际上，该列中介于[2i, i^2)之间的整数，均应该已经在此前的某次迭代中被筛除了。

图x2.17 Eratosthenes算法的改进

同理，若只是考查不超过n的素数，则当$i > \sqrt{n}$后，外循环即可终止。比如在上例中，当$i > \lfloor\sqrt{n}\rfloor = \lfloor\sqrt{30}\rfloor = 5$后，外循环即可终止。也就是说，最后一趟（$i = 7$）的筛除完全可以省略。

[2-37] 教材 12 页算法 1.3 中，在选出三个数之后还需对它们做排序。试证明：

a） 至多只需比对元素的大小三次，即可完成排序；

【解答】

首先，任取两个数并比较大小，记作a < b。如此，整个数轴被分为三个区间：

(-∞, a)　　(a, b)　　(b, +∞)

此后，至多再做两次比较，即可确定第三个数落在其中哪个区间。

b） 在最坏情况下，的确至少需要比对元素的大小三次，才能完成排序。

【解答】

3个数的排序结果，共有3! = 6种。也就是说，该问题的任何一个算法所对应的比较树（comparison tree）中，至少应有6个叶节点，故树高不致低于：

$\lceil \log_2 6 \rceil = 3$

[2-38] 代数判定树（algebraic decision tree, ADT）是比较树的推广，其中的节点分别对应于根据某一代数表达式做出的判断。例如，比较树中各节点所对应的“a == b”式判等以及“a < b”式比较，均可统一为根据一次代数表达式“a - b”取值符号的判断。

a） 对应于教材 2.7.4 节所列比较树的性质，代数判定树有哪些相仿的性质？

【解答】

与比较树类似地，代数判定树也具有如下性质：

① 每一内部节点各对应于一次（基于代数计算数值正负符号的）判定操作
② 内部节点的左、右分支，分别对应于在不同的数值符号下的执行方向
③ 叶节点（亦即，根到叶节点的路径）对应于算法某次执行的完整过程及输出
④ 反过来，算法的每一运行过程都对应于从根到某一叶节点的路径

b） 2.7.5 节中基于比较树模型的下界估计方法[27][28]，可否推广至代数判定树？如何推广？

【解答】

完全可以推广。

需要特别注意的是，对一般代数式的求值本身未必仍然属于基本操作，故不见得可以在常数时间内完成。例如在高维空间中，为计算两个点之间的欧氏距离所需的时间应线性正比于空间的维度d，若不将d视作常数，则此时欧氏距离的计算即不属于基本操作。

因此在代数判定树中，应根据各节点所对应代数计算操作的复杂度，以根节点到叶节点通路的加权长度，来度量各种输出所对应的计算成本。

[2-39] 任给 12 个互异的整数，其中 10 个已组织为一个有序序列，现需要插入剩余的两个以完成整体排序。若采用 CBA 式算法，最坏情况下至少需做几次比较？为什么？

【解答】

对于该问题的任一算法，都可以将其中所有的分支描述为一棵代数判定树。根据排列组合中

基本知识，可能的输出数目应为：

$$前一整数可能的插入位置数 \times 后一整数可能的插入位置数 = 11 \times 12 = 132$$

这也是该判定树应含叶节点数目的下限。

于是对应地，判定树的高度应至少是：

$$\lceil \log_2 132 \rceil = 8$$

这也是此类算法在最坏情况下需做比较操作次数的下限。

[2-40] 经过至多(n - 1) + (n - 2) = 2n - 3 次比较，不难从任何存有 n 个整数的向量中找出最大者和次大者。试改进这一算法，使所需的比较次数（即便在最坏情况下）也不超过$\lceil 3n/2 \rceil - 2$。

【解答】

可以采用分治策略，通过二分递归解决该问题。

算法的具体过程为：将原问题划分为两个子问题，分别对应于向量的前半部分和后半部分。以下，在递归地求解两个子问题（即找出两个子向量各自的最大和次大元素）后，只需两次比较操作，即可得到原问题的解（即确定整个向量中的最大和次大元素）。

实际上，若前一子向量中的最大、次大元素分别为a_1和a_2，后一子向量中的最大、次大元素分别为b_1和b_2，则全局的最大元素必然选自a_1和b_1之间。不失一般性地，设：

$$a_1 = \max(a_1, b_1)$$

于是全局的次大元素必然选自a_2和b_1，亦即：

$$\max(a_2, b_1)$$

若将该算法的运行时间记作T(n)，则根据以上分析，可得边界条件及递推方程如下：

$$T(2) = 1$$

$$T(n) = 2*T(n/2) + \boxed{2}$$

若令：

$$S(n) = [T(n) + 2]/n$$

则有：

$$S(n) = S(n/2) = S(n/4) = \ldots = S(2) = 3/2$$

故有：

$$T(n) = \lceil 3n/2 \rceil - 2$$

比如，若利用以上算法从任意8个整数中找出最大、次大元素，则即便是在最坏情况下，也只需T(8) = 10次比较操作。

请注意，这里的关键性技巧在于，为合并子问题的解，可以仅需2次而不是3次比较操作。否则，对应的递推关系应是：

$$T(n) = 2*T(n/2) + \boxed{3}$$

解之即得：

$$T(n) = 2n - 3$$

仍以8个整数为例，在最坏情况下可能需要进行13次比较操作。

[2-41] 试证明，对于任一 n×m 的整数矩阵 M，若首先对每一列分别排序，则继续对每一行分别排序后，其中的各列将依然有序（一个实例如图 x2.18 所示）。（提示：只需考查 n = 2 的情况）

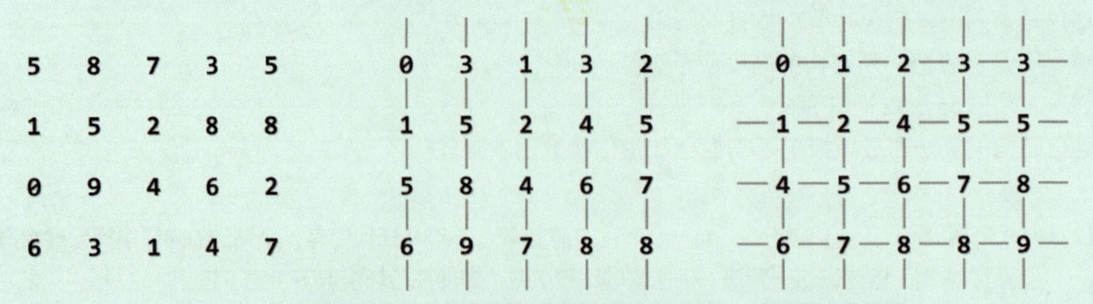

图x2.18 4×5的矩阵实例：经逐列排序再逐行排序后，每行、每列均各自有序

【解答】

因各行的排序独立进行，故只需证明以上命题对任意两行成立。

在已逐列排序的矩阵中，任取两行A[0, m)和B[0, m)。如图x2.19所示，不妨设A[]位于B[]之上方，于是在经逐列排序之后，对所有的0 ≤ k < m均有A[k] ≤ B[k]成立。

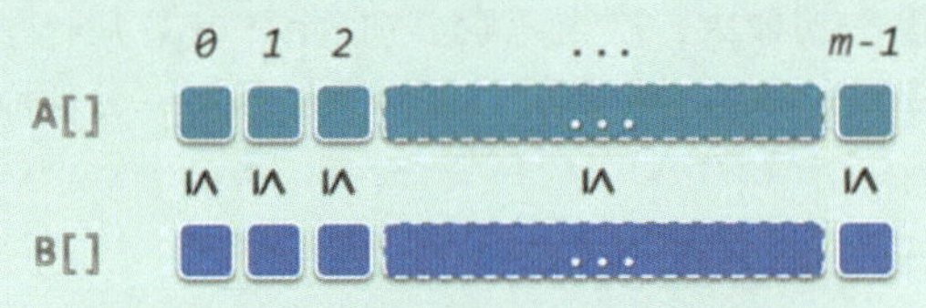

图x2.19 只需考查沿纵向捉对有序的任意两行

以下将通过两种方法证明，在继而再做逐行排序之后，两行的元素沿纵向依然捉对有序。

【证法 A】

不妨假想地采用起泡排序算法，同步地对各行实施排序。如此只需证明，该算法每向前迭代一步，A和B中的元素沿纵向依次捉对的有序性，依然继续保持。

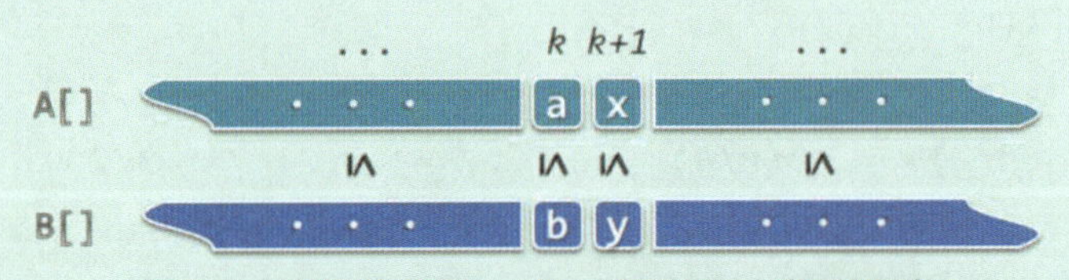

图x2.20 起泡排序的每一步，都是考查一对相邻元素

实际上如图x2.20所示，在每一步迭代中，该算法都仅逐行考查同一对相邻元素，比如：

A[k] = a 和 A[k + 1] = x

B[k] = b 和 B[k + 1] = y

不妨假设，在此之前已有：

a ≤ b 和 x ≤ y

经过此步迭代之后，尽管a和x可能互换位置，b和y也可能互换位置，但总体而言无非四种情况。其中，对于两行均无交换和同时交换的情况，命题显然成立。

故以下如图x2.21所示，只需考查其中只有一行交换的两种情况。

首先，设仅交换a和x。于是如图x2.21(a)所示，必有：

$$A'[k] = x \leq A'[k+1] = a \leq b = B[k] = B'[k]$$

$$A'[k+1] = a \leq b \leq y = B[k+1] = B'[k+1]$$

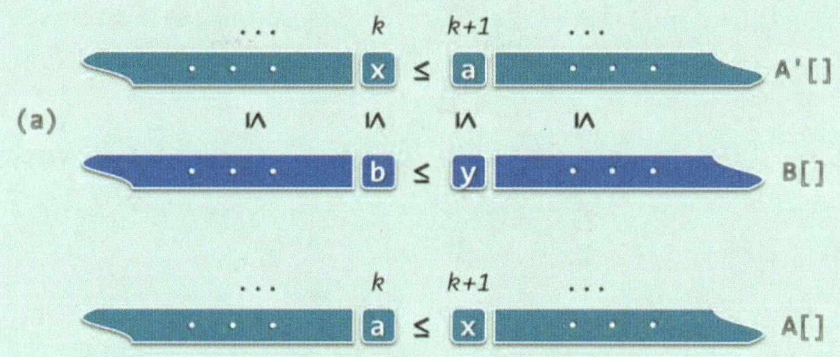

图x2.21 只需考查仅有一行进行交换的两种情况：(a) a和x交换；(b) b和y交换

反之，设仅交换b和y。于是如图x2.21(b)所示，必有：

$$A'[k] = A[k] = a \leq A[k+1] = x \leq y = B'[k]$$

$$A'[k+1] = A[k+1] = x \leq y = B'[k] \leq b = B'[k+1]$$

原命题故此得证。

需特别强调的是，这里不能采用插入排序或选择排序等其它算法——它们与起泡排序不同，不能保证在排序过程中，各行之间能够严格同步地进行比较，故不能直接支持以上推导过程。

【证法B】

反证。假设如图x2.22所示，在经逐行排序之后有：

$$A'[k] = a > b = B'[k]$$

图x2.22 假设逐行排序之后，沿纵向出现一对逆序元素a和b

自然地，A[]（A'[]）中的元素必然可以划分为两类：小于a的，以及不小于a的（含a本身）。而且，这两类元素互不重复，其总数应恰好为m。

然而根据以上假设条件，以下可以导出，这两类元素的总数不少于m + 1，从而导致悖论。

首先考查并统计小于a的元素。为此可以注意到以下事实：

$$B'[0, k] \leq B'[k] = b < a = A'[k]$$

这就意味着，对于B'[0, k]（亦来自于原B[]）中的每一元素，在原A[]中都应有一个不大于b（亦即小于a）的元素与之对应——也就是说，在A[]中至少有k + 1个元素小于a。

再来统计不小于a的元素。既然a ≤ A[k, m)，故A[]中至少有m - k个元素不小于a。

因此，两类元素合计总数至少应为：

$$(k + 1) + (m - k) = m + 1 > m$$

第3章

列表

[3-1] 考查列表结构的查找操作。

a) 试针对教材 72 页代码 3.5 中的 List::find()，以及 78 页代码 3.17 中的 List::search()，就其在最好、最坏和平均情况下的效率做一分析对比；

【解答】

二者的效率完全一致：在最好情况下，均只需$O(1)$时间；在最坏情况下，均需要$O(n)$时间；平均而言，二者均需$O(n)$时间。

b) 有序性对于列表查找操作效率的提高有多大作用？

【解答】

由上可见，即便附加了有序性的条件，列表的查找效率也不能有实质的提高。究其原因在于，列表结构是通过位置来访问其中的元素——即“循位置访问”（call-by-position），这与向量的“循秩访问”（call-by-rank）迥然不同。

[3-2] 考查如教材 73 页代码 3.7 和 74 页代码 3.8 所示的列表节点插入算法 LisrNode::insertAsPred() 和 ListNode::insertAsSucc()。

a) 在什么情况下，新插入的节点既是首节点也是末节点？

【解答】

若将某元素插入当时为空的列表，则插入之后列表仅含单个节点（列表规模为1），该节点将同时扮演首节点和末节点的角色。

b) 此时，这两种算法是否依然适用？为什么？试通过实测验证你的结论。

【解答】

教材所给的算法实现，在以上特殊情况下依然可行，能够顺利地完成插入操作。

之所以能够如此，是得益于这里在内部统一设置的哨兵节点（sentinel node）。如此插入的新节点，在列表内部居于头节点和尾节点之间。

[3-3] 考查如教材 75 页代码 3.11 所示的 List::remove()算法。

当待删除的节点既是首节点也是末节点（即列表仅含单个节点）时，该算法是否依然适用？为什么？

【解答】

教材所给的算法实现，在以上特殊情况下依然可行，能够顺利地完成删除操作。

之所以能够如此，也是得益于内部的哨兵节点。当最后一个节点被删除之后，头节点和尾节点在列表内部彼此相邻，互为前驱和后继。

[3-4] 考查如教材 76 页代码 3.14 所示的 List::deduplicate()算法。

a） 给出其中循环体所具有的不变性，并通过数学归纳予以证明；

【解答】

这里的不变性是：在迭代过程中的任意时刻，当前节点p的所有前驱互不相同。

算法启动之初，p没有前驱，以上命题自然成立。

以下假定在当前迭代之后，不变性依然成立，考查随后的下一步迭代。

在此步迭代过程中，首先转至下一节点p，并通过find()接口，在其前驱中查找与之雷同者。既然此前不变性是满足的，则与p雷同的元素至多仅有一个。这个雷同元素q若果真存在，则必然会被找到，并随即通过remove(q)接口被剔除。于是无论如何，以上不变性必然再次成立。

因此根据数学归纳原理，这一不变性将始终保持，直至算法结束。那时，p即是列表的尾哨兵元素，其余元素均为它的前驱，由不变性可知它们必然互异。由此可见，该算法是正确的。

b） 试举例说明，该算法在最好情况下仅需 $\mathcal{O}(n)$时间；

【解答】

当所有元素均彼此雷同时，即属于该算法的最好情况。此时，deduplicate()算法依然需要执行$\mathcal{O}(n)$步迭代，但可以证明每一步只需$\mathcal{O}(1)$时间。

实际上，根据以上所指出的不变性，当前节点p始终只有1个前驱（并且与之雷同）。因此，每步迭代中的find()操作仅需常数时间。

由此也可顺便得出最坏情况——所有元素彼此互异。在此种情况下，当前节点p的前驱数目（亦即各次find()操作所对应的时间）将随着迭代的推进线性地递增，平均为$\mathcal{O}(n)$，算法总体的时间复杂度为$\mathcal{O}(n^2)$。

c） 试改进该算法，使其时间复杂度降至 $\mathcal{O}(n\log n)$；

【解答】

最简明的一种改进方法是：首先调用sort()接口，借助高效的算法在$\mathcal{O}(n\log n)$时间内将其转换为有序列表；进而调用uniquify()接口，在$\mathcal{O}(n)$时间内剔除所有雷同元素。

d） $\mathcal{O}(n\log n)$的效率是否还有改进的余地？为什么？

【解答】

就最坏情况下复杂度的意义而言，以上方法已属最优。

为证明这一结论，只需构造一个从元素唯一性（Element Uniqueness）问题，到列表排序问题的线性归约。请读者仿照此前第2章习题[2-12]，自行给出具体的构造方法。

[3-5] 试基于列表的遍历接口 traverse()实现以下操作（假定数据对象类型支持算术运算）：

a） increase()：所有元素数值加一；

【解答】

一种可行的实现方式，如代码x3.1所示。

```
1 template <typename T> struct Increase //函数对象：递增一个T类对象
2    {  virtual void operator() ( T& e ) { e++; }  }; //假设T可直接递增或已重载++
3
4 template <typename T> void increase ( List<T> & L ) //统一递增列表中的各元素
5 {  L.traverse ( Increase<T>() );  } //以Increase<T>()为基本操作进行遍历
```

代码x3.1 基于遍历实现列表的increase()功能

与教材代码2.16中向量increase()接口的实现方式同理，这里也是将同一名为Increase()的函数对象作为基本操作，并通过遍历接口对列表的所有元素逐一处理。

b) half()：所有元素数值减半。

【解答】

一种可行的实现方式，如代码x3.2所示。

```
1 template <typename T> struct Half //函数对象：减半一个T类对象
2    {  virtual void operator() ( T& e ) { e /= 2; }  }; //假设T可直接减半
3
4 template <typename T> void half ( List<T> & L ) //统一减半列表中的各元素
5 {  L.traverse ( Half<T>() );  } //以Half<T>()为基本操作进行遍历
```

代码x3.2 基于遍历实现列表的half()功能

与以上Increase的实现方式相仿，这里的关键依然在于定义一个名为Half的函数对象。

[3-6] 对数据结构的操作，往往都集中于数据元素的一个较小子集。因此对列表而言，若能将每次被访问的节点及时转移至查找长度更短的前端，则整体效率必将大为提高。这种能够自适应调整的列表，即所谓的自调整列表（self-adjusting list）。

试通过改造本章的List模板类，实现自适应列表结构。

【解答】

读者可以按照以下操作准则，独立完成改进：

1）新元素总是作为首节点被插入；

2）已有的元素一旦接受访问，也随即将其转移至最前端（作为首元素）。

通常的应用环境都具有较强甚至极强的数据局部性（data locality）——在其生命期的某一区间内，对列表结构的访问往往集中甚至限定于某一特定的元素子集。引入以上策略之后，子集中元素所对应的节点，很快会“自适应地”集中至列表的前端。在此后相当长的一段时间内，其余的元素几乎可以忽略。于是，在此期间此类列表的访问效率，将主要取决于该子集（而非整个全集）的规模，因此上述改进的实际效果非常好（参见教材8.1.1节）。

[3-7] 自学C++ STL中list容器的使用方法，阅读对应的源代码。

【解答】

请读者独立完成阅读任务。

[3-8] 考查插入排序算法。

a) 仿照教材 80 页代码 3.19，针对向量实现插入排序算法 Vector::insertionSort()；

【解答】

请读者独立完成算法的设计与实现任务。

b) 你实现的插入排序算法是稳定的吗？为什么？

【解答】

请读者根据具体的实现方法，给出分析及结论。

[3-9] 考查选择排序算法。

a) 仿照教材 81 页代码 3.20，试针对向量结构实现选择排序算法 Vector::selectionSort()；

【解答】

一种可行的实现方式，如代码x3.3所示。

```
1 template <typename T> //向量选择排序
2 void Vector<T>::selectionSort ( Rank lo, Rank hi ) { //assert: 0 < lo <= hi <= size
3    while ( lo < --hi )
4       swap ( _elem[max ( lo, hi ) ], _elem[hi] ); //将[hi]与[lo, hi]中的最大者交换
5 }
6
7 template <typename T>
8 Rank Vector<T>::max ( Rank lo, Rank hi ) { //在[lo, hi]内找出最大者
9    Rank mx = hi;
10   while ( lo < hi-- ) //逆向扫描
11      if ( _elem[hi] > _elem[mx] ) //且严格比较
12         mx = hi; //故能在max有多个时保证后者优先，进而保证selectionSort稳定
13   return mx;
14 }
```

代码x3.3 向量的选择排序算法

b) 你实现的选择排序算法是稳定的吗？为什么？

【解答】

是稳定的。

这里在未排序子向量中查找最大元素时，总是自后向前地逆向扫描；相应地，唯有遇到严格更大的元素时，才更新最大元素的记录。如此，即便最大元素有重复的多个，每次都必定会选中其中最靠后者（并进而将其转移至已排序子向量）。于是，每一组重复的元素，都将按照其在原向量中的相对位置依次转移，从而最终保持它们之间的相对位置。

[3-10] 假定序列中 n 个元素的数值为独立均匀地随机分布，试证明：

a） 列表的插入排序算法平均需做约 $n^2/4 = \mathcal{O}(n^2)$次元素比较操作；

【解答】

首先，平均意义下的比较操作次数，也就是概率意义下比较操作的期望次数。

该算法共需执行$\mathcal{O}(n)$步迭代，故根据期望值的线性律（linearity of expectation），比较操作总次数的期望值，应该等于各步迭代中比较操作次数的期望值之和。

该算法中的比较操作，主要消耗于对有序子列表的search()查找过程。

由3.4.2节的分析结论，search()接口具有线性的平均复杂度。这就意味着，各步迭代内的search()过程所涉及的比较操作次数，应从0到n - 1按算术级数线性递增，故其总和应为：

$$\sum_{k=0}^{n-1}(k/2) = n\cdot(n-1)/4 = \mathcal{O}(n^2)$$

b） 向量的插入排序算法平均需做约 $n^2/4 = \mathcal{O}(n^2)$次元素移动操作；

【解答】

与列表不同，向量的插入排序中search()查找接口可以采用二分查找之类的算法，从而使其复杂度从线性降低至$\mathcal{O}(\log n)$。

然而另一方面，在确定适当位置之后为将新元素插入已排序的子序列，尽管列表只需$\mathcal{O}(1)$时间，但向量在最坏情况下我们不得移动$\mathcal{O}(n)$个节点，而且平均而言亦是如此。故与a）同理，总体而言，平均共需执行$\mathcal{O}(n^2)$次元素移动操作。

由这个例子，可清楚地看出两种数据访问方式各自的长处：循秩访问的方式更适宜于静态的查找操作，但在频繁动态修改的场合却显得效率低下；循位置访问的方式更适宜于动态修改，却不能高效地支持静态查找。

向量结构与列表结构所呈现的这种对称性，既非常有趣，更耐人寻味。

c） 序列的插入排序算法过程中平均有 expected-$\mathcal{O}(\log n)$个元素无需移动。

【解答】

同样地，既然该算法由多步迭代构成，故其间无需移动的元素的期望数目，就应该等于各步迭代中，待插入元素无需移动的概率总和。

根据该算法的原理，对于任意$k \in [0, n)$，在第k步迭代启动之初，当前元素A[k]的k个前驱应该业已构成一个有序的子序列A[0, k)。不难看出，若A[k]无需移动即使得A[0, k]仍为有序子序列，则其充要条件是，A[k]在A[0, k]中为最大元素。

既然假定所有元素都符合独立且均匀的随机分布，故作为前k + 1个输入元素中的普通一员，A[k]在其中为最大元素的概率应与其它元素均等，都是1/(k +1)。于是，这一概率的总和即为：

$$\sum_{k=0}^{n-1}1/(k+1) = \sum_{k=1}^{n}1/k = \Theta(\log n)$$

[3-11] 序列中元素 A[i]和 A[j]若满足 i < j 且 A[i] > A[j]，则称之为一个逆序对（inversion）。考查如教材 80 页代码 3.19 所示的插入排序算法 List::insertionSort()，试证明：

a） 若所有逆序对的间距均不超过 k，则运行时间为 $\mathcal{O}$(kn)；

【解答】

算法进入到A[j]所对应的那步迭代时，该元素（在输入序列中）的所有前驱应该业已构成一个有序子序列A[0, j)。既然其中至多只有k个元素与A[j]构成逆序对，故查找过程search()至多扫描其中的k个元素，即可确定适当的插入位置，对应的时间不超过$\mathcal{O}$(k)。

实际上，每一步迭代均具有如上性质，故累计运行时间不超过$\mathcal{O}$(kn)。

在教材12.3节对希尔排序高效性的论证中，这一结论将至关重要。

b） 特别地，当 k 为常数时，插入排序可在线性时间内完成；

【解答】

这也就是a）中结论的一个自然推论。

c） 若共有 I 个逆序对，则关键码比较的次数不超过 $\mathcal{O}$(I)；

【解答】

这里定义的每一逆序对，均涉及两个元素。为便于分析，这里约定将其计入后者的“账”上。因此，所有元素的逆序前驱的数目总和，应恰好等于I。

将a)中的分析方法作一般化推广，即不难看出：每个元素所涉及比较操作的次数，应恰好等于其逆序前驱的数目；整个算法过程中所执行的比较操作的总数，应恰好等于所有元素的逆序前驱的数目总和，亦即I。

d） 若共有 I 个逆序对，则运行时间为 $\mathcal{O}$(n + I)。

【解答】

由以上分析，算法过程中消耗于比较操作的时间可由$\mathcal{O}$(I)界定，而消耗于移动操作的时间可由$\mathcal{O}$(n)界定，二者累计即为$\mathcal{O}$(n + I)。

既然此处实际的运行时间更多地取决于逆序对的数目，而不仅仅是输入序列的长度，故插入排序亦属于所谓输入敏感的（input sensitive）算法。

实际上更为精确地，每步迭代中的查找都是以失败告终——或者找到不大于当前元素者，或者抵达A[-1]越界。若将这两类操作也归入比较操作的范畴，则还有一个$\mathcal{O}$(n)项。好在就渐进意义而言，这一因素可以忽略。

[3-12] 如教材 80 页代码 3.19 所示，考查插入排序算法 List::insertionSort()。

a） 若输入列表为{ 61, 60, 59, ..., 5, 4, 3, 2, 0, 1, 2 }，则共需要做多少次关键码比较？

【解答】

这里的关键在于，如何统计出查找过程search()（教材78页代码3.17）在该算法各步迭代中所执行的比较操作次数。

具体如表x3.1所示，列表结构中的头、尾哨兵，分别等效于元素-∞和+∞；已排序的子序列，用阴影表示；在当前迭代步经查找并归入排序子序列的元素，用方框注明。

就此例而言，共计63个元素，故对应于63步迭代，依次从0至62编号，各对应于一行。

表x3.1 列表{ 61, 60, 59, ..., 5, 4, 3, 2, 0, 1, 2 }的插入排序过程

迭代编号	列表元素													比较次数
0	-∞	61	60	59	58	...	5	4	3	2	0	1	2	+∞	1
1	-∞	60	61	59	58	...	5	4	3	2	0	1	2	+∞	2
2	-∞	59	60	61	58	...	5	4	3	2	0	1	2	+∞	3
3	-∞	58	59	60	61	...	5	4	3	2	0	1	2	+∞	4
...	-∞			...						...				+∞	...
56	-∞	5	6	7	8	...	61	4	3	2	0	1	2	+∞	57
57	-∞	4	5	6	7	...	60	61	3	2	0	1	2	+∞	58
58	-∞	3	4	5	6	...	59	60	61	2	0	1	2	+∞	59
59	-∞	2	3	4	5	...	58	59	60	61	0	1	2	+∞	60
60	-∞	0	2	3	4	...	57	58	59	60	61	1	2	+∞	61
61	-∞	0	1	2	3	...	56	57	58	59	60	61	2	+∞	61
62	-∞	0	1	2	2	...	55	56	57	58	59	60	61	+∞	60

由该表可以看出，第0步迭代经过一次（当前元素61与头哨兵-∞的）比较，即可确定其适当的插入位置——当然，此步的插入操作其实可以省略，但为简化控制逻辑，算法中不妨统一处理。实际上，从第0步至第60步迭代所插入的元素，在当时都是最小的，故每一查找过程search()都会终止于头哨兵-∞，而新元素都会被转移至最前端作为首元素。由此可见，这些迭代步所对应的比较次数，应从1至61逐步递增。

最后两步迭代原理一样，但过程与结果略有区别。第61步迭代中的查找过程search()需做61次比较，最后终止于节点0。第62步迭代中的查找过程search()需做60次比较，最后终止于节点2。请特别留意，最后一步迭代对两个雷同元素2的处理方式——既然search()算法是稳定的，故后一元素2应被插入于前一元素2之后。

累计以上各步迭代，比较操作的总次数应为：

(1 + 2 + 3 + ... + 60 + 61) + 61 + 60 = 2012

利用此前“插入排序算法复杂度主要取决于逆序对总数”的结论，也可得到同一结果。诚如前言，我们不难验证：以上各步迭代中所做比较操作的次数，恰好就是（在输入序列中）与当前元素构成逆序对的前驱总数。具体地，对于前61个元素：

{ 61, 60, 59, ..., 3, 2, 0 }

而言，逆序前驱数依次为：

{ 0, 1, 2, ..., 58, 59, 60 }

而对于最后两个元素：

    { 1, 2 }

而言，逆序前驱数分别为：

    { 60, 59 }

因此，原输入序列所含逆序对的总数应为：

    I = (0 + 1 + 2 + ... + 59 + 60) + 60 + 59 = 1949

再计入每个元素所对应的最后一次失败的比较，该算法累计执行的比较操作次数应为：

    I + n = 1949 + 63 = 2012

可见，两种方法殊途同归。

b） 试通过实测验证你的结论。

【解答】

只需在查找过程search()中，在执行比较操作的同时计数，查找返回时打印所记次数即可。

[3-13] 教材81页代码3.20中的List::selectionSort()算法，通过selectMax()在前端子序列中定位最大元素max之后，将其对应的节点整体取出，再后移并归至后端子序列之首。

这一过程中的remove()和insertB ()接口涉及节点存储空间的动态释放（delete）与申请（new），二者虽均属于$O(1)$复杂度的基本操作，但根据实验统计，此类操作实际所需的时间较之一般的基本操作多出两个数量级。

其实，教材80页的图3.6已暗示了一个更好的实现方式：只需令max与前端子序列的末元素互换数据项即可。

a） 试按照这一思路，在代码3.20的基础上完成改进；

【解答】

只需将第7行改为：

```
swap( tail->pred->data, max->data );
```

b） 通过实际测试统计验证，新的版本的确比代码3.20更加高效。

【解答】

请读者根据自己的改进方法，独立完成。

[3-14] 考查经过以上改进之后的List::selectionSort()算法。通过selectMax()在前缀子序列中定位的最大元素max，有可能恰好就是tail的前驱——自然，此时"二者"的交换是多余的。针对这一"问题"，你或许会考虑做些"优化"，比如将第7行进一步改为：

```
if ( tail->pred != max ) swap( tail->pred->data, max->data );
```

a) **以序列{ 1980, 1981, 1982, ..., 2011, 2012; 0, 1, 2, ..., 1978, 1979 }为例，这种情况共发生多少次？**

【解答】

我们首先引入循环节（cycle）的概念。

考查序列A[0, n)以及与之对应的排序序列S[0, n)。若存在

$$0 \leq \{ k_0, k_1, k_2, ..., k_{d-1} \} < n$$

使得对于任意$0 \leq i < d$，都有

$$A[k_i] = S[k_{(i+1) \bmod d}]$$

则称对于序列A[0, n)而言，$\{ k_0, k_1, k_2, ..., k_{d-1} \}$构成[0, n)的一个循环节。

以本题所给的序列为例，不难验证有：

```
A[1980]  =  1947  =  S[1947]
A[1947]  =  1914  =  S[1914]
A[1914]  =  1881  =  S[1881]
     ...
A[  66]  =    33  =  S[  33]
A[  33]  =     0  =  S[   0]
A[   0]  =  1980  =  S[1980]
```

因此相对于该序列，以下即为一个循环节：

{ 1980, 1947, 1914, ..., 66, 33, 0 }

这是一个等差数列，公差为33，总计的项数（即该循环节的长度）为：

d = (1980 - 0)/33 + 1 = 61

不难理解，每个元素都应属于某个循环节（长度可能为1），但不可能同时属于两个循环节。这就意味着，按照上述定义，任何序列都可以唯一地分解为若干个彼此独立的循环节。

接下来，我们重新审视选择排序算法List::selectionSort()的每一步迭代，假设被选出的最大元为A[m]。不难看出，将m转移至tail之前的效果，等同于该元素所属的循环节长度减一；而其它元素所属循环节的长度不变。当然，若该循环节的长度减至0，则意味着该循环节消失。

特别地，若题中所建议的“优化”能够生效，则此时的A[m]就是排序序列中的S[m]；这就意味着，A[m]必然自成一个（长度为1的）循环节。反之，一旦A[m]所属循环节的长度缩减至1，则“优化”也必然生效。由此可见，该“优化”措施恰好对每个循环节生效一次；而在整个算法过程中生效的总次数，应恰好等于输入序列所含循环节的数目。

现在，我们再回到本题。根据上述分析结论，我们只需统计出题中所给序列中的循环节总数。

实际上就这一序列而言，[0, 2012]范围内每一个公差为33的等差数列，均构成一个循环节。而且，因为有：

$$2013 = 33 \times 61$$

所以与上面所指出的那个循环节一样，每个循环节的长度均为61，共计33个循环节。

更精细地考查代码可以发现，在处理到最后一个循环节的最后一个元素（当时的A[0] = 0）

时，该算法会直接退出而不会继续选取最大元并做移动，故上述“优化”生效的实际次数为：

```
33 - 1 = 32
```

b) 试证明，在各元素等概率独立分布的情况下，这种情况发生的概率仅为 lnn/n → 0——也就是说，就渐进意义而言，上述“优化”得不偿失。

【解答】

继续考查列表的选择排序算法后不难发现，在A[m]所属循环节消失之前的瞬间，A[m]应为A[0, m]中的最大元。鉴于此前的A[0, m]一直符合独立且均匀的随机分布，故发生这一事件的概率应与区间[0, m]的长度成反比。

进一步地，再次根据期望值的线性律（linearity of expectation），在n次循环中发生这种情况的期望次数，应等于各步迭代中发生这一事件的概率总和，亦即：

$$1/n + 1/(n - 1) + 1/(n - 2) + \ldots + 1/3 + 1/2 + 1/1 = \Theta(\ln n)$$

[3-15] 在如教材 82 页代码 3.21 所示的 List::selectMax()算法中，若将判断条件由

```
! lt( (cur = cur->succ)->data, max->data )
```

改为

```
lt( max->data, (cur = cur->succ)->data )
```

则如代码 3.20 所示的 selectionSort()算法的输出有何变化？试举一例。

【解答】

教材所给的算法，是按从前（左）向后（右）的次序扫描各元素，再将选出来的当前最大元后移，并归入已排序的后缀子序列。就其语义而言，题中的两个逻辑表达式都旨在指示“当前的最大元记录需要更新”，故都能保证正确地挑选出最大元。然而在有多个雷同的最大元时，二者之间却又存在着细微而本质的差异。

按照前一逻辑表达式，在同时存在多个最大元时，算法总是会选出其中的最靠后（右）者。因此，原序列中雷同元素之间的相对次序，将在排序后的序列中得以延续。反之，若调整为后一逻辑表达式，则在同时存在多个最大元时，算法总是会选出其中的最靠前（左）者。如此，雷同元素在最终输出序列中的次序，将会完全颠倒。

比如，对于如下输入序列：

$\{ 5, 3_a, 9, 3_b, 3_c, 2 \}$

若采用后一逻辑表达式，则对应的输出序列将是：

$\{ 2, 3_c, 3_b, 3_a, 5, 9 \}$

而若采用前一逻辑表达式，则对应的输出序列将是：

$\{ 2, 3_a, 3_b, 3_c, 5, 9 \}$

由上可见，就对雷同元素的处理方式而言，教材所给的算法实现更为精细和恰当，可以保证以selectMax()为基础的选择排序算法selectionSort()是稳定的。

[3-16] 考查如教材83页代码3.23所示的List::mergeSort()算法，试证明：

a）若为节省每次子列表的划分时间，而直接令m = min(c, n/2)，其中c为较小的常数（比如5），则总体复杂度反而会上升至$\mathcal{O}(n^2)$；

【解答】

做如此调整之后，在切分出来的两个子列表中，必有其一的长度不超过c，而另一个的长度不小于n - c。尽管如此可以在$\mathcal{O}(c)$时间内完成子任务的划分，但二路归并仍需$\mathcal{O}(n)$时间，因此其对应的递推方程应为：

$$T(n) = T(c) + T(n - c) + \mathcal{O}(n)$$

解之可得：

$$T(n) = \mathcal{O}(n^2)$$

b）特别地，当取c = 1时，该算法等效地退化为插入排序。

【解答】

此时，参与二路归并的每一对子列表中，总有一个长度为1。故就实际效果而言，原算法的二路递归将退化为单分支的线性递归，“归并”操作将等同于将单个元素插入至另一子列表中。因此，整个计算过程及效果均完全等同于插入排序。

[3-17] 考查基于List::merge()算法（教材82页代码3.22）实现的List::mergeSort()算法（教材83页代码3.23）。

该算法是稳定的吗？若是，请给出证明；否则，试举一实例。

【解答】

是稳定的。为证明这一点，只需证明雷同元素之间的相对次序在输出序列中依然保持。

不妨采用数学归纳法。假定在每一次二路归并过程中，上述命题对任何长度短于L的列表都成立。以下考查长度为L的列表。

考查List::merge()算法中两个子列表的当前节点p（左）和q（右）。根据这里的逻辑条件，只要p不大于q，都会将p取出并归入输出列表；即便p和q相等，p也会先于q转入输出列表。也就是说，与p和q雷同的所有元素之间的相对次序将会得以延续。

[3-18] 试仿照教材22页代码1.10中向量的倒置算法，实现List::reverse()接口，将列表中元素的次序前后倒置。

【解答】

这里，由繁至简给出该算法的三种实现方式。

第一种实现方式如代码x3.4所示。

```
1 template <typename T> void List<T>::reverse() { //前后倒置
2    if ( _size < 2 ) return; //平凡情况
3    ListNodePosi(T) p; ListNodePosi(T) q;
```

```
4    for ( p = header, q = p->succ; p != trailer; p = q, q = p->succ )
5       p->pred = q; //自前向后，依次颠倒各节点的前驱指针
6    trailer->pred = NULL; //单独设置尾节点的前驱指针
7    for ( p = header, q = p->pred; p != trailer; p = q, q = p->pred )
8       q->succ = p; //自前向后，依次颠倒各节点的后继指针
9    header->succ = NULL; //单独设置头节点的后继指针
10   swap ( header, trailer ); //头、尾节点互换
11 }
```

代码x3.4 列表倒置算法的第一种实现

这里，借助两个指针逐一处理相邻的各对节点。首先通过一趟遍历，自前向后地依次颠倒各节点的前驱指针（使之指向当前的后继）。接下来再通过一趟遍历，自前向后地依次颠倒各节点的后继指针（使之指向此前的前驱）。当然，在两趟遍历之后，还需要单独地设置尾节点的前驱指针、头结点的后继指针。至此，所有节点的排列次序均已完全颠倒，故最后只需交换头、尾节点的指针，即可实现整体倒置的效果。

第二种实现方式如代码x3.5所示。

```
1 template <typename T> void List<T>::reverse() { //前后倒置
2    if ( _size < 2 ) return; //平凡情况
3    for ( ListNodePosi(T) p = header; p; p = p->pred ) //自前向后，依次
4       swap ( p->pred, p->succ ); //交换各节点的前驱、后继指针
5    swap ( header, trailer ); //头、尾节点互换
6 }
```

代码x3.5 列表倒置算法的第二种实现

这里仅需使用一个指针p。借助该指针，自前向后地对整个列表做一趟遍历，并令每个节点的前驱、后继指针互换。同样地，最后还需令头、尾节点的指针互换。

第三种实现方式如代码x3.6所示。

```
1 template <typename T> void List<T>::reverse() { //前后倒置
2    ListNodePosi(T) p = header; ListNodePosi(T) q = trailer; //头、尾节点
3    for ( int i = 1; i < _size; i += 2 ) //（从首、末节点开始）由外而内，捉对地
4       swap ( ( p = p->succ )->data, ( q = q->pred )->data ); //交换对称节点的数据项
5 }
```

代码x3.6 列表倒置算法的第三种实现

这一实现方式的思路与策略，与教材代码1.10中的倒置算法如出一辙。具体地，这里通过一轮迭代，从首、末节点开始由外而内，捉对地交换各对称节点的数据项。

指针p和q始终指向一对位置对称的节点。请注意，尽管其初值分别为头、尾哨兵节点，但进入迭代之后，它们所指向的都是对外可见的有效节点。

无论以上何种实现，计算过程无非都是一或两趟遍历迭代，每一步迭代都只涉及常数次基本操作，因此整体的时间复杂度均为$\mathcal{O}(n)$。另外，除了列表本身，这些实现方式均只需常数的辅助空间，故也都属于就地算法。

综合而言，最后一种实现方式的形式更为简明，但若基础数据类型T本身较为复杂，则节点data项的直接交换可能导致耗时的构造、析构运算。而前两种实现方式虽形式略嫌复杂，但因为仅涉及指针赋值，故在基础类型T较为复杂的场合将更为高效。

[3-19] Josephus 环游戏的规则如下：

> **一个刚出锅的山芋，在围成一圈的 n 个孩子间传递。大家一起数数，每数一次，当前拿着山芋的孩子就把山芋转交给紧邻其右的孩子。一旦数到事先约定的某个数 k，拿着山芋的孩子即退出，并从该位置起重新数数。如此反复，最后剩下的那个孩子就是幸运者。**

a) 试实现算法 josephus(int n, int k)，输出孩子们出列的次序，并确定最终的幸运者；

【解答】

在本章所实现列表结构的基础上做扩展，使之成为所谓的循环列表（Circular list）。也就是说，首节点的前驱取作末节点，末节点的后继取作首节点。于是，无论是通过前驱还是后继引用，都可以反复地遍历整个列表。

初始时，将n个孩子组织为一个循环列表。此后借助后继引用，不难找到下一出列的孩子；其出列的动作，及对应于删除与之对应的节点。如此不断反复。

b) 该算法的时间、空间复杂度各是多少？

【解答】

整个算法所需的空间主要消耗于循环列表，其最大规模不过$\mathcal{O}(n)$。因为这里无需使用前驱引用，故实际上空间消耗还可进一步减少，但渐进地依然是$\mathcal{O}(n)$。

算法的执行时间，主要消耗于对游戏过程的模拟。每个孩子出列之前，都需沿着后继引用前进k步，故累计需要$\mathcal{O}(n \cdot k)$时间。

当然，在$n < k$时，可以通过取“k %= n”，进一步加快模拟过程。如此，时间复杂度应为：

$$\mathcal{O}(n \cdot mod(k,\ n)) = \mathcal{O}(n^2)。$$

第4章

栈与队列

[4-1]　a）试基于 3.2.2 节的列表模板类 List，实现栈结构；

【解答】

仿照教材中由Vector类派生Stack类的方法，也可如代码x4.1所示由List类派生Stack类。

```
1 #include "../List/List.h" //以列表为基类，派生出栈模板类
2 template <typename T> class Stack: public List<T> { //将列表的首/末端作为栈顶/底
3 public: //size()、empty()以及其它开放接口，均可直接沿用
4    void push ( T const& e ) { insertAsLast ( e ); } //入栈：等效于将新元素作为列表的首元素插入
5    T pop() { return remove ( last() ); } //出栈：等效于删除列表的首元素
6    T& top() { return last()->data; } //取顶：直接返回列表的首元素
7 };
```

代码x4.1 由List类派生Stack类

这里直接将列表结构视作栈结构，并借助List类已有的操作接口，实现Stack类所需的操作接口。具体地，列表的头部对应于栈底，尾部对应于栈顶。于是，栈顶元素总是与列表的末节点相对应；为将某个元素压入栈中，只需将其作为末节点加至列表尾部；反之，为弹出栈顶元素，只需删除末节点，并返回其中存放的元素。

请注意，这里还同时默认地继承了List类的其它开放接口，但它们的语义与Vector类所提供的同名操作接口可能不尽相同。比如查找操作，List::find()通过返回值（位置）为NULL来表示查找失败，而Vector()则是通过返回值（秩）小于零来表示查找失败。因此在同时还使用了这些接口的算法中，需要相应地就此调整代码实现。

比如，在基于栈结构实现的八皇后算法placeQueens()（教材101页代码4.9）中，（局部）解存放于栈solu中，一旦经过solu.find(q)操作确认没有冲突，即加入一个皇后。教材中所实现版本中的栈结构派生自Vector类，故可通过检查find()所返回的秩是否非负来判定查找是否成功。若改由List类派生出栈结构，则需相应地调整此句——我们将此留给读者独立完成。

另外，将列表节点与栈元素之间的对应次序颠倒过来，从原理上讲也是可行的。但是，同样出于以上考虑，我们还是更加倾向于采用以上的对应次序。如此，栈中元素的逻辑次序与它们在向量或列表中的逻辑次序一致，从而使得栈的标准接口之外的接口具有更好的兼容性。

以hanoi()算法（17页代码x1.13）为例，为了显示盘子移动的过程，必须反复地遍历栈中的元素（盘子）。若采用与代码x4.1相反的对应次序，则针对栈基于Vector和List的两种实现，需要分别更改显示部分的代码；反之，则可以共享同一份代码。

b）按照你的实现方式，栈 ADT 各接口的效率如何？

【解答】

对于如代码x4.1所示实现的栈结构，各操作接口均转换为常数次列表的基本操作，故与基于向量派生的栈结构一样，所有接口各自仅需$O(1)$时间。

[4-2] a）试基于2.2.3节的向量模板类Vector，实现队列结构；

【解答】

仿照以上基于List实现栈结构的方法与技巧，请读者独立完成。

b）在实现过程中你遇到了哪些困难？你是如何解决的？

【解答】

请读者结合自己的实现过程，独立给出解答。

[4-3] 设B为A = { 1, 2, 3, ..., n }的任一排列。

a）试证明，B是A的一个栈混洗，当且仅当对于任意1 ≤ i < j < k ≤ n，P中都不含如下模式：

{ ..., k, ..., i, ..., j, ...}

【解答】

先证明“仅当”。为此可以采用反证法。

首先请注意，对于输入序列中的任意三个元素，其在输出序列中是否存在一个可行的相对排列次序，与其它元素无关。因此不妨只关注这三个元素{ i, j, k }。

接下来可注意到，无论如何，元素i和j必然先于k（弹出栈A并随即）压入中转栈S。若输出序列{ k, i, j }存在，则意味着在此三个元素中，k必然首先从栈S中弹出。而在k即将弹出之前的瞬间，i和j必然已经转入栈S；而且根据“后进先出”的规律，三者在栈S中（自顶向下）的次序必然是{ k, j, i }。这就意味着，若要k率先从栈S中弹出，则三者压入输出栈B的次序必然是{ k, j, i }，而不可能是{ k, i, j }。

既然以上规律与其余元素无关，{ k, i, j }即可视作判定整体输出序列不可行的一个特征，我们不妨称之为“禁形”（forbidden pattern）。

再证明“当”。

实际上只要按照算法x4.1，则对于不含任何禁形的输出序列，都可给出其对应的混洗过程。

```
1 stackPermutation( B[1, n] ) { //B[]为待甄别的输出序列，其中不含任何禁形
2    Stack S; //辅助中转栈
3    int i = 1; //模拟输入栈A（的栈顶元素）
4    for k = 1 to n { //通过迭代，依次输出每一项B[k]
5       while ( S.empty() || B[k] != S.top() ) //只要B[k]仍未出现在S栈顶
6          S.push( i++ ); //就反复地从栈A中取出顶元素，并随即压入栈S
7       //assert: 只要B[]的确不含任何禁形，则以上迭代就不可能导致栈A的溢出
8       //assert: 以上迭代退出时，S栈必然非空，且S的栈顶元素就是B[k]
9       S.pop(); //因此，至此只需弹出S的栈顶元素，即为我们所希望输出的B[k]
10   }
11 }
```

算法x4.1 确认不含任何禁形的序列都是栈混洗

该算法尽管包含两重循环，但其中实质的push()和pop()操作均不超过$O(n)$次，故其总体时间复杂度应线性正比于输入序列的长度。

算法x4.1只需略作修改，即可实现对栈混洗的甄别：对于{ 1, 2, 3, ..., n }的任一排列，判定其是否为栈混洗。请读者参照以上分析以及注释，独立完成此项工作。当然，你所改进的算法，必须依然具有$O(n)$的时间复杂度。

b） 若对任意 1 ≤ i < j < n，B 中都不含模式：

{ ..., j + 1, ..., i, ..., j, ...}

则 B 是否必为 A 的一个栈混洗？若是，试给出证明；否则，试举一反例。

【解答】

可以证明此类序列B必为A的一个栈混洗，故亦可将：

{ j + 1,　i,　j }

视作新的一类禁形。为此，不妨将：

{　　k,　i,　j }

{ j + 1,　i,　j }

分别称作“915”式禁形、“615”式禁形。

显然，此类禁形是a）中禁形的特例，故只需证明“当”：只要B中含有“915”式禁形，则必然也含有“615”式禁形——当然，两类禁形中的i和j未必一致。

以下做数学归纳。假定对于任何的k - i < d，以上命题均成立，考查k - i = d的情况。

不妨设i < j < k - 1，于是元素k - 1在B中相对于i的位置无非两种可能：

1）k - 1居于i的左侧（前方）

此时，{ k - 1, i, j }即为“915”式禁形，由归纳假设，必然亦含有“615”式禁形。

2）k - 1居于i的右侧（后方）

此时，{ k, i, k - 1 }即构成一个“615”式禁形。

c） 若对任意 1 < j < k ≤ n，B 中都不含模式

{ ..., k, ..., j - 1, ..., j, ...}

则 B 是否必为 A 的一个栈混洗？若是，试给出证明；否则，试举一反例。

【解答】

此类序列B未必是A的一个栈混洗，故不能将“945”式特征：

{　k, j - 1,　j }

称作禁形。作为反例，不妨考查序列：

B[] = { 2, 4, 1, 3 }

不难验证，其中不含任何的“945”式模式（{ 3, 1, 2 }、{ 4, 1, 2 }、{ 4, 2, 3 }）。但反过来，若对序列B[]应用算法x4.1，却将导致错误（请读者独立验证这一点，并指出错误的位置及原因），这说明该序列并非A的栈混洗。

当然，作为对b）中结论的又一次验证，不难看出该序列的确包含“615”式禁形：

{ 4, 1, 3 }

[4-4] 设S = { 1, 2, 3, ..., n }，试证明：

a） S的每个栈混洗都分别对应于由n对括号组成的一个合法表达式，且反之亦然；

【解答】

采用数学归纳法。

假设以上命题对少于n对括号的表达式（以及长度短于n的序列）均成立，现考查n的情况。

我们令混洗操作序列中的push/pop操作，与表达式中的左/右括号彼此对应。于是，在任意合法的表达式中，必然存在一对紧邻的左、右括号；相应地，在栈混洗对应的栈操作序列中，也必然存在一对紧邻的push和pop操作。进一步地，将这对括号从表达式中删除后，依然得到一个表达式——只不过长度减二；将这对push和pop操作删除后，也依然得到一个栈混洗所对应的栈操作序列——其长度亦减二。由归纳假设，缩短后的表达式与栈混洗彼此对应。

b） S共有Catalan(n) = (2n)!/(n + 1)!/n!个栈混洗。

【解答】

根据以上结论，只需统计n对括号所能组成的合法表达式数目T(n)。

由n对括号组成的任一合法表达式S_n，都可唯一地分解和表示为如下形式：

$$S_n = (S_k)S_{n-k-1}$$

其中，S_k和S_{n-k-1}均为合法表达式，且分别由k和n - k - 1对括号组成。

鉴于k的取值范围为[0, n)，故有如下边界条件和递推式：

$$T(0) = T(1) = 1$$

$$T(n) = \sum_{k=0}^{n-1} T(k)\cdot T(n-k-1)$$

这是典型的Catalan数式递推关系，解之即得题中结论。

[4-5] Internet超文本HTML文档，由成对出现的标志（tag）划分为不同的部分与层次。

类似于括号，与起始标志<myTag>相对应地，结束标志为</myTag>。

常用的HTML标志有：文档体（<body>和</body>）、节的头部（<h1>和</h1>）、左对齐（<left>和</left>）、段落（<p>和</p>）、字体（<font>和</font>）等。

a） 试拓展paren()算法（教材93页代码4.5），以支持对以上HTML标志的嵌套匹配检查；

【解答】

增加switch结构的分支，对每一种HTML标志，都相应地增加一条case语句，且处理方式与paren()算法已给出的分支完全一致。具体的实现请读者独立完成。

b） 继续扩展，以支持对任意“<myTag>...</myTag>”形式标志的嵌套匹配检查。

【解答】

此时，实际上需要处理的匹配括号有无数种，故显然不能简单地逐个增加一条语句。

一种可行的方法需要借助栈结构。具体地，每当遇到一个<myTag>标记，即令其入栈（相当于左括号）。每当遇到一个</myTag>标记，即与当前栈顶处的标记比对。倘若二者匹配，则弹出栈顶标记，然后继续读入并处理下一标记；否则，即可断定该文本（至少）在此处出现失配。

当然，待整个HTML文本扫描完毕，还需再次检查辅助栈。此时唯有栈为空，方可判定整个文本中的标记完全匹配。

[4-6] 教材95页代码4.7中的evaluate()算法，需借助readNumber()函数，根据当前字符及其后续的若干字符，解析出当前的操作数。试实现该函数。

【解答】

一种可行的实现方式，如代码x4.2所示。

```
1 void readNumber ( char*& p, Stack<float>& stk ) { //将起始于p的子串解析为数值，并存入操作数栈
2    stk.push ( ( float ) ( *p - '0' ) ); //当前数位对应的数值进栈
3    while ( isdigit ( * ( ++p ) ) ) //只要后续还有紧邻的数字（即多位整数的情况），则
4       stk.push ( stk.pop() * 10 + ( *p - '0' ) ); //弹出原操作数并追加新数位后，新数值重新入栈
5    if ( '.' != *p ) return; //此后非小数点，则意味着当前操作数解析完成
6    float fraction = 1; //否则，意味着还有小数部分
7    while ( isdigit ( * ( ++p ) ) ) //逐位加入
8       stk.push ( stk.pop() + ( *p - '0' ) * ( fraction /= 10 ) ); //小数部分
9 }
```

代码x4.2 操作数的解析

[4-7] 教材95页代码4.7中的evaluate()算法，需借助orderBetween(op1, op2)函数，判定操作符op1和op2之间的优先级关系。试利用如代码4.6（教材94页）所示的优先级表，实现该函数。

【解答】

一种可行的实现方式，如代码x4.3所示。

```
1 Operator optr2rank ( char op ) { //由运算符转译出编号
2    switch ( op ) {
3       case '+' : return ADD; //加
4       case '-' : return SUB; //减
5       case '*' : return MUL; //乘
6       case '/' : return DIV; //除
7       case '^' : return POW; //乘方
8       case '!' : return FAC; //阶乘
9       case '(' : return L_P; //左括号
10      case ')' : return R_P; //右括号
11      case '\0': return EOE; //起始符与终止符
12      default  : exit ( -1 ); //未知运算符
13   }
14 }
```

```
15
16 char orderBetween ( char op1, char op2 ) //比较两个运算符之间的优先级
17 { return pri[optr2rank ( op1 ) ][optr2rank ( op2 ) ]; }
```

代码x4.3 运算符优先级关系的判定

[4-8] 教材95页代码4.7中的evaluate()算法，为将常规表达式转换为RPN表达式，需借助append()函数将操作数或运算符追加至字符串rpn的末尾。
试实现该函数。（提示：需针对浮点数和字符，分别重载一个接口）

【解答】

一种可行的实现方式，如代码x4.4所示。

```
1 void append ( char*& rpn, float opnd ) { //将操作数接至RPN末尾
2    int n = strlen ( rpn ); //RPN当前长度（以'\0'结尾，长度n + 1）
3    char buf[64];
4    if ( opnd != ( float ) ( int ) opnd ) sprintf ( buf, "%.2f \0", opnd ); //浮点格式，或
5    else                                  sprintf ( buf, "%d \0", ( int ) opnd ); //整数格式
6    rpn = ( char* ) realloc ( rpn, sizeof ( char ) * ( n + strlen ( buf ) + 1 ) ); //扩展空间
7    strcat ( rpn, buf ); //RPN加长
8 }
9
10 void append ( char*& rpn, char optr ) { //将运算符接至RPN末尾
11    int n = strlen ( rpn ); //RPN当前长度（以'\0'结尾，长度n + 1）
12    rpn = ( char* ) realloc ( rpn, sizeof ( char ) * ( n + 3 ) ); //扩展空间
13    sprintf ( rpn + n, "%c ", optr ); rpn[n + 2] = '\0'; //接入指定的运算符
14 }
```

代码x4.4 将操作数或操作符统一接至RPN表达式末尾

这里，在接入每一个新的操作数或操作符之前，都要调用realloc()函数以动态地扩充RPN表达式的容量，因此会在一定程度上影响时间效率。

在十分注重这方面性能的场合，读者可以做适当的改进——比如，仿照教材2.4.2节中可扩充向量的策略，凡有必要扩容时即令容量加倍。

[4-9] 试以表达式"(0!+1)*2^(3!+4)-(5!-67-(8+9))"为例，给出evaluate()算法的完整执行过程。

【解答】

该表达式的求值过程，如表x4.1所示。其中每一步所对应的当前字符，均以方框注明；表达式的结束标识'\0'，则统一用$示意；各行左侧为栈底，右侧为栈顶。

请参考对应的注解，体会运算符栈和操作数栈随算法执行的演变过程及规律。

表x4.1 表达式求值算法实例

表达式	运算符栈	操作数栈	注解
(0!+1)*2^(3!+4)-(5!-67-(8+9))\$	\$		表达式起始标识入栈
(0!+1)*2^(3!+4)-(5!-67-(8+9))\$	\$ (		左括号入栈
(0!+1)*2^(3!+4)-(5!-67-(8+9))\$	\$ (	0	操作数0入栈
(0!+1)*2^(3!+4)-(5!-67-(8+9))\$	\$ (!	0	运算符'!'入栈
(0!+1)*2^(3!+4)-(5!-67-(8+9))\$	\$ (	1	运算符'!'出栈执行
(0!+1)*2^(3!+4)-(5!-67-(8+9))\$	\$ (+	1	运算符'+'入栈
(0!+1)*2^(3!+4)-(5!-67-(8+9))\$	\$ (+	1 1	操作数1入栈
(0!+1)*2^(3!+4)-(5!-67-(8+9))\$	\$ (	2	运算符'+'出栈执行
(0!+1)*2^(3!+4)-(5!-67-(8+9))\$	\$	2	左括号出栈
(0!+1)*2^(3!+4)-(5!-67-(8+9))\$	\$ *	2	运算符'*'入栈
(0!+1)*2^(3!+4)-(5!-67-(8+9))\$	\$ *	2 2	操作数2入栈
(0!+1)*2^(3!+4)-(5!-67-(8+9))\$	\$ * ^	2 2	运算符'^'入栈
(0!+1)*2^(3!+4)-(5!-67-(8+9))\$	\$ * ^ (	2 2	左括号入栈
(0!+1)*2^(3!+4)-(5!-67-(8+9))\$	\$ * ^ (	2 2 3	操作数3入栈
(0!+1)*2^(3!+4)-(5!-67-(8+9))\$	\$ * ^ (!	2 2 3	运算符'!'入栈
(0!+1)*2^(3!+4)-(5!-67-(8+9))\$	\$ * ^ (	2 2 6	运算符'!'出栈执行
(0!+1)*2^(3!+4)-(5!-67-(8+9))\$	\$ * ^ (+	2 2 6	运算符'+'入栈
(0!+1)*2^(3!+4)-(5!-67-(8+9))\$	\$ * ^ (+	2 2 6 4	操作数4入栈
(0!+1)*2^(3!+4)-(5!-67-(8+9))\$	\$ * ^ (	2 2 10	运算符'+'出栈执行
(0!+1)*2^(3!+4)-(5!-67-(8+9))\$	\$ * ^	2 2 10	左括号出栈
(0!+1)*2^(3!+4)-(5!-67-(8+9))\$	\$ *	2 1024	运算符'^'出栈执行
(0!+1)*2^(3!+4)-(5!-67-(8+9))\$	\$	2048	运算符'*'出栈执行
(0!+1)*2^(3!+4)-(5!-67-(8+9))\$	\$ -	2048	运算符'-'入栈
(0!+1)*2^(3!+4)-(5!-67-(8+9))\$	\$ - (	2048	左括号入栈
(0!+1)*2^(3!+4)-(5!-67-(8+9))\$	\$ - (	2048 5	操作数5入栈
(0!+1)*2^(3!+4)-(5!-67-(8+9))\$	\$ - (!	2048 5	运算符'!'入栈
(0!+1)*2^(3!+4)-(5!-67-(8+9))\$	\$ - (	2048 120	运算符'!'出栈执行
(0!+1)*2^(3!+4)-(5!-67-(8+9))\$	\$ - (-	2048 120	运算符'-'入栈
(0!+1)*2^(3!+4)-(5!-67-(8+9))\$	\$ - (-	2048 120 67	操作数67入栈
(0!+1)*2^(3!+4)-(5!-67-(8+9))\$	\$ - (	2048 53	运算符'-'出栈执行
(0!+1)*2^(3!+4)-(5!-67-(8+9))\$	\$ - (-	2048 53	运算符'-'入栈
(0!+1)*2^(3!+4)-(5!-67-(8+9))\$	\$ - (- (	2048 53	左括号入栈
(0!+1)*2^(3!+4)-(5!-67-(8+9))\$	\$ - (- (	2048 53 8	操作数8入栈
(0!+1)*2^(3!+4)-(5!-67-(8+9))\$	\$ - (- (+	2048 53 8	运算符'+'入栈
(0!+1)*2^(3!+4)-(5!-67-(8+9))\$	\$ - (- (+	2048 53 8 9	操作数9入栈
(0!+1)*2^(3!+4)-(5!-67-(8+9))\$	\$ - (- (	2048 53 17	运算符'+'出栈执行

表达式	运算符栈	操作数栈	注解
(0!+1)*2^(3!+4)-(5!-67-(8+9))$	$ - (-	2048 53 17	左括号出栈
(0!+1)*2^(3!+4)-(5!-67-(8+9))$	$ - (	2048 36	运算符'-'出栈执行
(0!+1)*2^(3!+4)-(5!-67-(8+9))$	$ -	2048 36	左括号出栈
(0!+1)*2^(3!+4)-(5!-67-(8+9))$	$	2012	运算符'-'出栈执行
(0!+1)*2^(3!+4)-(5!-67-(8+9))$		2012	表达式起始标识出栈
(0!+1)*2^(3!+4)-(5!-67-(8+9))$			返回唯一的元素2012

[4-10] 教材 95 页代码 4.7 中的 evaluate()算法，对乘方运算符"^"的求值采用了向左优先结合律，比如表达式“2^3^5”将被理解为“(2^3)^5”。

试按照通常习惯，将该运算符调整为满足向右优先结合律，比如上例应被理解为“2^(3^5)”。要求对该算法的修改尽可能小。

【解答】

就此类问题而言，与其去修改代码4.7中的evaluate()算法，不如直接调整代码4.6中的优先级表。实际上，只需将其中的pri['^']['^']由'>'改作'<'。

经过如此调整之后，当表达式当前扫描至操作符'^'，且此时的操作符栈顶元素亦为'^'时，后者不会随即执行计算，而是令前者入栈。从优先级的角度来看，如此可保证靠后（而非靠前）的'^'运算符优先执行计算。

[4-11] 教材 95 页代码 4.7 中 evaluate()算法执行过程中的某一时刻，设操作符栈共存有 502 个括号。

a） 此时栈的规模（含栈底的'\0'）至多可能多大？为什么？

b） 请示意性地画出当时栈中的内容。

【解答】

由该算法的原理不难看出，在其执行过程中的任何时刻，操作符栈中所存每一操作符相对于其直接后继（若存在）的优先级都要（严格地）更高。

当然，这一性质只对相邻操作符成立，故并不意味着其中所有的操作符都按优先级构成一个单调序列。在该算法中，（左）括号扮演了重要的角色——无论它是栈顶操作符，或者是表达式中的当前操作符，都会（因对应的pri[][]表项为'<'而）执行压栈操作。就效果而言，如此等价于将递增的优先级复位，从而可以开始新的一轮递增。对照如代码4.6所示的优先级表即不难验证，其它操作符均无这一特性。

因此，在（左）括号数固定的条件下，为使操作符栈中容纳更多的操作符，必须使每个（左）括号的上述特性得以充分发挥。具体地，在每个（左）括号入栈之前，应使每个优先级别的操作符都出现一次（当然，也至多各出现一次）。这里，'+'和'-'同处一级，'*'和'/'同处一级，'^'自成一级，'!'也自成一级。

需特别注意的是，根据代码4.6中的优先级表，任何时刻操作符'!'在操作符栈中只可能存有一个，而且必定是栈顶。对于合法的表达式，此后出现的下一操作符不可能是'('。而无论接下来出现的是何种操作符（即便是'!'本身），该操作符都会随即出栈并执行对应的计算。

综合以上分析，为使操作符栈的规模最大，其中所存的操作符应大致排列表x4.2所示。

表x4.2 （左）括号数固定时，运算符栈的最大规模

0	1	2	3	4	5	6	7	8	9	10	11	12	...	2008	2009	2010	2011	2012
\0	+ -	* /	^	(	+ -	* /	^	(	+ -	* /	^	(	...	(	+ -	* /	^	!
0				1				2				3		502				503

不难看出，此时操作符栈的规模为：

(502 + 1) × 4 + 1 = 2013

[4-12] 对异常输入的处置能力是衡量算法性能的重要方面，即教材 1.1.4 节所谓的鲁棒性。为考查教材 95 页代码 4.7 中 evaluate()算法的这一性能，现以非正常的表达式"(12)3+!4*+5"作为其输入。

a） 试给出在算法退出之前，操作数栈和操作符栈的演化过程；

【解答】

evaluate()算法对该“表达式”的求值过程，如表x4.3所示。其中，运算符栈和操作数栈的栈底/栈顶都在左侧/右侧。

表x4.3 非法表达式"(12)3+!4*+5"的“求值”过程

表达式	运算符栈	操作数栈	注解
(1 2) 3 + ! 4 * + 5 $	$		表达式起始标识入栈
(1 2) 3 + ! 4 * + 5 $	$ (		左括号入栈
(1 2) 3 + ! 4 * + 5 $	$ (	12	操作数12入栈
(1 2) 3 + ! 4 * + 5 $	$	12	左括号出栈
(1 2) 3 + ! 4 * + 5 $	$	12 3	操作数3入栈
(1 2) 3 + ! 4 * + 5 $	$ +	12 3	运算符'+'入栈
(1 2) 3 + ! 4 * + 5 $	$ + !	12 3	运算符'!'入栈
(1 2) 3 + ! 4 * + 5 $	$ + !	12 3 4	操作数4入栈
(1 2) 3 + ! 4 * + 5 $	$ +	12 3 24	运算符'!'出栈执行
(1 2) 3 + ! 4 * + 5 $	$ + *	12 3 24	运算符'*'入栈
(1 2) 3 + ! 4 * + 5 $	$ +	12 72	运算符'*'出栈执行
(1 2) 3 + ! 4 * + 5 $	$	84	运算符'+'出栈执行
(1 2) 3 + ! 4 * + 5 $	$ +	84	运算符'+'入栈
(1 2) 3 + ! 4 * + 5 $	$	84 5	操作数5入栈
(1 2) 3 + ! 4 * + 5 $	$	89	运算符'+'出栈执行
(1 2) 3 + ! 4 * + 5 $		89	表达式起始标识出栈
(1 2) 3 + ! 4 * + 5 $			返回唯一的元素89

b） 该算法是否能够正常终止？若异常退出，试解释原因；否则，试给出算法的输出；

【解答】

由表x4.3可见，尽管上述表达式明显不合语法，但evaluate()算法却依然能够顺利求值，并正常退出。实际上此类实例纯属巧合，更多时候该算法在处理非法表达式时都会异常退出。

反观上例也可看出，巧合的原因在于，在该“表达式”的求值过程中，每当需要执行某一运算时，在操作数栈中至少存有足够多操作数可供弹出并参与运算。

c） 试改进该 evaluate()算法，使之能够判别表达式的语法是否正确。

【解答】

就最低的标准而言，改进后的算法应该能够判定表达式是否合法。为此，除了需要检查括号的匹配，以及在每次试图执行运算时核对操作数栈的规模足够大，还需要确认每个操作符与其所对应操作数之间的相对位置关系符合中缀表达式（infix）的语法。最后一项检查的准则并不复杂：在每个操作符即将入栈时，操作数栈的规模应比操作符栈的规模恰好大一。

请读者根据以上提示，独立完成对原算法的改进工作。当然，就此问题的进一步要求是，在判定表达式非法后，还应能够及时报告问题的类型及其所在的位置，甚至给出修正的建议。

[4-13] RPN 表达式无需括号即可确定运算优先级，这是否意味着其所占空间必少于常规表达式？为什么？

【解答】

未必。实际上，尽管RPN表达式可以省去括号，但必须在相邻的操作数、操作符之间插入特定的分隔符（通常为空格）。这种分隔符必须事先约定，且不能用以表示操作数或操作符，故亦称做元字符（meta-character）。

不难看出，RPN表达式所引入元字符的数量，与操作数和操作符的总数相当，故其所占空间总量未必少于原表达式。

[4-14] PostScript 是一种典型的栈式语言，请学习该语言的基本语法，并编写简单的绘图程序。

【解答】

如代码x4.5所示，即为PostScript语言绘图程序的一个实例。

```
 1 %!PS-Adobe-2.0
 2 %
 3 % Smiling faces drawing
 4 %
 5 % Written by: Junhui DENG
 6 % Last update: Mar. 2009
 7 %
 8 /Times-Roman findfont
 9 24 scalefont
10 setfont
11 %
```

```
12 /red        {1 0 0 setrgbcolor} def
13 /green      {0 1 0 setrgbcolor} def
14 /blue       {0 0 1 setrgbcolor} def
15 /yellow     {1 1 0 setrgbcolor} def
16 /black      {0 0 0 setrgbcolor} def
17 /white      {1 1 1 setrgbcolor} def
18 %
19 /dottedline {0 setlinewidth}  def
20 /fatline    {16 setlinewidth} def
21 /thinline   {4 setlinewidth}  def
22 %
23 /smile {
24    newpath
25    gsave
26    rotate
27    0 translate
28    180 div dup scale
29    yellow   0 0 180 0 360 arc fill
30    red      -55 45 27 0 360 arc fill
31    blue     55 45 27 0 360 arc fill
32    fatline  white 0 -18 90 210 330 arc stroke
33    thinline black 0 0 180 0 360 arc stroke
34    grestore
35 } def
36 %
37 gsave
38 300 400 translate
39 180 0 0 smile
40 360 -15 0 {
41    dup 6 div
42    180
43    2 index
44    smile
45    pop
46 } for
47 %
48 -65 -30 moveto
49 black (Hello, world!) show
50 grestore
51 %
```

代码x4.5 PostScript语言的绘图程序

请读者阅读和运行该段代码，并通过添加注释，完成对其功能的分析。

[4-15] 为判断包含多种括号的表达式是否匹配，可否采用如下策略：

分别检查各种括号是否匹配；若它们分别匹配，则整体匹配

试证明你的结论，或者给出一个反例。

【解答】

在仅有一种括号时，括号匹配的判断准则，可以概括并精简为两条：

a）在表达式任意前缀中，左括号的数量都不少于右括号；
b）整个表达式中，左括号与右括号数量相等。

然而在有多种括号并存时，还需追加一条，以检查不同括号之间的相对位置：

x）在相互匹配的任何一对括号之间，则各种括号都是匹配的。

否则，即便每种括号均各自匹配，但不同括号之间仍可能存在相互“交错”的现象。比如，以下即是一个反例：

([{)] }

[4-16] 在 N 皇后搜索算法（教材 101 页代码 4.9）中，“忒修斯的线绳”与“粉笔”各是通过什么机制实现的？

【解答】

该算法所使用的栈solu就相当于“忒修斯的线绳”：压栈操作等效于前进一步并延长线绳；出栈操作等效于顺着线绳后退一步，同时收缩线绳。

这里通过循环按单调次序逐一检查每个格点，故不致于重复访问——这一机制，即等效于在迷宫中藉以作标记的“粉笔”。

[4-17] 考查如教材 103 页代码 4.13 所示的迷宫寻径算法。

a）试举例说明，即便 n×n 迷宫内部没有任何障碍格点，且起始与目标格点紧邻，也可能须在搜索过所有共$(n-2)^2$个可用格点之后，才能找出一条长度为$(n-2)^2$的通路；

【解答】

图x4.1 迷宫算法低效的实例

符合上述条件的一个具体实例，如图x4.1所示。

根据该算法的控制流程，在每个格点都是固定地按照东、南、西、北的次序，逐个地试探相邻的格点。因此，尽管在此例中目标终点就紧邻于起始点的西侧，也只有在按照如图所示的路线，遍历过所有的$(n-2)^2$个格点之后，才能抵达终点。

b） 尝试改进该算法，使之访问的格点尽可能少，找出的路径尽可能短。

【解答】

一种简便而行之有效的策略是，每次都是按随机次序试探相邻格点。

为此，需要改写nextESWN()函数（教材102页代码4.10）以及相关的数据结构。

请读者照此提示，独立完成设计、编码和调试任务。

[4-18] Fermat-Lagrange 定理指出，任何一个自然数都可以表示为 4 个整数的平方和，这种表示形式称作费马-拉格朗日分解，比如：30 = $1^2 + 2^2 + 3^2 + 4^2$。

试采用试探回溯策略，实现以下算法：

a） 对任一自然数 n，找出一个费马-拉格朗日分解；
b） 对任一自然数 n，找出所有费马-拉格朗日分解（同一组数的不同排列视作等同）；
c） 对于不超过 n 的每一自然数，给出其费马-拉格朗日分解的总数。

【解答】

在枚举并检查各候选解的过程中，需充分利用费马-拉格朗日分解的性质进行剪枝。

请读者按照这一总体思路，独立完成具体的算法设计，以及编码和调试任务。

[4-19] 暂且约定按照自然优先级，并且不使用括号，考查在数字'0'~'9'间加入加号'+'、乘号'*'后所构成的合法算术表达式。

a） 试编写一个程序，对于任一给定的整数 S，给出所有值为 S 的表达式。比如：

```
100    =    0 + 12 + 34 + 5 * 6 + 7 + 8 + 9
            0 + 12 + 3 * 4 + 5 + 6 + 7 * 8 + 9
            0 + 1 * 2 * 3 + 4 + 5 + 6 + 7 + 8 * 9
            0 * 1 + 2 * 3 + 4 + 5 + 6 + 7 + 8 * 9
            0 + 1 + 2 + 3 + 4 + 5 + 6 + 7 + 8 * 9
            0 + 1 * 2 * 3 * 4 + 5 + 6 + 7 * 8 + 9
            0 * 1 + 2 * 3 * 4 + 5 + 6 + 7 * 8 + 9
                          ...
2012   =    0 + 12 + 34 * 56 + 7 + 89
                          ...
```

b） 拓展你的程序，使之同时还支持阶乘'!'。比如

```
2012   =    0 ! + 12 + 3 ! ! + 4 * 5 ! + 6 ! + 7 + 8 * 9
                          ...
```


c） 继续拓展，引入乘方'^'、减法'-'、除法'/'等更多运算；

d） 再做拓展，引入括号。

【解答】

在枚举并检查各候选解的过程中，需充分利用各种运算符（以及括号）的性质进行剪枝。

请读者按照这一总体思路，独立完成算法设计，以及编码和调试任务。

[4-20] 试从以下方面改进 4.6.2 节的银行服务模拟程序，使之更加符合真实情况：

a） 顾客按更复杂的随机规律抵达；

b） 新顾客选择队列时不以人数，而以其服务时长总和为依据。

【解答】

请读者独立完成编码和调试任务。

[4-21] 自学 C++ STL 中 stack 容器和 queue 容器的使用方法，阅读对应的源代码。

【解答】

请读者独立完成阅读任务。

[4-22] 双端队列（deque[①]）是常规队列的扩展。顾名思义，该结构允许在其逻辑上的两端实施数据操作。具体地，与队头（front）端和队尾（rear）端相对应地，插入和删除操作各设有两个接口：

```
template <typename T> class Deque {
public:
   T& front(); //读取首元素
   T& rear(); //读取末元素
   void insertFront(T const& e); //将元素e插至队列前端
   void insertRear(T const& e); //将元素e插至队列末端
   T removeFront(); //删除队列的首元素
   T removeRear(); //删除队列的末元素
};
```

a） 实现如上定义的双向队列结构；

【解答】

比如，可以仿照代码x4.1中基于List结构派生出Stack结构，以及代码4.14（教材106页）中基于List结构派生出Queue结构的技巧。

具体地，将List结构的两端与Deque结构的两端相对应，相应的操作即可自然地转化为List结构在头、尾的插入和删除操作。

b） 你所实现的这些接口，时间复杂度各为多少？

【解答】

采用以上策略实现的Deque结构，各操作接口分别对应于List结构在首、末两端的插入或删除操作接口。根据3.3节对List结构性能的分析结论，得益于其内部的头、尾哨兵节点，这些操作均可在$O(1)$时间内完成。

① deque原本的读音与队列ADT的dequeue接口雷同，都是[di:kju]，为示区别，通常将deque改读作[dek]

[4-23] 从队列的角度回顾二路归并算法的两个版本，不难发现，无论 Vector::merge()（教材 63 页代码 2.29）还是 List::merge()（教材 82 页代码 3.22），所用到的操作无非两类：

从两个输入序列的前端删除元素
将元素插入至输出序列的后端

因此，若使用队列 ADT 接口来描述和实现该算法的过程，必将既简洁且深刻。

试按照这一理解，编写二路归并算法的另一版本，实现任意一对有序队列的归并。

【解答】

可以将Vector或List结构的首、末两端，与Queue结构的首、末两端相对应，并约定队列中的各元素从队首至队末，按单调非降次序排列。于是，对待归并序列（队列）的操作，仅限于调用front()接口（取各序列的首元素并比较大小）和dequeue()接口（摘出首元素中的小者）；而对合成序列（队列）的操作，仅限于调用enqueue()接口（将摘出的元素归入序列）。

请读者按照以上介绍和提示，独立完成编码和调试任务。

实际上，使用栈的ADT接口，也可简洁地描述和实现归并排序算法。当然，每次归并之后，还需随即对合成的序列（栈）做一次倒置操作reverse()（参见习题[4-25]）。

[4-24] 基于向量模板类 Vector 实现栈结构时，为了进一步提高空间的利用率，可以考虑在一个向量内同时维护两个栈。它们分别以向量的首、末元素为栈底，并相向生长。

为此，对外的入栈和出栈操作接口都需要增加一个标志位，用一个比特来区分实施操作的栈。具体地，入栈接口形式为 push(0, e)和 push(1, e)，出栈接口形式为 pop(0)和 pop(1)。

a） 试按照上述思路，实现这种孪生栈结构；

【解答】

请读者参照以上提示，独立完成。

b） 当孪生栈的规模之和已达到向量当前的容量时，为保证后续的入栈操作可行，应采取什么措施？

【解答】

扩容。仿照2.4.3节的策略和方法，同样可以实现分摊意义上的高效。

[4-25] 试设计并实现 Stack::reverse()接口，将栈中元素的次序前后倒置。

【解答】

一种可行的方法是：先将栈中的元素逐一取出并依次插入某一辅助队列，然后再逐一取出队列中的元素并依次插回原栈。请读者根据以上介绍和提示，独立完成编码和调试任务。

[4-26] 试设计并实现 Queue::reverse()接口，将队列中元素的次序前后倒置。

【解答】

仿照上题的方法：先将队列中的元素逐一取出并依次插入某一辅助栈，然后再逐一取出栈中的元素并依次插回原队列。请读者根据以上介绍和提示，独立完成编码和调试任务。

第5章

二叉树

[5-1] 考查任何一棵二叉树T。

a）试证明，对于其中任一节点v∈T，总有depth(v) + height(v) ≤ height(T)；

【解答】

对于子树v中的任一节点x，我们将x在该子树中的深度记作$depth_v(x)$。

若将树根节点记作r，则根据定义有：

$$height(v) = \max\{ depth_v(x) \mid x \in subtree(v) \}$$

于是，

$$\begin{aligned}
&depth(v) + height(v)\\
&= depth(v) + \max\{ depth_v(x) \mid x \in subtree(v) \}\\
&= \max\{ depth(v) + depth_v(x) \mid x \in subtree(v) \}\\
&= \max\{ depth(x) \mid x \in subtree(v) \} \quad\quad (1)
\end{aligned}$$

另一方面，

$$\begin{aligned}
&height(T) = height(r)\\
&= \max\{ depth_r(x) \mid x \in subtree(r) = T \}\\
&= \max\{ depth(x) \mid x \in subtree(r) = T \} \quad\quad (2)
\end{aligned}$$

对比(1)、(2)两式，二者都是取depth(x)的最大值，但前者所覆盖的范围（子树v）是后者所覆盖范围（全树）的子集，因此前者必然不大于后者。

b）以上取等号的充要条件是什么？

【解答】

由以上分析可见，唯有在全树最深节点属于子树v时，a）中不等式方可取等号；反之亦然。实际上，此时对应的充要条件是：全树最深（叶）节点（之一）是节点v的后代，或者等价地，节点v是全树（某一）最深（叶）节点的祖先。

[5-2] 考查任何一棵高度为h的二叉树T，设其中深度为k的叶节点有n_k个，$0 \le k \le h$。

a）试证明：$\sum_{k=0}^{h}(n_k/2^k) \le 1$；

【解答】

采用数学归纳法，对树高h做归纳。在h = 0时，该不等式对单节点的二叉树显然成立。故假定对于高度小于h的二叉树，该不等式均成立，以下考查高度为h的二叉树。

该树在最底层拥有恰好n_h个（叶）节点。如图x5.1所示，若将它们统一删除，则只可能在原次底层（现最底层）增加叶节点，其余更高层的叶节点不增不减。准确地说，若原次底层新增叶节点共计m个，则必有$m \ge \lceil n_h/2 \rceil$；或者反过来等价地，$n_h \le 2m$——取等号当且仅当$n_h$为偶数。

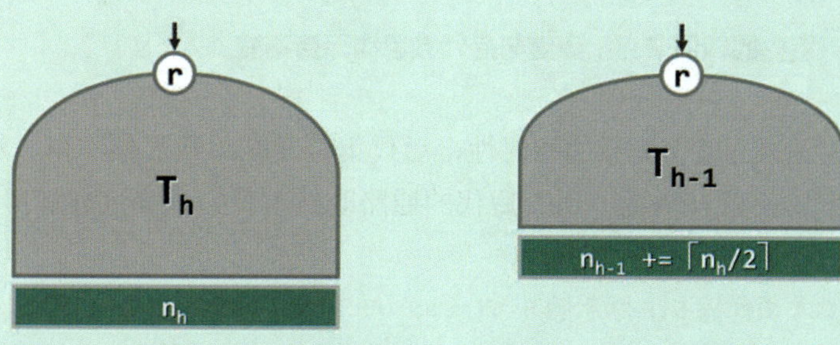

图x5.1 n_h个底层（叶）节点删除后，（次底层叶）节点至少增加⌈$n_h/2$⌉个

经如此统一删除底层（叶）节点之后，所得二叉树的高度为h - 1，故由归纳假设应当满足：

$$\sum_{k=0}^{h-2}(n_k/2^k) + (n_{h-1} + m)/2^{h-1} = \sum_{k=0}^{h-1}(n_k/2^k) + m/2^{h-1} \le 1$$

相应地，对于原树而言应有：

$$\begin{aligned}\sum_{k=0}^{h}(n_k/2^k) &= \sum_{k=0}^{h-1}(n_k/2^k) + n_h/2^h \\ &\le \sum_{k=0}^{h-1}(n_k/2^k) + 2m/2^h \quad \ldots\ldots(*) \\ &= \sum_{k=0}^{h-1}(n_k/2^k) + m/2^{h-1} \\ &\le 1\end{aligned}$$

b） 以上不等式取等号的充要条件是什么？

【解答】

由以上证明过程可见，题中不等式若欲取等号，则在（沿数学归纳反向）每一步递推中，以上不等式(*)都应取等号，而其充要条件是$n_h = 2m$。换而言之，二叉树每次增加一层，最底层的新叶节点都应该是成对引入的。递推地应用这一规则即不难看出，在如此生成的二叉树中，所有节点的度数必为偶数——亦即所谓的真二叉树（proper binary tree）。

[5-3] 试证明，在二叉树中接入（attachAsLC()或attachAsRC()）或摘除（remove()或secede()）一棵非空子树之后

a） 该子树所有祖先的后代数目（size）必然变化；

【解答】

“祖先-后代”关系是相对的，故这一结论显然成立。

b） 该子树所有祖先的高度（height）可能变化；

【解答】

同样显然成立。

一般地，若在接入/摘除某棵子树之后，某个祖先节点的高度的确因此而增加/降低，则在此时/此前，该祖先节点的最深后代必然都来自于该子树。

c） 对于非该子树祖先的任何节点，高度与后代数目均保持不变。

【解答】

同样地，由“祖先-后代”关系的相对性，后代集合及其总数显然不变。对于这样的节点而言，通往其（包括最深后代在内的）所有后代的通路既然不变，故高度亦保持不变。

[5-4] 考查如教材121页代码5.6所示的BinTree::updateHeightAbove(x)算法。

a） 试证明，在逆行向上依次更新x各祖先高度的过程中，一旦发现某一祖先的高度没有发生变化，算法即可提前终止；

【解答】

在高度更新过程中，将首个高度不变的节点记作C。

考查任一更高的祖先节点A。若从A通往其最深后代的通路不经过C，则A的高度自然不变。否则，该通路自上而下经过C之后，必然会继续通往C的最深后代。这种情况下，既然C的高度保持不变，则该后代的深度必然也不变——尽管这种后代节点可能不止一个。

b） 试按此思路改进这一算法；

【解答】

在自底而上逐层更新的过程中，一旦当前祖先节点的高度未变，即可立即终止。

c） 如此改进之后，算法的渐进复杂度是否会相应地降低？为什么？

【解答】

在最坏情况下我们仍需一直更新到树根节点，因此就渐进意义而言算法的复杂度并未降低。当然，如此改进之后毕竟可以自适应地减少不必要的更新计算，因此这种改进依然是值得的。

[5-5] 教材123页代码5.9中的removeAt()算法，时间复杂度是多少？空间呢？

【解答】

对于待删除子树中的每一节点，该算法都有一个对应的递归实例；反之，算法运行期间出现过的每一递归实例，也唯一对应于某一节点。再注意到，每个递归实例均只需常数时间，故知整体的运行时间应线性正比于待删除子树的规模。

在算法运行过程中的任何时刻，递归调用栈中各帧所对应的节点，自底而上两两构成“父亲-孩子”关系——比如特别地，最底部的一帧对应于（子树的）根节点。而当递归调用栈达到最高时，栈顶一帧必然对应于（子树中的）最深节点。由此可见，该算法的空间复杂度应线性正比于待删除子树的高度。

[5-6] 试证明，若采用PFC编码，则无论二进制编码串的长度与内容如何，解码过程总能持续进行——只有最后一个字符的解码可能无法完成。

【解答】

按照教材5.2.2节介绍的PFC解码算法，整个解码过程就是在PFC编码树上的“漫游”过程：最初从根节点出发；此后，根据编码串的当前编码位相应地向左（比特0）或向（比特1）右深入；

一旦抵达叶节点，则输出其对应的字符，并随即复位至根节点。

可见，算法无法继续的唯一可能情况时，在准备向下深入时发现没有对应的分支。然而根据其定义和约束条件，PFC编码树必然是真二叉树（proper binary tree）。也就是说，该算法运行过程中所抵达的每一内部节点，必然同时拥有左、右分支。因此上述情况实际上不可能发生。

[5-7] 因其解码过程不必回溯，PFC 编码算法十分高效。然而反过来，这一优点并非没有代价。试举例说明，如果因为信道干扰等影响致使某个比特位翻转错误，尽管解码依然可进行下去，但后续所有字符的解码都会出现错误。

【解答】

以如教材142页图5.35所示的编码树为例，考查与信息串"AI"相对应的编码串"${}_{00}{}^{011}$"。

若因传输过程中所受干扰，导致接收到的编码串误作"${}_{1}{}^{00}{}_{1}{}^{1}$"，则仍可正常解码，只不过得到的是错误的信息串"MAMM"。

请注意，依靠该算法本身，并不能检测出此类错误。

当然，这类例子还有很多。读者若有兴趣，不妨自行尝试其它的可能。

[5-8] 在 2.7.5 节我们已经看到，CBA 式排序算法在最坏情况下均至少需要Ω(nlogn)时间，但这并不足以衡量此类算法的总体性能。比如，我们尚不确定，是否在很多甚至绝大多数其它情况下有可能做到运行时间足够少，从而能够使得平均复杂度更低。试证明：若不同序列作为输入的概率均等，则任何 CBA 式排序算法的平均运行时间依然为Ω(nlogn)。（提示：PFC 编码）

【解答】

针对CBA式算法复杂度下界的估计，教材2.7.5节建议的统一方法是：先确定算法所对应的比较树（comparison tree），然后通过输入规模与可能的输出结果（叶节点）数目，推算出最小树高——即算法在最坏情况下所需的运行时间。

此处所需进一步考查的，是在各种输出结果符合某种概率分布的前提下，算法的平均性能。不难理解，实际上这等效于考查比较树中各叶节点的加权平均深度，其中各叶节点的权重取作出现对应输出的概率。

若将比较树与5.5.2节中的最优编码树（optimal encoding tree）做一对照即可看出，这也就是所谓的叶节点平均深度（average leaf depth）。特别地，在各种输出结果概率均等的前提下，对于任一固定的输入规模n，完全二叉树的叶节点平均深度可达到最小——然而即便如此，也至少有Ω(nlogn)。

[5-9] 考查 5.4.1 节所介绍的各种递归式二叉树遍历算法。若将其渐进时间复杂度记作 T(n)，试证明：

$$T(n) = T(a) + T(n - a - 1) + \mathcal{O}(1) = \mathcal{O}(n)$$

【解答】

这些算法都属于二分递归（binary recursion），但无论如何，每当递归深入一层，都等效于将当前问题（遍历规模为n的二叉树）分解为两个子问题（分别遍历规模为a和n - a - 1的两棵子树）。因此，递归过程总是可以描述为题中的递推关系。在考虑到边界条件（递归基仅需常数时间），即可导出这些算法的运行时间均为$\mathcal{O}(n)$的结论。

[5-10] 试按照消除尾递归的一般性方法，将二叉树先序遍历算法的递归版（教材 124 页代码 5.11）改写为迭代形式。

【解答】

在引入辅助栈之后，可以实现如代码x5.1所示的迭代版先序遍历算法。

```
1 template <typename T, typename VST> //元素类型、操作器
2 void travPre_I1 ( BinNodePosi(T) x, VST& visit ) { //二叉树先序遍历算法（迭代版#1）
3    Stack<BinNodePosi(T)> S; //辅助栈
4    if ( x ) S.push ( x ); //根节点入栈
5    while ( !S.empty() ) { //在栈变空之前反复循环
6       x = S.pop(); visit ( x->data ); //弹出并访问当前节点，其非空孩子的入栈次序为先右后左
7       if ( HasRChild ( *x ) ) S.push ( x->rc ); if ( HasLChild ( *x ) ) S.push ( x->lc );
8    }
9 }
```

代码x5.1 二叉树先序遍历算法（迭代版#1）

请特别留意这里的入栈次序：根据“后进先出”原理，右孩子应先于左孩子入栈。

图x5.2以其左侧的二叉树为例，给出了先序遍历辅助栈从初始化到再次变空的演变过程。

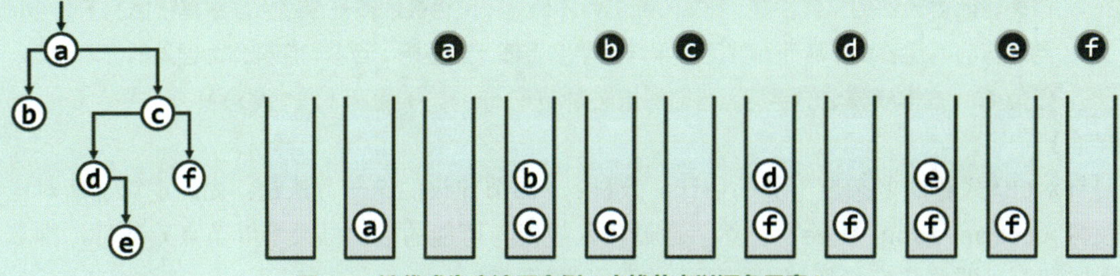

图x5.2 迭代式先序遍历实例（出栈节点以深色示意）

[5-11] 考查教材 5.4.2、5.4.3、5.4.4 和 5.4.5 节所介绍的各种迭代式二叉树遍历算法。

a） 试证明，这些算法都是正确的——亦即，的确会访问每个节点一次且仅一次；

【解答】

纵观这些遍历算法，不难发现以下事实：

> 只要某个节点能被访问到，则其孩子节点必然也能

由此进一步地可知：只要某个节点能被访问到，则其每个后代节点必然也能。于是特别地，作为根节点的后代，树中的所有节点都能被（起始于根节点的）遍历访问到。

由此可见，这些遍历算法绝不致于遗漏任何节点。

另一方面，我们还需证明，这些算法也不致于重复访问任何节点，它们各自仅被访问一次。

实际上，纵观travPre_I1()算法（教材108页代码x5.1）、travPre_I2()算法（教材127页代码5.14）、travIn_I1()算法（教材129页代码5.15）、travIn_I2()算法（教材130页代码5.17）和travPost_I()算法（教材133页代码5.19），不难看出它们的一项共同点：

> 每个节点都在且仅在刚刚出栈之后，随即（通过调用`visit()`）被访问

因此只要进一步注意到，每个节点各自只入栈一次，即可确定每个节点的确至多被访问一次。

迭代式中序遍历算法`travIn_I3()`（教材131页代码5.18）虽然没有使用栈结构，但也具有类似性质。请读者自行找出规律，并证明同样的结论。

层次遍历算法`travLevel()`（教材134页代码5.20）采用了队列结构，类似地也不难看出：

> 每个节点都在且仅在刚刚出队之后，随即（通过调用`visit()`）被访问

再考虑到每个节点各自只入队一次，即可确定每个节点也至多被访问一次。

b） 试证明，无论递归式或迭代式，这些算法都具有线性时间复杂度；

【解答】

这些算法的运行时间主要消耗于两部分：栈（或队列）操作，以及对节点的访问操作。

根据以上分析，以上操作对每个节点而言各有不过常数次，因此总体而言，这些算法的运行时间都线性正比于二叉树自身的规模。

c） 这些算法的空间复杂度呢？

【解答】

这些算法所占用的空间，主要地无非是用于对辅助结构（栈或队列）的维护。

在`travPre_I1()`算法（代码x5.1）、`travPre_I2()`算法（代码5.14）、`travIn_I1()`算法（代码5.15）和`travIn_I2()`算法（代码5.17）的运行过程中，树中每一层至多只有一个节点存在栈中，因此栈结构的最大规模不超过二叉树的深度，最坏情况下为$\mathcal{O}(n)$。

在`travPost_I()`算法（代码5.19）的运行过程中，树中每一层至多只有两个节点存在栈中，故栈结构的最大规模不超过二叉树深度的两倍，最坏情况下亦不过$\mathcal{O}(n)$。

在`travLevel()`算法（代码5.20）的运行过程中，队列结构中所存节点的深度相差不超过一，故该结构的最大规模不超过二叉树中任意的相邻两层规模之和，最坏情况下也是$\mathcal{O}(n)$。

迭代式中序遍历`travIn_I3()`算法（代码5.18），需要特别地做一深入讨论。正如教材中所指出的，这里并未（显式地）使用复杂的辅助结构，故表面上看仅需$\mathcal{O}(1)$辅助空间。然而相对于功能相同的其它算法，这里却要求每个节点都必须配有`parent`指针。实际上，借助辅助结构的其它算法，则完全可以不必如此——即便是`travPost_I()`算法（代码5.19），也可以通过对入栈节点附加标记，以避免使用`parent`指针）。因此就这一意义严格而言，`travIn_I3()`算法仍需要$\mathcal{O}(n)$的辅助空间。

[5-12] 对比教材中图5.15与图5.16不难发现，先序遍历与后序遍历在宏观次序上具有极强的对称性。利用这种对称性，试仿照5.4.2节所给先序遍历算法的迭代版，实现后序遍历算法更多的迭代版。

【解答】

请读者参照以上提示，独立完成编码和调试任务。

[5-13] 试针对代码 5.16 中 BinNode::succ()算法的两种情况，分别绘出一幅插图以说明其原理及过程。

【解答】

两种可能的情况，分别如图x5.3和图x5.4所示。

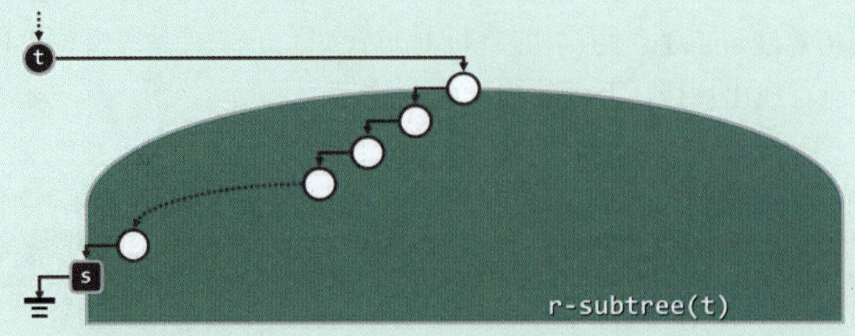

图x5.3 BinNode::succ()的情况一：t拥有右后代，其直接后继为右子树中左分支的末端节点s

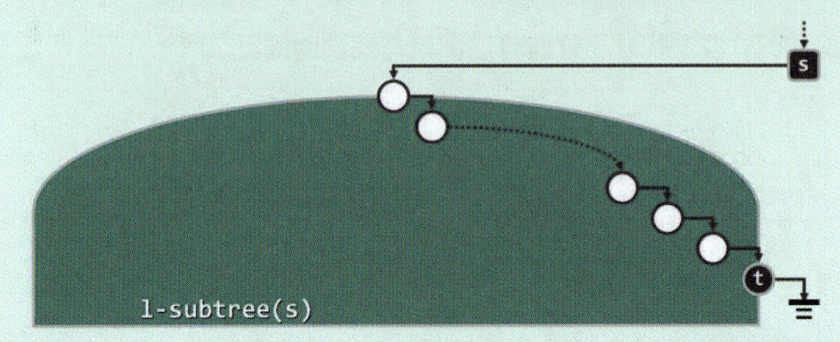

图x5.4 BinNode::succ()的情况二：t没有右后代，其直接后继为以其为直接前驱的祖先s

需要强调的是，第二种情况涵盖了一种特殊情况：当s并不存在时，t即为全树的最大节点。

请对照教材119页代码5.2，体会宏IsRChild()的定义方式，尤其是如此定义如何能够简化129页代码5.16，同时确保BinNode<T>::succ()接口在上述特殊情况下能够正确地返回NULL。

[5-14] 仿照 BinNode::succ()（教材 129 页代码 5.16），实现二叉树节点直接前驱的定位接口 BinNode::pred()。

【解答】

请读者比照接口BinNode::succ()的实现方式，独立完成。

[5-15] 按照本章实现的迭代式算法（代码 x5.1、代码 5.14、代码 5.15、代码 5.17 和代码 5.19）对规模为 n 的二叉树做遍历，辅助栈的容量各应取作多大，才不致出现中途溢出？

【解答】

根据习题[5-11]的分析结论，最坏情况下（二叉树深度为Ω(n)时）辅助栈必须足以容纳Ω(n)个节点，这也是这些算法空间规模的安全下限。

[5-16] 中序遍历迭代式算法的第三个版本（教材 131 页代码 5.18），需反复地调用 succ()接口以定位直接后继，从而会相应地增加计算成本。

试问，该算法的渐进时间复杂度是否依然保持为 $\mathcal{O}$(n)？若是，请给出证明；否则试举一例。

【解答】

该算法的时间复杂度依然还是$\mathcal{O}$(n)。

为得出这一结论，只需证明：

无论二叉树规模与结构如何，对succ()接口所有调用所需时间总和不超过$\mathcal{O}(n)$

反观教材129页代码5.16不难看出，实际上在这一场合下对succ()算法的调用，其中的if判断语句必然取else分支。因此，算法所消耗的时间应线性正比于其中while循环的步数，亦即其中对parent引用的访问次数。考查该次数，并将规模为n的二叉树所需的最大次数记作P(n)。可以证明，必有P(n) ≤ n。

为此，我们对二叉树的高度做数学归纳。作为归纳基，不难验证：对于高度为-1（规模n = 0）的空树而言，根本无需访问parent引用，即P(0) = 0；对于高度为0（规模n = 1）的二叉树而言，只需访问（根节点数值为NULL的）parent引用一次，故有P(1) = 1。

因此，以下假设P(n) ≤ n对于高度小于h的所有二叉树均成立，并考查高度为h的二叉树T。

如图x5.5所示，若T的最右侧通路长度为d（d ≤ h），必然可以将T分解为d + 1棵子树：

$\{ T_0, T_1, T_2, T_3, \ldots, T_{d-1}, T_d \}$

当然，其中的某些子树可能是空树。另外，尽管各子树的高度未必相同，但必然都小于h。因此根据归纳假设，其各自内部的遍历过程中对parent引用的访问次数，应线性正比于其各自的规模。特别地，其中最后一个节点（若子树非空）对应的succ()调用中，最后一个访问的是从子树根节点，联接到全树最右侧通路的parent指针（图中以细线条示意）。请注意，尽管相对于孤立的子树而言，这个parent引用不再是NULL，但并不影响访问次数的统计。

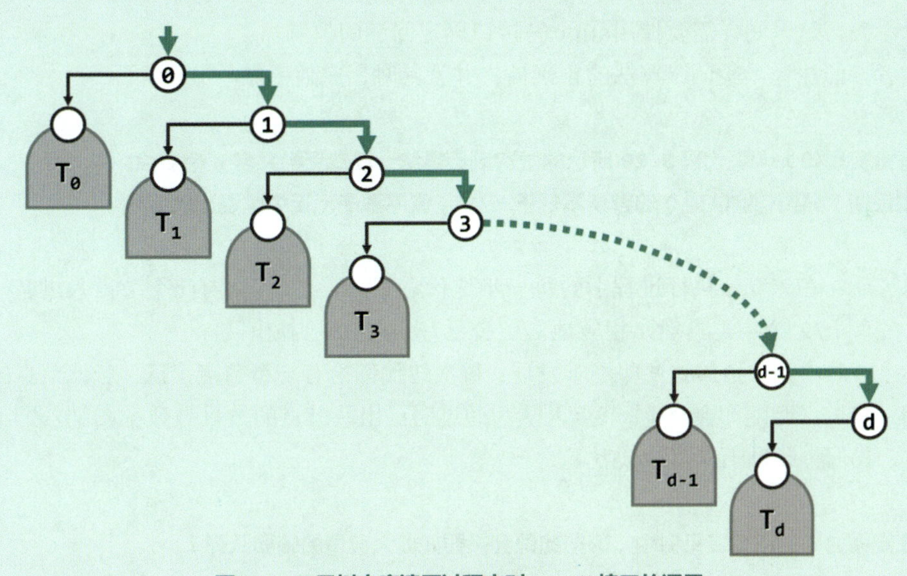

图x5.5 二叉树中序遍历过程中对succ()接口的调用

因此，在所有子树内部的遍历过程中对parent引用的访问，累计不会超过：

$$|T_0| + |T_1| + |T_2| + |T_3| + \ldots + |T_{d-1}| + |T_d| = n - d - 1$$

就全树而言，除此之外尚未统计的，只有在最右侧通路末节点处对succ()的调用。该次调用过程中对parent引用的访问，也就是在图中以粗线条示意者（实际方向应颠倒，向上），不难看出其总数为d + 1。与各子树合并统计，总次数不超过：

$$(n - d - 1) + (d + 1) = n$$

[5-17] 考查中序遍历迭代式算法的第三个版本（教材 131 页代码 5.18）。

试继续改进该算法，使之不仅无需辅助栈，而且也无需辅助标志位。

【解答】

一种可行的改进方式，如代码x5.2所示。

```
1 template <typename T, typename VST> //元素类型、操作器
2 void travIn_I4 ( BinNodePosi(T) x, VST& visit ) { //二叉树中序遍历（迭代版#4，无需栈或标志位）
3   while ( true )
4      if ( HasLChild ( *x ) ) //若有左子树，则
5         x = x->lc; //深入遍历左子树
6      else { //否则
7         visit ( x->data ); //访问当前节点，并
8         while ( !HasRChild ( *x ) ) //不断地在无右分支处
9            if ( ! ( x = x->succ() ) ) return; //回溯至直接后继（在没有后继的末节点处，直接退出）
10           else visit ( x->data ); //访问新的当前节点
11        x = x->rc; //（直至有右分支处）转向非空的右子树
12     }
13 }
```

代码x5.2 二叉树中序遍历算法（迭代版#4）

可以看到，这里同样需要调用succ()接口确定回溯的位置。

请读者参照注释，验证该算法的正确性，并就其时、空效率做一分析。

[5-18] 考查实现如 134 页代码 5.20 所示的层次遍历算法，设二叉树共含 n 个节点。

a） 试证明，只要辅助队列 Q 的容量不低于$\lceil n/2 \rceil$，就不致于出现中途溢出的问题；

【解答】

可以证明：在该算法执行过程中的每一步迭代之后，若当前已经有n个节点入过队，则仍在队中的至多有$\lceil n/2 \rceil$个——当然，相应地，至少已有$\lfloor n/2 \rfloor$个已经出队。

实际上，对该算法稍加观察即不难发现：每次迭代都恰有一个节点出队；若该节点的度数为d（$0 \leq d \leq 2$），则随即会有d个节点入队。通过对已出队节点的数目做数学归纳，即不难证明以上事实。我们将此项工作留给读者。

b） 在规模为 n 的所有二叉树中，哪些的确会需要如此大容量的辅助队列？

【解答】

在算法过程中的任一时刻，辅助队列的规模均不致小于仍应在队列中节点的数目。考查这些节点在目前已入过队的节点中所占的比重。由以上观察结果，可以进一步推知：为使这一比重保持为尽可能大的$\lceil n/2 \rceil/n$，此前所有出队节点的度数都必须取作最大的2；且中途一旦某个节点只有1度甚至0度，则不可能恢复到这一比重。

由此可见，若果真需要如此大容量的辅助队列，则在最后一个节点入队之前，所有出队节点都必须是2度的。由此可见，其对应的充要条件是，这是一棵规模为n的完全二叉树。

c） 在层次遍历过程中，若Q中节点的总数的确会达到这么多，则至多可能达到多少次？

【解答】

按照层次遍历的次序，若将树中各节点依次记作：

$$x_1,\ x_2,\ \ldots,\ x_{\lfloor n/2\rfloor};\ x_{\lfloor n/2\rfloor+1},\ \ldots,\ x_n$$

则其中$x_{1\sim\lfloor n/2\rfloor}$为内部节点，共计$\lfloor n/2\rfloor$个；$x_{\lfloor n/2\rfloor+1\sim n}$为叶节点，共计$\lceil n/2\rceil$个。

根据以上分析，若n为奇数，则必然是一棵真完全二叉树，此时的最大规模$\lceil n/2\rceil = (n+1)/2$仅在$x_{\lfloor n/2\rfloor+1}$处于队首时出现一次。若n为偶数，则只有最后一个内部节点$x_{\lfloor n/2\rfloor}$的度数为1，此时的最大规模$\lceil n/2\rceil = n/2$在$x_{\lfloor n/2\rfloor}$和$x_{\lfloor n/2\rfloor+1}$处于队首时各出现一次。

[5-19] 参考图5.26（教材135页）和图5.27（教材135页）中的实例，考查对规模为n的完全二叉树（含满二叉树）的层次遍历。

a） 试证明：在整个遍历过程中，辅助队列的规模变化是单峰对称的，即

{ 0, 1, 2, ..., (n + 1)/2, ..., 2, 1, 0 } （n为奇数时）或

{ 0, 1, 2, ..., n/2, n/2, ..., 2, 1, 0 } （n为偶数时）

【解答】

根据上题的分析结论，显然成立。

b） 非完全二叉树的层次遍历过程，是否也可能具有这种性质？为什么？

【解答】

仍由上题的分析结论，在对非完全二叉树的遍历过程中，辅助队列的规模不可能达到$\lceil n/2\rceil$。

[5-20] 在完全二叉树的层次遍历过程中，按入队（亦即出队）次序从0起将各节点X编号为r(X)。

a） 试证明：对于任一节点X及其左、右孩子L和R（如果存在），必然有

$$r(L) = 2*r(X) + 1$$

$$r(X) = \lfloor (r(L) - 1)/2 \rfloor = (r(L) - 1)/2$$

$$r(R) = 2*r(X) + 2$$

$$r(X) = \lfloor (r(R) - 1)/2 \rfloor = r(R)/2 - 1$$

【解答】

由图10.2（教材287页）中的实例，直接易见。

b） 试证明：任一编号r ∈ [0, n)都唯一对应于某个节点；

【解答】

由图10.2（教材287页）中的实例，直接易见。

c） 很多应用往往只涉及完全二叉树，此时，如何利用上述性质提高对树的存储和处理效率？

【解答】

将所有节点存入向量结构，各节点X的秩rank(X)即为其编号r(X)。

d） 根据以上编号规则，如何判断任何一对节点之间是否存在“祖先-后代”关系？

【解答】

令s(X) = r(X) + 1，S(X)为s(X)的二进制展开，于是有：

(1) 节点A是D的祖先，当且仅当S(A)是S(D)的前缀。其中特别地，

(2) 节点A是D的父亲，当且仅当S(A)是S(D)的前缀且|S(A)| + 1 = |S(D)|

以图10.2（教材287页）中的节点1、8和18为例，即可验证上述结论：

$s(1) = r(1) + 1 = 2 = 10_{(2)}$

$s(8) = r(8) + 1 = 9 = 1001_{(2)}$

$s(18) = r(18) + 1 = 19 = 10011_{(2)}$

[5-21] 采用“父节点 + 孩子节点”方式表示和实现有根的有序多叉树，隶属于同一节点的孩子节点互为兄弟，且此处的有序性可以理解为“左幼右长”——位置偏左者为弟，偏右者为兄。实际上，这只是现代意义上对“弟”和“兄”的理解，具体到学源上师生关系，可对应于师弟、师兄。

但按中国传统文化，就此的理解与约定却有所不同：凡同辈之间，无论长幼均统一互称为“兄”；而所谓“弟”，则用以指称后辈，大抵相当于“弟子”或“徒弟”。

试问：若照此传统惯例，将“子”改称作“弟”，将“兄弟”统一作“兄”，则多叉树的“父节点 + 孩子节点”表示法，将恰好对应于二叉树的哪种表示法？

【解答】

“长子-兄弟”表示法。

[5-22] 考查借助二叉树，表示（有根有序）多叉树的长子-兄弟表示法：分别以左/右孩子作为长子/兄弟。

a） 试基于BinTree模板类（教材121页代码5.5），派生出Tree模板类；

b） 试结合应用，测试你的Tree模板类。

【解答】

请读者参照教材第5.1.3节关于“长子-兄弟”表示法之原理的讲解，以及这里所给的提示，独立完成设计、编码及测试工作。

[5-23] 试在BinTree模板类（教材121页代码5.5）的基础上，扩展BinTree::swap()接口，在$O(n)$时间将二叉树中每一个节点的左、右孩子（其中之一可能为空）互换，其中n为树中的节点总数。

【解答】

在教材所给的递归版先序、中序或后序遍历算法的基础上，在每个递归实例中，交换当前节点的左、右孩子（子树）。

请读者照此思路，独立完成算法的编码和调试。

虽经如上扩充，但每个递归实例渐进地仍然仅需常数时间，故总体时间复杂度依然为$O(n)$。当然，为了提高实际的运行效率，可以进一步改为迭代形式。此项任务，由读者独立完成。

[5-24] 设二叉树共含 n 个节点，且各节点数据项的类型支持大小比较和线性累加（类似于整数或浮点数）。

a） 试设计并实现一个递归算法，在 $\mathcal{O}(n)$ 时间内判断是否该树中所有节点的数值均不小于其真祖先的数值总和。对于没有真祖先的树根节点，可认为"真祖先"的数值总和为 0；

【解答】

仍以教材所给的递归版先序、中序或后序遍历算法，作为基础框架。

引入一个辅助栈，用以记录从根节点到当前节点的（唯一）通路，当然，沿途节点亦即当前节点的所有祖先。另设一个累加器，动态记录辅助栈中所有节点数据项的总和。

为此，递归每深入一层，即将当前节点压入辅助栈中，同时累计其数据项；反之，递归每返回一层，即弹出辅助栈的顶部节点，并从累加器中扣除其数据项。对于每个当前节点，都将其数据项与累加器做一比较。一旦确认前者小于后者，即可立刻报告"NO"并退出。若直到辅助栈重新变空，都未发生上述情况，即最终可报告"YES"并退出。

请读者照此思路，独立完成算法的编码和调试。

同样地，以上扩充既不致增加递归实例的数量，亦不会增加各递归实例的渐进执行时间，故总体的时间复杂度依然为 $\mathcal{O}(n)$。

b） 试将以上算法改写为等价的迭代形式，且运行时间依然为 $\mathcal{O}(n)$；

【解答】

请读者参照教材中各种迭代版遍历算法的实现方式和技巧，独立完成这一改进。

c） 迭代版需要多少空间？

【解答】

因为省去了由系统隐式维护的递归调用栈，故迭代版只要实现得当，实际占用的空间将大为减少——尽管渐进的空间复杂度依然是线性的。

[5-25] 设二叉树共含 n 个节点，且各节点数据项的类型支持大小比较（类似于整数或浮点数）。

a） 试设计并实现一个递归算法，在 $\mathcal{O}(n)$ 时间内将每个节点的数值替换为其后代中的最大数值。

【解答】

以教材所给的递归版后序遍历算法为基础框架，做必要的扩充。

首先，需要调整接口约定，使每个递归实例都有返回值——亦即，当前节点更新后的数据项。

作为递归基，空树可返回可能的最小值（比如对于整数，可取INT_MIN）。这样，按照后序遍历的次序，只要当前节点的左、右子树均已遍历（左、右孩子的数据项均已更新），即可从二者当中取其更大者，并相应地更新当前节点的数据项，最后再返回更新后的数据项。

请读者照此思路，独立完成算法的编码和调试任务。

同样地，以上扩充既不致增加递归实例的数量，亦不会增加各递归实例的渐进执行时间，故总体的时间复杂度依然为 $\mathcal{O}(n)$。

b） 试将以上算法改写为等价的迭代形式，且运行时间依然为 $O(n)$；

【解答】

请读者参照教材中各种迭代版后序遍历算法的实现方式和技巧，独立完成这一改进。

c） 迭代版需要多少空间？

【解答】

因为省去了由系统隐式维护的递归调用栈，故迭代版只要实现得当，实际占用的空间将大为减少——尽管渐进的空间复杂度依然是线性的。

[5-26] 设二叉树共含 n 个节点，且各节点数据项的类型支持线性累加（类似于整数或浮点数）。试设计并实现一个递归算法，按照如下规则，在 $O(n)$时间内为每个节点设置适当的数值：

> **树根为 0**
> **对于数值为 k 的节点，其左孩子数值为 2k + 1，右孩子数值为 2k + 2**

【解答】

不难看出，对于完全二叉树，题中的要求实际上等效于，按照层次遍历的次序，为树中的各节点顺序编号。而一般的二叉树作为其子树，各节点的编号也与完全二叉树完全吻合。因此可以教材所给的层次遍历算法为基础框架，并做必要的扩充。

具体地，在根节点首先入队之前，将其数据项置为0。此后的每一步迭代中，若出队节点的编号为k，则入队的左、右孩子节点（若存在）的数值，可分别取作2k + 1、2k + 2。

请读者照此思路，独立完成编码和调试任务。

以上扩充并不会增加各步迭代的渐进执行时间，故总体时间复杂度依然为$O(n)$。

[5-27] 试证明，在考虑字符的出现频率之后，最优编码树依然具有双子性。

【解答】

与不考虑出现频率时的情况相仿，依然可以反证。

假若某棵最优编码树不是真二叉树，则通过收缩变换消除其中的单分支节点，同时平均编码长度亦必然缩短。矛盾。

[5-28] 试证明，5.5.4 节所述 Huffman 编码算法的原理，对任意字符集均成立。

【解答】

可以证明：

> 由Huffman算法所生成的编码树，的确是最优编码树

为此，可以对字符集的规模|Σ|做归纳。作为归纳基，对单字符集（|Σ| = 1）而言显然。故不妨在|Σ| < n时以上命题均成立，现考查|Σ| = n的情况。

按照Huffman算法的流程，首先从Σ中取出频率最低的两个字符x和y，并将其合并为一个新的超字符z。而在算法此后的执行过程中，可以等效地认为x和y已被删除，并被代以z——亦即，

字符集相当于被替换为：

$$\Sigma' = (\Sigma \setminus \{x, y\}) \cup \{z\}$$

其中

$$w(z) = w(x) + w(y)$$

考查字符集Σ和Σ'各自的所有编码树，如图x5.6所示，令其分别构成集合$\mathcal{T}(\Sigma)$与$\mathcal{T}(\Sigma')$，其中的最优编码树分别为其中的子集$\mathcal{T}^*(\Sigma)$与集合$\mathcal{T}^*(\Sigma')$。

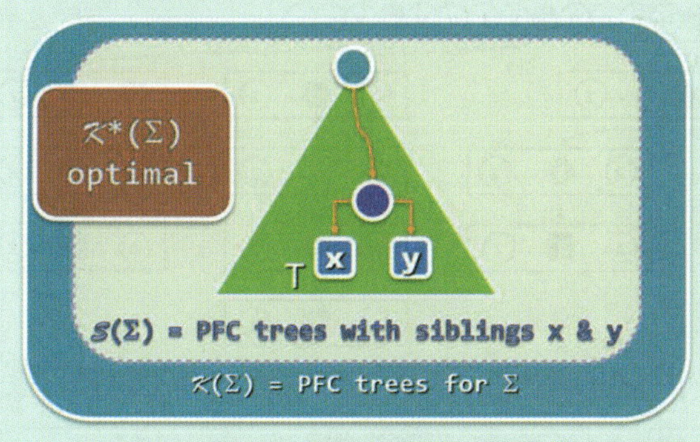

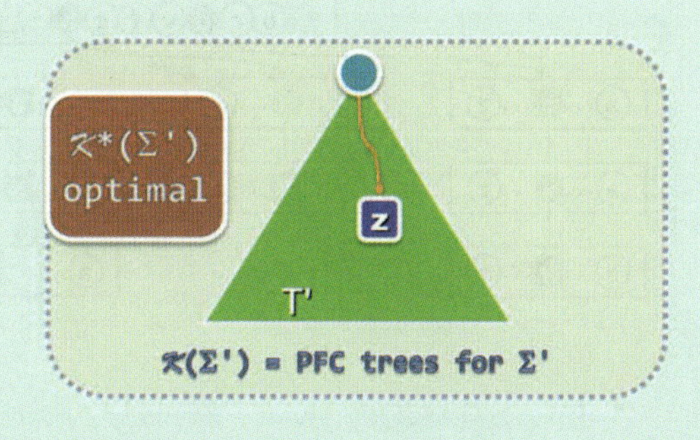

图x5.6 频率最低的兄弟节点合并之后，最优编码树必对应于合并之前的最优编码树

鉴于最优编码树必然具有层次性，故在$\mathcal{T}^*(\Sigma)$中只需考虑x和y互为兄弟的那些编码树，不妨令其构成集合$\mathcal{S}(\Sigma)$。于是如图x5.6所示，在按照以上方法统一合并x和y之后，即在$\mathcal{S}(\Sigma)$与$\mathcal{T}(\Sigma')$之间建立起了一一对应的关系。

考查如此对应的任意两棵树$T \in \mathcal{S}(\Sigma)$和$T' \in \mathcal{T}(\Sigma')$，二者的编码总长之差为：

$$n*ald(T) - (n - 1)*ald(T') = w(x) + w(y) = w(z)$$

对于固定的字符集Σ而言，这个差异w(z)即是一个常数。因此，$\mathcal{T}^*(\Sigma')$中的最优编码树，亦必然对应于$\mathcal{S}(\Sigma) \cap \mathcal{T}^*(\Sigma')$中的最优编码树。故归纳假设可以推广至$|\Sigma| = n$的情况。

[5-29] 5.5.4 节针对 Huffman 树构造算法的讲解中，暂时忽略了歧义情况。比如，有些字符的出现频率可能恰好相等；或者虽然最初的字符权重互异，但经过若干次合并之后，森林 F 也可能会出现权重相等的子树。另外，每次选出的一对（超）字符在合并时的左右次序也没有明确说明。

a） 试证明，以上歧义并不影响所生成编码树的最优性，即它仍是 Huffman 编码树之一；

【解答】

上题所给的证明，并未排除字符x和y权重相同的情况，故其结论足以覆盖本题。

b） 参照教材所给代码，了解并总结在实现过程中处理这类歧义的一般性方法。

【解答】

这里实际上是将此类歧义情况的处理，转交给具体实现Huffman森林的数据结构，比如采用列表结构（教材138页代码5.24），或者采用优先级队列结构（教材285页代码10.2）。

目前这些结构对歧义情况均未强制地处理，而多是依照其在逻辑序列中的次序，确定等权重（超）字符的合并次序。反之，若需要显示地消除此类歧义，亦可从这些方面入手。

[5-30] 设字符表为Σ（|Σ| = r）。任一字符串集S都可如图x5.7所示，表示为一棵键树（trie）[①]。

键树是有根有序树，其中的每个节点均包含 r 个分支。深度为 d 的节点分别对应于长度为 d 的字符串，且祖先所对应字符串必为后代所对应字符串的前缀。键树只保留与 S 中字符串（及其前缀）相对应的节点（黑色），其余的分支均标记为NULL（白色）。

注意，因为不能保证字符串相互不为前缀（如"man"与"many"），故对应于完整字符串的节点（黑色方形、大写字母）未必都是叶子。

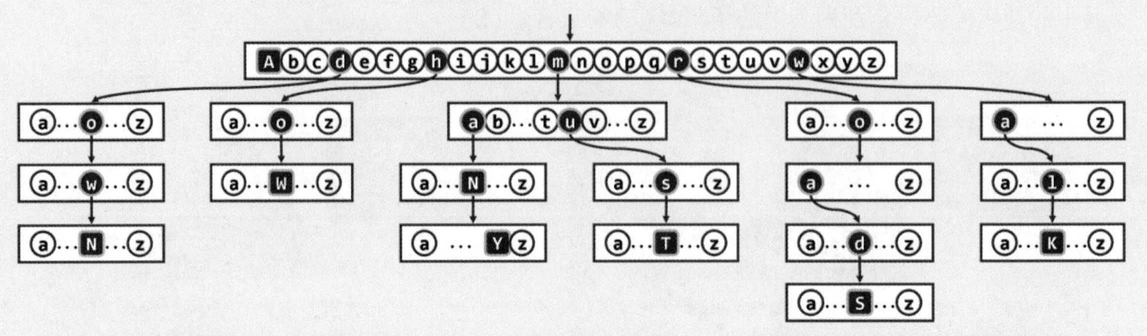

图x5.7 字符串集{ "how", "many", "roads", "must", "a", "man", "walk", "down" }对应的键树

试按照如图x5.7所示的构思，实现对应的Trie模板类。同时要求提供一个接口find(w)，在$O(|w|) = O(h)$的时间内判断S是否包含字符串w，其中|w|为该字符串的长度，h为树高。

（提示：每个节点都实现为包含 r 个指针的一个向量，各指针依次对应于Σ中的字符：S包含对应的字符串（前缀），当且仅当对应的指针非空。此外，每个非空指针都还需配有一个bool类型的标志位，以指示其是否对应于 S 中的某个完整的字符串。于是，键树的整体逻辑结构可以抽象为如图x5.8所示的形式。其中，黑色方形元素的标志位为true，其余均为false。）

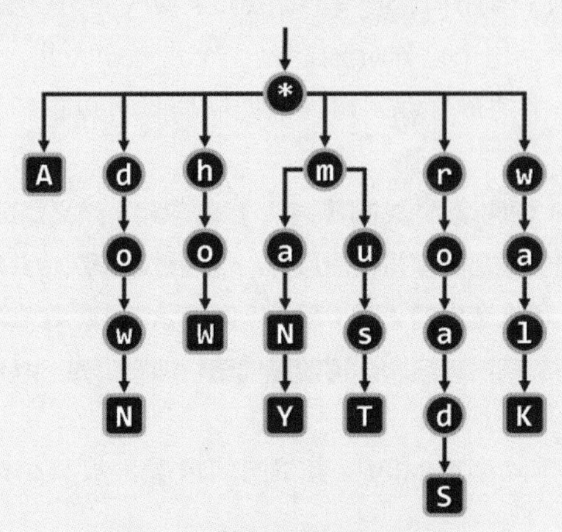

图x5.8 键树的紧凑表示与实现

【解答】

请读者根据以上介绍和提示，独立完成编码和调试任务。

① 由R. de la Briandais于1959年发明[53]。名字源自单词reTRIEval，发音上为区别于tree，改读作[trai]

第6章

[6-1] 关联矩阵（incidence matrix）是描述和实现图算法的另一重要方式。对于含有 n 个顶点、e 条边的图，对应的关联矩阵 I[][] 共有 n 行 e 列。在无向图中，对于任意的 $0 \le i < n$ 和 $0 \le j < e$，若第 i 个顶点与第 j 条边彼此关联，则定义 I[i][j] = 1；否则，定义 I[i][j] = 0。

a） 关联矩阵与邻接矩阵有何联系？

【解答】

就无向图而言（不考虑自环等情况），既然每一条边均恰好与两个顶点关联，故该矩阵中的每一列都应恰好包含两个1，总和均为2。

考查关联矩阵与其转置的乘积 $B = I \cdot I^T$。该矩阵对角线上的任意元素B[i][i]，都应满足：

B[i][i] = $I[i] \cdot I[i]^T$ = 顶点i的度数

而对于对角线以外的任意元素B[i][j]，$i \ne j$，都有

B[i][j] = $I[i] \cdot I[j]^T$ = 顶点i与顶点j之间公共的关联边数

也就是说，B[i][j]等于1/0当且仅当顶点i与顶点j是/否彼此邻接。

b） 有向图的关联矩阵应如何定义？

通常的定义方式为，对于任意的 $0 \le i < n$ 和 $0 \le j < e$，若第j条边从第i个顶点发出（即顶点i为边j之尾），则定义I[i][j] = -1；若第j条边进入第i个顶点（即顶点i为边j之头），则定义I[i][j] = +1；否则，定义I[i][j] = 0。

c） 有向图的关联矩阵，与邻接矩阵又有何联系？

与无向图类似地，有向图关联矩阵中的每一列应包含+1和-1各一个，总和应均为0。

为发现此时两种矩阵之间的联系，不妨依然考查关联矩阵与其转置的乘积 $B = I \cdot I^T$。

对于该矩阵对角线上的任意元素B[i][i]，都有

B[i][i] = $I[i] \cdot I[i]^T$ = 顶点i的（出、入总）度数

而对于对角线以外的任意元素B[i][j]，$i \ne j$，都有

- B[i][j] = - $I[i] \cdot I[j]^T$ = 顶点i与顶点j之间公共的关联（有向）边数

也就是说，B[i][j]等于0当且仅当顶点i与顶点j互不邻接；B[i][j]等于-1或-2，当且仅当在顶点i与顶点j之间，联接有1或2条有向边。

d） 基于关联矩阵，可以解决哪些问题？试举一例。

【解答】

以参考文献[20]为例，其中的24.4节针对线性规划（linear programming）问题的一种特例——差分约束系统（system of difference constraints）——介绍了一个高效算法。该算法中最为重要的一个步骤，就是将差分约束系统转化为有向带权图：将差分约束变量视作顶点，将差分约束矩阵视作关联矩阵。如此，原问题即可转化为有向带权图的最短路径问题。

[6-2] 试说明，即便计入向量扩容所需的时间，就分摊意义而言，GraphMatrix::insert(v)算法的时间复杂度依然不超过$\mathcal{O}(n)$。

【解答】

首先请注意，GraphMatrix类（教材157页代码6.2）在底层，是基于可扩充向量，以二维Vector结构的形式来实现邻接矩阵。

按照第2.4节的实现方法及其分析结论，每一向量（即邻接矩阵的每一行）的单次插入操作，在分摊意义上只需$\mathcal{O}(1)$时间。这里，在每一节点的插入过程中，n个向量的操作（含扩容操作）完全同步，故总体的运行时间不超过分摊的$\mathcal{O}(n)$。

当然，为插入一个顶点，在最坏情况下可能需要访问和修改整个邻接矩阵，共需$\mathcal{O}(n^2)$时间。

[6-3] 所谓平面图，即可以将 n 个顶点映射为平面上的 n 个点，并且顶点之间的所有联边只相交于其公共端点，而不相交于边的内部。

试证明，平面图必满足 $e = \mathcal{O}(n)$，亦即，边数与顶点数同阶。（提示：平面图必然遵守欧拉公式 $n - e + f - c = 1$，其中 n、e、f 和 c 分别为平面图的顶点、边、面和连通域的数目）

【解答】

不妨设这里所讨论的平面图，如图x6.1(a)所示，至少包含3个顶点；自然地，同时也包含$c \geq 1$个连通域。考查其中各边与各面之间的关联关系，将其总数记作I。

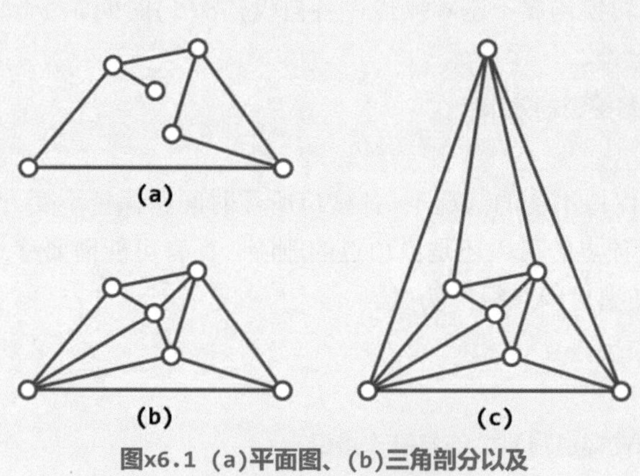

图x6.1 (a)平面图、(b)三角剖分以及(c)外面亦为三角形的三角剖分

首先不难看出，悬边仅与一张面关联，其余各条边均与两张面相关联。因此，每条边对I的贡献至多为2，故有：

$$I \leq 2e \quad \ldots\ldots (1)$$

另一方面，平面图中仅有一张无界的面——即所谓的外面（outer face）——它对I的贡献至少为3。此外其余的各张面，均由至少三条边围成，对I的贡献也至少为3，故有：

$$3f \leq I \quad \ldots\ldots (2)$$

联立不等式(1)和(2)，即有：

$$3f \leq 2e$$

$$f \leq 2e/3 \quad \ldots\ldots (3)$$

将不等式(3)代入欧拉公式，则有：

$$1 = n - e + f - c \leq n - e + 2e/3 - 1$$

稍作整理，即得：

$$e \leq 3n - 6 = \mathcal{O}(n) \quad \ldots\ldots (4)$$

由以上证明也可进一步推知，不等式（4）取等号，当且仅当不等式（1~3)均取等号。

此时，每张面（包括外面）应恰好由三条边围成。也就是说，该平面图不仅如图x6.1(b)所示，是习题[6-33]中定义的三角剖分（triangulation），而且更如图x6.1(c)所示，外面也必须是一个三角形。

[6-4] **考查无向图的邻接矩阵表示法。**

a) **试通过将二维邻接矩阵映射至一维向量，提高空间利用率。**

【解答】

无向图的邻接矩阵必然对称，亦即，A[i][j] = A[j][i]对合法的任意i和j均成立。因此，邻接矩阵的上或下半角完全可以不必记录，并将剩余部分转化并压缩为一维向量A'。

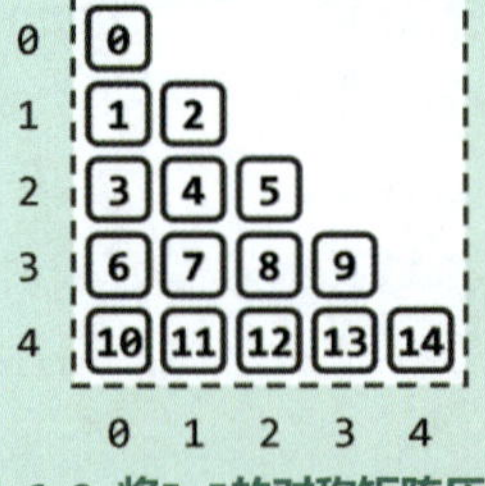

图x6.2 将5×5的对称矩阵压缩至长度为15的一维向量

这里，不妨仅保存其中的下半三角区域（含对角线），即所有满足0 ≤ j ≤ i < n的元素A[i][j]。于是如图x6.2所示不难验证，可以在这些元素与向量A'之间建立如下一一对应关系：

$$A[i][j] \leftrightarrow A'[i(i+1)/2+j]$$

或者等价地：

$$A'[k] \leftrightarrow A[i][k-\frac{i(i+1)}{2}]\text{，其中}i = \lfloor\frac{\sqrt{8k+1}-1}{2}\rfloor$$

如此所得一维向量A'的长度为n(n + 1)/2，大致为未压缩之前的一半。但就渐进意义而言，空间复杂度依然为$\mathcal{O}(n^2)$。

b) **采用你所提出的方法，需额外增加多少处理时间？**

【解答】

就从A中元素到A'中元素的映射而言，以上转换均属于基本操作，各自仅需$\mathcal{O}(1)$时间。

c) **采用你所提出的方法，是否会影响到图 ADT 各接口的效率？**

【解答】

既然以上转换均属于基本操作，故在顶点集保持不变的情况下，各接口所需时间将保持不变。然而在图的规模可能发生改变的场合，无论是新顶点的引入还是原顶点的删除，都有可能需要移动A'中的所有元素，从而造成巨大的额外时间开销，因此得不偿失。

[6-5] **考查邻接表表示法。**

a) **试按照 158 页 6.4 节的思路，以邻接表的形式实现图 ADT 的各操作接口；**

【解答】

一种可行的实现方式大致如下。首先，将原定义的整体框架：

```
#include "../Vector/Vector.h" //引入向量
/* ... */
template <typename Tv, typename Te> //顶点类型、边类型
class GraphMatrix : public Graph<Tv, Te> { //基于向量，以邻接矩阵形式实现的图
private:
   Vector< Vertex< Tv > > V; //顶点集（向量）
   Vector< Vector< Edge< Te >* > > E; //边集（邻接矩阵）
   /* ... */
}
```

调整为

```
#include "../Vector/Vector.h" //引入向量
#include "../List/List.h" //引入列表
/* ... */
template <typename Tv, typename Te> //顶点类型、边类型
class GraphList : public Graph<Tv, Te> { //基于向量和列表，以邻接表形式实现的图
private:
   Vector< Vertex< Tv > > V; //顶点集（向量）
   Vector< List< Edge< Te >* > > E; //边集（邻接表）
   /* ... */
}
```

可见，所有顶点依然构成一个向量，且分别将各自的关联边组织为一个列表（即所谓边表）。既然同一边表内的边都关联于同一顶点，故为了便于查找另一关联顶点，接下来还需相应地在原Edge边结构的基础上，再增加一个域v：

```
template <typename Te> struct Edge { //边对象
   Te data; int weight; EStatus status; //数据、权重、状态
   int v; //关联顶点
   Edge( Te const& d, int w ) : data( d ), weight( w ), status( UNDETERMINED ) {}  //构造新边
};
```

对于有向图，可以统一约定各边分别归属于其尾顶点所对应的边表（出边表），或统一归属于其头顶点（入边表）。而为了提高查找效率，甚至可以同时为各顶点设置出边表和入边表。

Graph各标准接口的具体实现，也要做相应的调整，凡涉及边表的操作都要将此前Vector结构的操作替换为List结构的操作。请读者独立完成这些工作。

b) 分析这一实现方式的时间、空间效率，并与基于邻接矩阵的实现做一对比。

【解答】

在空间复杂度方面，邻接表可以动态地与图结构的实际规模相匹配，而不再是固定的$\Theta(n^2)$。具体地，若当时的图结构共含n个顶点、e条边，则实际的空间消耗应不超过$\mathcal{O}(n + e)$。

与邻接矩阵相比，多数针对顶点的操作的时间复杂度几乎不变，但涉及边的操作则不尽相同。

在这里，边确认操作exists(i, j)的作用至关重要。改为邻接表之后，我们需要遍历顶点i所对应的边表，方可判定其中是否存在与顶点j相关联者，因此其所需时间由$\mathcal{O}(1)$增加至$\mathcal{O}(\deg(i)) = \mathcal{O}(n)$。相应地，涉及exists()操作的顶点删除操作remove(i)也需要更多的时间。此外，在改用邻接表之后，边删除操作remove(i, j)也需要以类似的方式确认边(i, j)的确存在，并在存在时确定该边记录的存放位置，因此该操作也将不能在$\mathcal{O}(1)$时间内完成。

请读者根据自己的具体实现方式，对其它操作接口时间效率的变化补充分析。

[6-6] 试基于BFS搜索设计并实现一个算法，在$\mathcal{O}$(n + e)时间内将任一无向图分解为一组极大连通域。

【解答】

反观如教材160页代码6.3所示的广度优先搜索算法，其子算法BFS(v)只有在访遍顶点v所属的极大连通域之后，方可返回；此后，若还有其它尚未访问的连通域，则算法主入口bfs()中的循环必然会继续检查其余的所有顶点，而一旦发现尚处于UNDISCOVERED状态的顶点，即会再次调用子算法BFS()并遍历该顶点所属的极大连通域。

由此可见，只需按照BFS()的各次调用顺序，分批输出所访问的顶点以及边，即可实现无向图的极大连通域分解。

相对于基本的广度遍历算法，除了顶点和边的输出，该算法并未引入更多操作，因此其时间复杂度依然是$\mathcal{O}$(n + e)。

实际上，上述分析以及结论，同样适用于如教材162页代码6.4所示的深度优先遍历算法，请读者自行验证。

[6-7] 若在图G中存在从顶点s通往顶点v的道路，则其中最短道路的长度称作s到v的（最小）距离，记作π(v)；不存在通路时，取π(v) = +∞。

试证明，在起始于s的广度优先搜索过程中：

a） 前沿集内的各顶点始终按其在BFS树中的深度，在辅助队列中单调排列；
且任何时刻同处于辅助队列中的顶点，深度彼此相差不超过一个单位；

【解答】

采用数学归纳法，证明该不变性在每一顶点入队后都成立。

初始时队列为空，自然成立。

一般地，考查下一入队顶点u，其在BFS树中的深度depth(u)，在其入队的同时确定。而就在u入队的那一步迭代之前，必有某一顶点v刚刚出队，且在BFS树中u是v的孩子，故有：

depth(u)　=　depth(v) + 1

因此，倘若题中所述不变性在该步迭代之前成立，则在v出队、u入队后应该继续成立。

b） 所有顶点按其在BFS树中的深度，以非降次序接受访问。

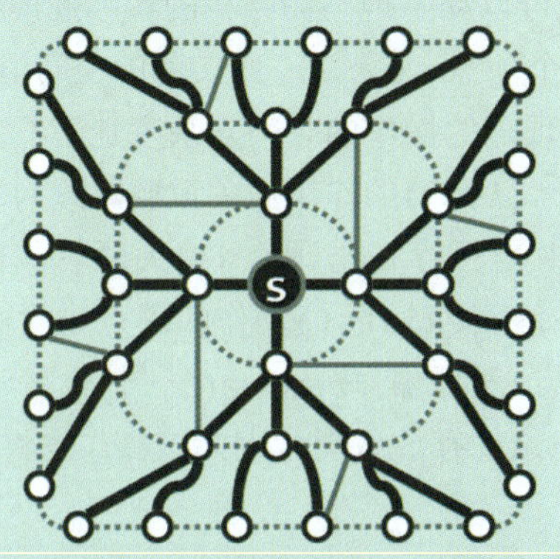

图x6.3 图的BFS搜索，等效于BFS树的层次遍历

【解答】

根据以上分析，如图x6.3所示，BFS树是在广度优先搜索的过程中自上而下逐层生成的，各顶点也是以其在树中的深度为序逐个被发现的；反过来，对原图的广度优先搜索过程，完全等同于对BFS树的层次遍历过程。

由原图中各边所联接的每一对顶点，在BFS树中的深度相差至多不超过一个单位。其中特别地，由树边联接的顶点，在BFS树中的深度之差恰好为1。

c） 所有顶点按其到 s 的距离，以非降次序接受访问。

【解答】

由上，只需证明每一顶点u都满足π(u) = depth(u)。

反证，假设至少有一个顶点不满足这一性质。以下，考查此类顶点中π()值最小者u。

既然在BFS树（原图的子图）中，已有一条长度为depth(u)的通路联接于顶点s和u之间，故必然有：

π(u)　≤　depth(u)

因此，不妨假定：

π(u)　<　depth(u) ....(1)

在原图中，考查s到u的（任何一条）最短路径，其长度即为π(u)。显然u ≠ s，故u在该通路上的直接前驱顶点存在。将次前驱顶点记作v，则v应满足：

π(v)　=　π(u) - 1　<　π(u) ....(2)

根据u之π()值的最小性，这就意味着v必然满足：

π(v)　=　depth(v) ....(3)

综合(1)、(2)和(3)，即得：

depth(v) + 1　<　depth(u)

然而，这一不等式不可能成立。实际上，在顶点v出队时，作为v的邻接顶点之一，u必然会在同一步迭代中入队，并且同时确定其在BFS树中的深度为：

depth(u)　=　depth(v) + 1

需要强调的是，以上分析过程及结论，对于有向图同样适用，请读者自行验证。

[6-8]　若无向图中所有边的权重均相等，试基于广度优先搜索的框架设计并实现一个算法，在 $O(n + e)$ 时间内计算出某一起始顶点到其余各个顶点的（最小）距离，以及对应的（最短）通路。

【解答】

根据上题的结论，经过广度优先搜索之后，各顶点在BFS树中的深度值，即是在原图中从起始顶点到它们的（最小）距离。因此，只需套用该算法，在每个顶点入队时随即输出其所确定的深度值；而在最终生成的BFS树中，从树根到各顶点的（唯一）通路，即是对应的（最短）通路。

需要强调的是，在原图中，任意两个顶点之间的（最短）通路可能不止一条，但它们的长度必然相同。

[6-9] **考查无向图。**

a） **对于图中任一顶点v，其余顶点到它的距离的最大值，称作其偏心率（eccentricity），记作$\epsilon(v)$。试验证，在如图x6.4所示的六幅图中，各顶点所标注的就是其对应的偏心率。**

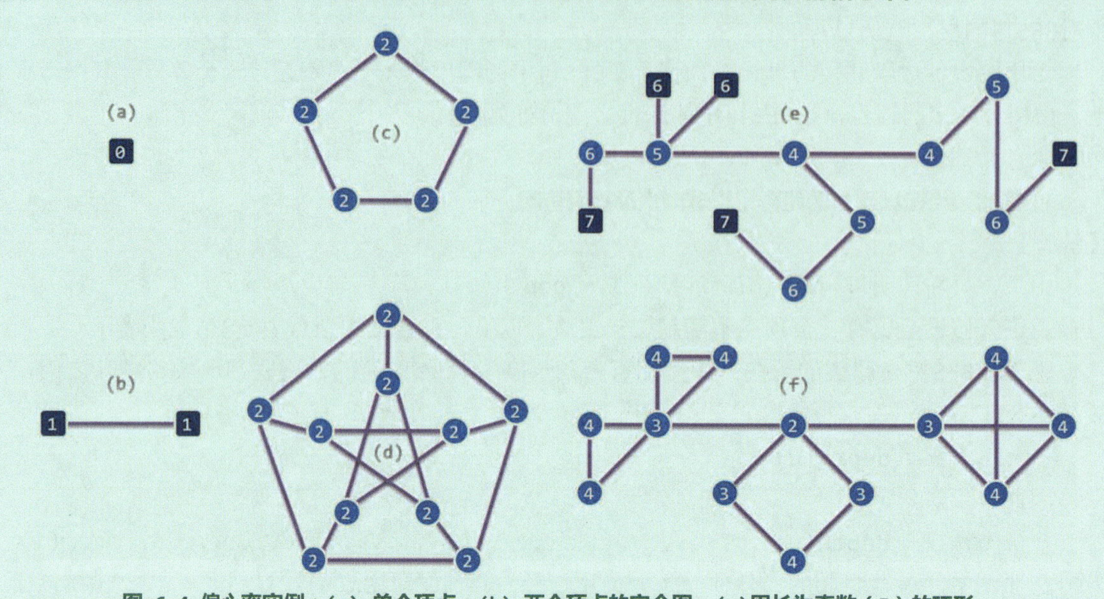

图x6.4 偏心率实例：(a) 单个顶点；(b) 两个顶点的完全图；(c)周长为奇数(5)的环形；(d) Petersen图(Petersen's Graph)；(e) 13个顶点、12条边构成的树；(f) 13个顶点、18条边构成的图

【解答】

请读者逐一验证。

b） **若将图中偏心率最小的顶点称作中心点（central vertex或center），并将这个最小偏心率称作图的半径（radius），则如图x6.4所示的六幅图各有几个中心点？它们的半径各是多少？**

【解答】

按定义，分别有1个、2个、5个、10个、2个、1个中心点，半径分别为0、1、2、2、4、2。

c） **若将图中偏心率最大的顶点称作边缘点（peripheral vertex），并将这个最大值称作图的直径（diameter），则如图x6.4所示的六幅图各有几个边缘点？它们的直径各是多少？**

【解答】

按定义，分别有1个、2个、5个、10个、3个、8个边缘点，直径分别为0、1、2、2、7、4。

[6-10] **考查图的特例——树T。**

a） **试证明：【Jordan, 1869】T的中心点或者唯一，或者是一对相邻顶点。**

【解答】

对树的规模（亦即顶点数目）做数学归纳。图x6.4中的(a)和(b)，即是归纳基。

以下考查至少包含3个顶点的树T（比如图x6.4(e)）。不难看出，T至少有两匹叶子，也至少有一个内部顶点。因此，若令$\hat{T}$为从T中剪除所有叶子之后所剩余的子树，则$\hat{T}$必然非空。

接下来我们注意到，在（包括$\mathcal{T}$在内的）任何一棵树中，每个顶点的偏心率都是由某个叶顶点决定的。也就是说，对于任何顶点$v, u \in \mathcal{T}$，若$\epsilon(v) = dist(v, u)$，则u必是叶子（否则$\epsilon(v)$应更大）。因此$\hat{\mathcal{T}}$中各顶点的偏心率，相对于此前在$\mathcal{T}$中将至少减少一个单位。而从另一方面看，此前在$\mathcal{T}$中不含叶子的每一条路径，都将在$\hat{\mathcal{T}}$中继续完整地保留。因此$\hat{\mathcal{T}}$中各顶点的偏心率，相对于此前在$\mathcal{T}$中将至多减少一个单位。

综合而言，$\hat{\mathcal{T}}$中各顶点的偏心率必然恰好减少一个单位。因此，$\mathcal{T}$中偏心率最小的顶点（中心点），必然对应于$\hat{\mathcal{T}}$中偏心率最小的顶点（中心点）。

实际上，以上也给出了一个确定半径的算法。

b） 试证明：$diameter(\mathcal{T}) = 2 \cdot radius(\mathcal{T})$，或者，$diameter(\mathcal{T}) = 2 \cdot radius(\mathcal{T}) - 1$

【解答】

只需注意到：按照以上证明中的归纳过程，每次从$\mathcal{T}$归纳到$\hat{\mathcal{T}}$，直径都恰好减少两个单位。

不难看出，这两种可能分别对应于中心点是否唯一。

由此也可推知：树的直径必然就是最长的通路；该通路必然经过中心点。

c） 试证明：在从任一顶点v出发的 BFS 过程中，最后一个（出队并）接受访问的顶点u必是边缘点。

【解答】

根据习题[6-7]的结论，有：

$$\epsilon(v) = dist(v, u)$$

故若v本身就是一个边缘点，则实现其偏心率的u必然也是。因此以下仅需考查v非边缘点的情况，此时各节点的偏心率都实现于通往某个叶顶点的通路。

任取实现直径的一对边缘点x和y，二者均应为叶子。设u与x的最低公共祖先为a，与y的最低公共祖先为b；且不失一般性地，设a是b的祖先（但未必是v）。

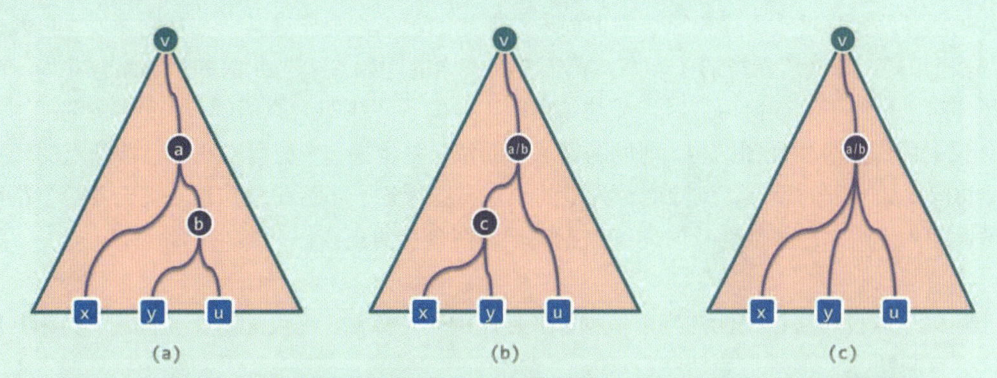

图x6.5 无论如何，BFS在树中最后访问的顶点u必是边缘点（还有一些情况，比如a可能就是v）

尽管如图x6.5所示存在多种可能的情况，但依然根据习题[6-7]的结论可知总有：

$$max\{dist(a, x), dist(a, y)\} \le dist(a, u)$$

并进一步地有：

$$diameter(G) \le dist(x, a) + dist(a, y) \le dist(x, a) + dist(a, u) = dist(x, u) \le \epsilon(u)$$

这就意味着，u的确是一个边缘点。

d) 试设计并实现一个算法，在$\mathcal{O}$(n)时间内确定$\mathcal{T}$的直径。

【解答】

可以先从任一顶点v做一趟BFS，找到与之距离最远的顶点u；然后从u出发再做一趟BFS，找到与之距离最远的顶点w。根据以上已证明的性质，uw之间的通路即对应于树$\mathcal{T}$的直径。

若$\mathcal{T}$已表示为有根树形式（比如第5.1.3节中的“长子-兄弟”法），则亦可通过递归求解。

在b)中我们已经推知：树的直径必然就是最长的通路（尽管有环图未必具有这一性质）。这样的最长通路，无非两种可能：

1）它不经过v，从而完全属于v的某棵子树；或者

2）它经过v，且联接于最高的两棵子树中各自最深的叶子之间。而此时的直径，应在这两棵子树高度之和的基础上，再加上2。

无论如何，只要递归地得到了各棵子树的高度及直径，即可进而得到树v的高度及直径。

读者可在教材所提供示例代码的基础上，独立完成以上算法的编码和调试任务。

[6-11] 试基于深度优先搜索的框架设计并实现一个算法，在$\mathcal{O}$(n + e)时间判定任一无向图是否存在欧拉环路；并且在存在时，构造出一条欧拉环路。

【解答】

根据图论的基本结论，只需遍历全图确定其连通性，再核对各顶点的度数。若连通且没有奇度数的顶点，则必然存在欧拉环路；否则，不存在欧拉环路。其中特别地，若奇度数的顶点恰有两个，则必然存在以这两个顶点为起点、终点的欧拉通路。

构造欧拉环路的一种算法，过程大致如下。从任一顶点出发做一趟DFS，依次记录沿途经过的各边并随即将其从图中删除；一旦有顶点度数归零，则随即将其删除。每当回到起点，即得到一条欧拉子环路。此时若还存在已访问但尚未被删除的顶点，则任选其一并从它出发，再做一趟DFS，过程相同。每次所新得的子环路，都需要在搜索的起始点处与此前的子环路合并为一条更大的子环路。最终不剩任何顶点时，算法结束，当前的子环路即为原图的一条欧拉环路。

如果采用邻接表实现图结构，则以上算法中的每一基本操作（访问或删除当前顶点的一条关联边、访问度数非零的顶点、删除度数为零的顶点、将两条子环路在公共顶点处合并等）都可以在常数时间内完成，故总体运行时间线性正比于原图自身的规模。

上述关于欧拉环路存在性的判定依据以及环路的构造算法，不仅适用于无向图，实际上也不难推广至有向图。

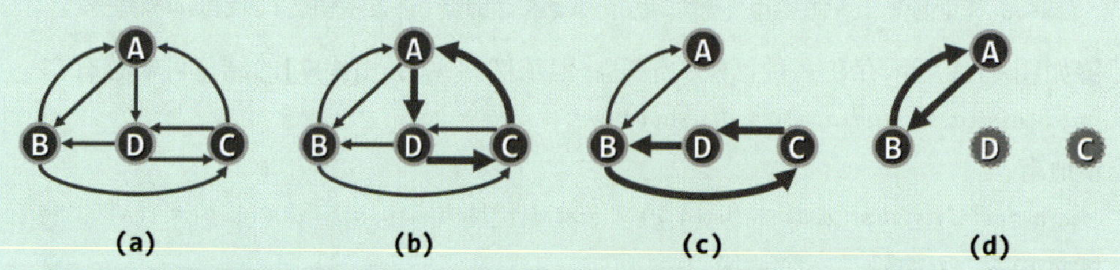

图x6.6 构造有向图的欧拉环路：各子环路加粗示意，删除的边不再画出，删除的顶点以灰色示意

考查如图x6.6(a)所示的有向图实例——也就是教材152页图6.4(a)中的实例。

首先，经核对确认各顶点的出、入度数分别相等，故可判定该有向图存在欧拉环路。

接下来，从任一顶点出发做深度优先搜索。比如，若从顶点C出发，可能如图(b)所示得到一条子环路：

{ C A D }

删除已访问过的边，并继续从顶点C出发做深度优先搜索，即可能如图(c)所示得到子环路：

{ C D B }

并与上一子环路在顶点C处合并为：

{ C D B C A D }

删除已访问过的边，并删除度数为零的顶点C和D之后，继续从已经访问但尚未删除的任一顶点出发做深度优先搜索。实际上此时只能从顶点B出发，得到子环路{ B, A }，并与上一子环路在顶点B处合并为：

{ C D B A B C A D }

[6-12] BFS算法（教材160页代码6.3）的边分类，采用了简化的策略：

树边（TREE）之外，统一归为跨边（CROSS）

试分别针对无向图和有向图，讨论跨边的可能情况。

【解答】

根据此前的分析，无向图中任意一对邻接顶点在BFS树中的深度之差至多为1。因此在经过广度优先搜索之后，无向图的各边无非两类：树边，亦即被BFS树采用的边；跨边，亦即联接于来自不同分支、深度相同或相差一层的两个顶点之间的边。

类似地，有向图中的每一条边(v, u)均必然满足：

depth(u) ≤ depth(v) + 1

这一不等式取等号时，(v, u)即是（由v指向u的）一条树边。

若满足：

depth(u) = depth(v)

则v和u在BFS树中分别属于不同的分支，(v, u)跨越于二者之间。

若满足：

depth(u) < depth(v)

则在BFS树中，u既可能与v属于不同的分支，也可能就是v的祖先。

[6-13] 考查采用DFS算法（教材162页代码6.4）遍历而生成的DFS树。试证明：

a） 顶点v是u的祖先，当且仅当

[dTime(v), fTime(v)] ⊇ [dTime(u), fTime(u)]

【解答】

先证明“仅当”。若v是u的祖先，则遍历过程的次序应该是“v被发现...u被发现...u被访问完毕...v被访问完毕”。也就是说，u的活跃期包含于v的活跃期中。由此也可得出一条推论：在任一顶点v刚被发现的时刻，其每个后代顶点u都应处于UNDISCOVERED状态。

反之，若u的活跃期包含于v的活跃期中，则意味着当u被发现（由UNDISCOVERED状态转入DISCOVERED状态）时，v应该正处于DISCOVERED状态。因此，v既不可能与u处于不同的分支，也不可能是u的后代。故“当”亦成立。

实际上由以上分析可进一步看出，此类顶点活跃期之间是严格的包含关系。

b） v与u无承袭关系，当且仅当

[dTime(v), fTime(v)] ∩ [dTime(u), fTime(u)] = ∅

【解答】

作为a)的推论，“当”显然成立，故只需证明“仅当”。

考查没有承袭关系的顶点v与u，且不妨设dTime(v) < dTime(u)。于是根据a)，只需证明fTime(v) < dTime(u)。

若不然（dTime(u) < fTime(v)），则意味着当u被发现时，v应该仍处于DISCOVERED状态。此时，必然有一条从v通往u的路径，且沿途的顶点都处于DISCOVERED状态。此时在DFS()算法的函数调用栈中，沿途各顶点依次分别存有一帧。在DFS树中，该路径上的每一条边都对应于一对父子顶点，故说明u是v的后代——这与假设矛盾。

[6-14] 在起始于顶点s的DFS搜索过程中的某时刻，设当前顶点为v。试证明，任一顶点u处于DISCOVERED状态，当且仅当u来自s通往v的路径沿途——或者等效地，在DFS树中u必为v的祖先。

【解答】

由题所述条件，可知必有：

dTime(u) < dTime(v) < fTime(u)

于是由以上根据顶点活跃期之间相互包含关系的结论，必有：

dTime(u) < dTime(v) < fTime(v) < fTime(u)

亦即：

[dTime(v), fTime(v)] ⊆ [dTime(u), fTime(u)]

故知u必为v的祖先。

由以上规律亦可进一步推知：起始顶点s既是第一个转入DISCOVERED状态的，也是最后一个转入VISITED状态的，其活跃期纵贯整个DFS()算法过程的始末；在此期间的任一时刻，任何顶点处于DISCOVERED状态，当且仅当它属于从起始顶点s到当前顶点v的通路上。

从类比的角度可以看出，这一通路的作用，正相当于第4.4.1节所介绍的忒修斯的线绳。

[6-15] 通过显式地维护一个栈结构，将DFS算法（教材162页代码6.4）改写为迭代版本。

【解答】

实际上，这里引入的栈结构，只需动态记录从起始顶点s到当前顶点之间通路上的各个顶点，其中栈顶对应于当前顶点。每当遇到处于UNDISCOVERED状态的顶点，则将其转为DISCOVERED状态，并令其入栈；一旦当前顶点的所有邻居都不再处于UNDISCOVERED状态，则将其转为VISITED状态，并令其出栈。

[6-16] 为将顶点及边的状态标志复位，本章所给的 Graph::reset()需要耗费 $\mathcal{O}$(v + e)时间。试设计一种方法，将这部分时间降低至 $\mathcal{O}$(v)。

【解答】

仿照习题[2-34]之c)中介绍的技巧，在不增加渐进空间复杂度的前提下，在常数时间内完成各顶点所对应边向量的初始化，从而使这方面总体所需的时间仅线性正比于顶点总数。

特别地，若顶点总数保持不变，则只需为所有顶点的边向量设置一个总体的Bitmap结构，该结构的初始化仅需常数时间。

[6-17] a）试说明，对于整数权重的网络，可通过足够小的扰动，在不影响 Prim 算法正确性、计算过程及复杂度的前提下，消除由（同为某一割的极短跨越边的）重复边引起的歧义。

【解答】

设原图共含v个顶点、e条边，且不妨假定v - 1 ≤ e。若各边权重（按输入次序）依次为：

$$W = \{ w_1, w_2, w_3, \ldots, w_e \}$$

且不妨设其中各边权重不致完全相等，则可将其替换为：

$$W' = \{ w_1 + 1/e^2, w_2 + 2/e^2, w_3 + 3/e^2, \ldots, w_e + e/e^2 = w_e + 1/e \}$$

也就是说，各边的权重均有所增加，且增量为以$1/e^2$为公差的算术级数。

请注意，所有各边权重的扰动量总和不过：

$$(1 + 2 + 3 + \ldots + e) / e^2 = (1 + e)/2e < 1$$

更重要的是，即便W中可能存在等权的边，在如此构造的W'中各边的权重也必然互异。于是，对其采用Prim（以及稍后介绍的Kruskal）算法将不致出现歧义情况，其最小支撑树T_m'亦必然唯一确定。也就是说，W'的任何一棵支撑树T'都应满足：

$$|T_m'| \le |T'| \qquad (1)$$

这里的$|T_m'|$和$|T'|$分别表示T_m'和T'的总权重。特别地，等号仅在$T' = T_m$时成立。

不等式(1)的左、右同时向下取整后，应该依然成立，亦即：

$$\lfloor |T_m'| \rfloor \le \lfloor |T'| \rfloor \qquad (1')$$

既然|W| = |W'| = e，故二者的所有支撑树之间必然存在一一对应的关系。

考查如此对应的每一对支撑树T和T'。既然它们各自都恰好包含v - 1条边，故应有：

$$0 < |T'| - |T| < (v - 1)\cdot(1/e) \le 1$$

也就是说，必有：

$$\lfloor |T'| \rfloor = |T| \qquad (2)$$

特别地，若设与T_m'对应的（W的）支撑树为T_m，则也应有

$$\lfloor |T_m'| \rfloor = |T_m| \qquad (3)$$

综合(3)、(1')和(2)可知，对于W的任何一棵支撑树T，都有：

$$|T_m| = \lfloor |T_m'| \rfloor \le \lfloor |T'| \rfloor = |T|$$

由此可见，T_m必然是W的（一棵）最小支撑树。

另一种似乎巧妙、但并不可行的“方法”是：仿照以上技巧，将原图各边的权重依次替换为：

$$W' = \{ w_1 + 1/2, w_2 + 1/2^2, w_3 + 1/2^3, \ldots, w_e + 1/2^e \}$$

也就是说，各边权重均有所增加，且增量构成以1/2为公比的几何级数，其总和不过：

$1/2 + 1/2^2 + 1/2^3 + ... + 1/2^e < 1$

同时，即便W中可能存在等权的边，在如此构造的W'中各边的权重同样必然互异。因此与上一方法同理，亦可以消除最小支撑树构造过程中的歧义。

然而不幸的是，这种“方法”要求计算机的数值精度达到$1/2^e$——按指数级的速度随边数e提高，或者等效地，其数位应按线性级速度随e增加。也就是说，随着e的增大，计算机的字长很快就会溢出。而反观上一方法，数值精度为$1/e^2$，相对而言不致轻易即溢出。

b） 这种方法可否推广至实数权重的网络？

【解答】

以上方法之所以行之有效，是因为事先能够在不等权的边之间，确定边权重的最小差值(1)，从而既能够保证W'中的各权重彼此互异，同时又能保证通过向下取整运算，可以从|T'|确定对应的|T|。若权重可以取自任意实数，则这两个性质不能直接兼顾。

当然，若各边权重均取自浮点数（正如实际计算环境中的情况），则仍可以套用上述方法，只不过需要做必要的预处理——通过统一的放缩，将各边的权重转换为整数。

[6-18] 在教材176页图6.20中，出于简洁的考虑，将通路us和vt分别画在构成割的两个子图中。然而这样有可能造成误解，比如读者或许会认为，组成这两条通路的边也必然分别归属于这两个子图。试举一实例说明，us或vt均可能在两个子图之间穿越多（偶数）次——亦即，除了该割的最短跨越边uv，最小支撑树还可能采用同一割的其它跨越边，其长度甚至可能严格大于|uv|。

【解答】

一个（组）通用的实例如图x6.7所示。

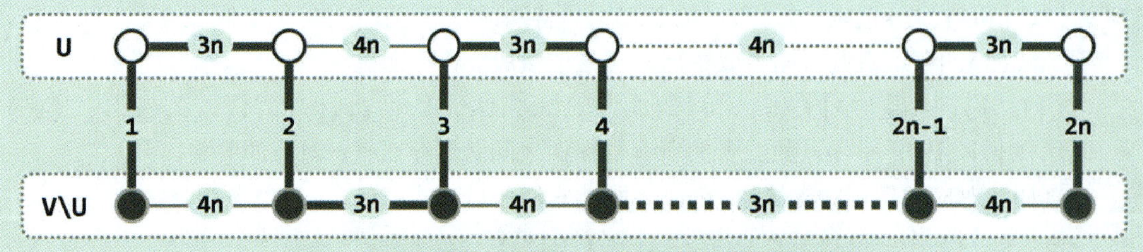

图x6.7 最小支撑树（粗线条）可能反复地穿越于割的两侧

这里的子集U包含2n个顶点（白色），其中2n - 1条非跨越边的权重依次为：

$W_U = \{ 3n, 4n, 3n, 4n, ..., 3n \}$

补集V\U也包含2n个顶点（黑色），其中2n - 1条非跨越边的权重依次为：

$W_{V\backslash U} = \{ 4n, 3n, 4n, 3n, ..., 4n \}$

在这两个子集之间，共有2n条跨越边，其权重依次为：

$X = \{ 1, 2, 3, 4, ..., 2n - 1, 2n \}$

不难验证，该图的最小支撑树唯一确定，由权重不超过3n的所有4n - 1条边组成，亦即图x6.7中所有的粗边。由图易见，该支撑树就是一条通路，它在割的两侧总共穿越2n次——（权重为1的）最短跨越边只是其中之一。

实际上，X中各跨越边的权重未必需要按次序排列。

另外，基于二部图，完全可以构造出更为精简的实例。读者不妨照此思路，独立尝试。

[6-19] 利用“有向无环图中极大顶点入度必为零”的性质，实现一个拓扑排序算法，若输入为有向无环图则给出拓扑排序，否则报告“非有向无环图”。该算法时间、空间复杂度各是多少？

【解答】

基于这一策略的拓扑排序算法，过程大致如算法x6.1所示。

```
1 将所有入度为零的顶点存入栈S //O(n)
2 取空队列Q //记录拓扑排序序列，O(1)
3 while ( ! S.empty() ) { //O(n)
4    Q.enqueue( v = S.pop() ); //栈顶顶点v转入队列Q
5    for each edge(v, u) //考查v的所有邻接顶点u
6       if ( inDegree(u) < 2 ) S.push(u); //凡入度仅为1者，均压入栈S中
7    G = G \ {v}; //删除顶点v及其关联边（邻接顶点入度相应地递减）
8 } //总体O(n + e)
9 return |G| ? Q : "NOT_DAG"; //残留的G空（Q覆盖所有顶点），当且仅当原图可拓扑排序（Q即是排序序列）
```

算法x6.1 基于“反复删除零入度节点”策略的拓扑排序算法

这里，栈S和队列Q的初始化共需$\mathcal{O}(n)$时间。主体循环共计迭代$\mathcal{O}(n)$步，其中涉及的操作无非以下五类：出、入栈，共计$\mathcal{O}(n)$次；入队，共计$\mathcal{O}(n)$次；递减邻接顶点的入度，共计$\mathcal{O}(e)$次；删除（零入度）顶点，共计$\mathcal{O}(n)$个；（删除顶点时一并）删除关联边，共计$\mathcal{O}(e)$条。以上各类操作均属于基本操作，故总体运行时间为$\mathcal{O}(n + e)$，线性正比于原图的规模。

空间方面，除了原图本身，这里引入了辅助栈S和辅助队列Q，分别用以存放零入度顶点和排序序列。不难看出，无论是S或Q，每个顶点从始至终至多在其中存放一份，故二者的规模始终不超过$\mathcal{O}(n)$。实际上，通过更进一步地观察还可以发现，S和Q之间在任何时刻都不可能有公共顶点，因此二者总体所占的空间亦不过$\mathcal{O}(n)$。

请注意，既然不是基于DFS，便无需维护各顶点的时间标签及状态、各边的分类。因此相对于基于DFS的拓扑排序算法而言，这一实现方式所需的附加空间更少——对稠密图而言尤其如此。

[6-20] a）试从教材167页代码6.5中，删除与拓扑排序无关的操作，以精简其实现；

【解答】

仅就拓扑排序而言，这里并不需要对各边做分类，也不必记录各顶点的时间标签，相关的数据项及操作均可省略。顶点的状态虽然仍需区分，但只要足以判别顶点是否已经访问即可。相应地，循环体内的三个switch分支也只需保留一个。请读者按照这些提示，独立完成精简工作。

b）精简之后，整体的渐进复杂度有何变化？

【解答】

经以上精简之后，运行时间虽有所减少，但渐进的复杂度依然保持为$\mathcal{O}(n + e)$。

空间方面，因为不必维护各边的分类标签，故除原图本身外仅需使用$\mathcal{O}(n)$辅助空间。

[6-21] a） 试从教材 170 页代码 6.6 中，删除与双连通分量分解无关的操作，以精简其实现；

【解答】

仅就双连通分量分解这一问题而言，这里并不需要对各边进行分类，相关的数据项及操作均可删除。各顶点的时间标签（其中的fTime用作hca）和状态，都仍然需要记录。

请读者按照以上思路，独立完成精简工作。

b） 精简之后，整体的渐进复杂度有何变化？

【解答】

经以上精简之后，运行时间虽有所减少，但渐进的复杂度依然保持为$\mathcal{O}$(n + e)。

空间方面，因为不必维护各边的分类标签，故除原图本身外仅需使用$\mathcal{O}$(n)辅助空间。

[6-22] 试按照 PFS 搜索的统一框架（教材 173 页代码 6.7），通过设计并实现对应的 prioUpdater 函数对象，分别实现 BFS 和 DFS 算法。

【解答】

BFS算法对应的优先级更新器，可实现如代码x6.1所示。

```
1 template <typename Tv, typename Te> struct BfsPU { //针对BFS算法的顶点优先级更新器
2    virtual void operator() ( Graph<Tv, Te>* g, int uk, int v ) {
3       if ( g->status ( v ) == UNDISCOVERED ) //对于uk每一尚未被发现的邻接顶点v
4          if ( g->priority ( v ) > g->priority ( uk ) + 1 ) { //将其到起点的距离作为优先级数
5             g->priority ( v ) = g->priority ( uk ) + 1; //更新优先级（数）
6             g->parent ( v ) = uk; //更新父节点
7          } //如此效果等同于，先被发现者优先
8    }
9 };
```

代码x6.1 基于PFS框架的BFS优先级更新器

例如，若有某个图结构g的顶点为char类型、边为int类型，则可以通过如下形式的调用，基于PFS框架完成对g的BFS搜索。

```
g->pfs( 0, BfsPU<char, int>() );
```

与Dijkstra算法的顶点优先级更新器DijkstraPU()（教材179页代码6.9）做一对比即可看出，此处BfsPU()的作用，只不过是将u_k到其邻接顶点v的距离统一取作：

g->weight(uk, v) = 1

也就是说，所谓的BFS实际上完全等效于，在所有边的权重统一为1个单位的图中，采用Dijkstra算法构造最短路径树。从这个意义上讲，BFS也可以视作Dijkstra算法的一个特例。

类似地，DFS算法对应的优先级更新器，亦可实现如代码x6.2所示。

```
1 template <typename Tv, typename Te> struct DfsPU { //针对DFS算法的顶点优先级更新器
2    virtual void operator() ( Graph<Tv, Te>* g, int uk, int v ) {
3       if ( g->status ( v ) == UNDISCOVERED ) //对于uk每一尚未被发现的邻接顶点v
4          if ( g->priority ( v ) > g->priority ( uk ) - 1 ) { //将其到起点距离的负数作为优先级数
5             g->priority ( v ) = g->priority ( uk ) - 1; //更新优先级（数）
6             g->parent ( v ) = uk; //更新父节点
7             return; //注意：与BfsPU()不同，这里只要有一个邻接顶点可更新，即可立即返回
8          } //如此效果等同于，后被发现者优先
9    }
10 };
```

代码x6.2 基于PFS框架的DFS优先级更新器

其调用形式也与BfsPU()类似，使用时请读者自行参照前例。

[6-23] 所谓旅行商问题，要求在任意 n 个城市的所有哈密尔顿环路中，找出总交通成本最低者。该问题属于经典的 NPC 问题，多数学者相信不存在多项式算法。

试证明：若城市及其之间的交通成本可描述为遵守三角不等式的带权网络，且已构造出对应的最小支撑树，则可在 $\mathcal{O}(n)$ 时间内找出一条哈密尔顿环路，其交通成本不超过最优成本的两倍。

【解答】

借助最小支撑树构造近似的旅行商环路的过程及原理，如图x6.8所示。对于遵守三角不等式的任一带权网络G，若其最小支撑树MST（由图中灰色各边组成）已知，则只需将其中的每一条边，替换为方向互逆的一对孪生边（黑色），即可相应地得到一条环路W。于是，若将MST和W的总权重分别记作|MST|和|W|，则显然有：

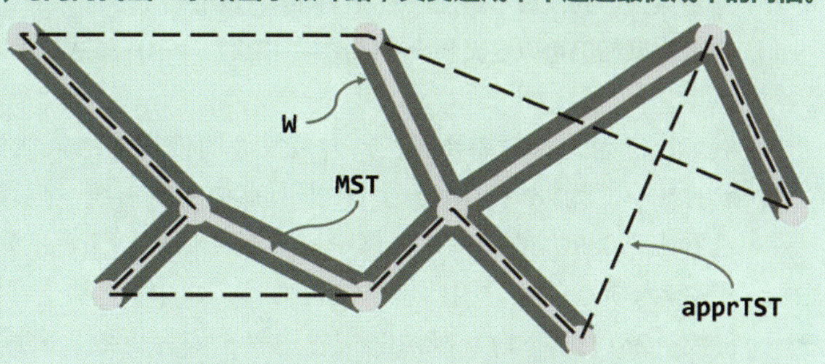

图x6.8 借助最小支撑树，构造近似的旅行商环路
（严格地说，W还不是一条旅行商环路——它经过各顶点至少两次，而非恰好一次。为此只需再次遍历该环路，沿途一旦试图再次访问某节点，则将相邻的两条边替换为一段“捷径”。如此不仅能够得到一条严格意义上的环路apprTST（虚线），而且总长度亦不致增加。）

$$|W| = 2\cdot|MST| \quad \cdots\cdots (1)$$

将理想的旅行商环路（traveling salesman tour）记作TST。作为一条环路，从TST中删除任何一条边e之后，都应得到一条纵贯所有顶点的通路TST(e)，这条通路也可视作原图的一棵支撑树。因此，其长度（沿途各边的权重总和）应不小于最小支撑树的总长，亦即：

$$|MST| \le |TST(e)| < |TST| \quad \cdots\cdots (2)$$

综合(1)、(2)两式，即有：

$$|W| < 2\cdot|TST|$$

也就是说，环路W的总长度不超过旅行商环路的两倍。

[6-24] 合成数（composite number）法，是消除图算法歧义性的一种通用方法。

首先在顶点的标识之间，约定某一次序。比如，标识为整数或字符时，可直接以整数或字符为序；对于字符串类标识，可按字典序。于是，对于权重为 w 的边(v, u)，合成数可以取作向量：(w, min(v, u), max(v, u))。如此，任何两条边总能明确地依照字典序比较大小。

试在 6.11.5 节 Prim 算法和 6.12.2 节 Dijkstra 算法中引入这一方法，以消除其中的歧义性。

【解答】

采用这一方法，实质的调整无非只是比较器的重新定义，算法的整体框架及流程均保持不变。具体地，也就是将原先各边的权重，替换为其对应的合成数，并按照字典序判定各边的优先级。

反观Prim算法。在最短跨越边同时存在多条时，该算法可以任取其中之一。虽然如此必然能够构造出一棵最小支撑树，但却不能保证其唯一确定性。

对于所有边的权重为整数或浮点数的情况，此前介绍过通过扰动使之唯一确定化的技巧。按照这一方法，输入序列中各边的扰动量严格单调递增，故在扰动之后，原先权重相等的边必然可以按照“前小后大”的准则判定相对的优先级。从这个角度来看，其效果完全等同于将各边的权重依次替换为如下合成数：$W' = \{ (w_1, 1), (w_2, 2), (w_3, 3), ..., (w_e, e) \}$

请注意，这一方法不再局限于整数或浮点数的权重，因此适用范围更广。

[6-25] 考查某些边的权重不是正数的带权网络。试证明：

a） 对此类网络仍可以定义最小支撑树——此时，Prim 算法是否依然可行？

【解答】

依然可行。为此首先需要确认，含负权边的带权网络依然拥有最小支撑树。设带权网络G中各边权重的最小值为$-\delta < 0$，现在令G中所有边的权重统一地增加2δ，得到另一带权网络G'。

不难看出，G和G'的支撑树必然一一对应。另外，二者的每一棵支撑树都应恰好包含$v - 1$条边，其中v为顶点总数。因此就总权重而言，G的每一棵支撑树与G'所对应的支撑树之间均相差一个常数：$2\delta\cdot(v - 1)$。既然G'中各边权重均为正数，故其最小支撑树必然存在；而与之对应的，即为原网络G的最小支撑树。

b） 若不含负权重环路，则仍可以定义最短路径树——此时，Dijkstra 算法是否依然可行？

【解答】

任意两点之间的通路数目有限，其中最短者必然存在，故最短路径树必然存在。但如图x6.9所示，Dijkstra算法在此时却未必依然可行。

一种补救的方法是，在PFS优先级更新器DijkstraPU（代码6.9）中，不再忽略非UNDISCOVERED状态的顶点；而且一旦它们的优先级经更新所有增加，都要随即将其恢复为UNDISCOVERED状态，并进而参与下一顶点u_k的竞选。然而不难看出，时间复杂度也会因而提高。

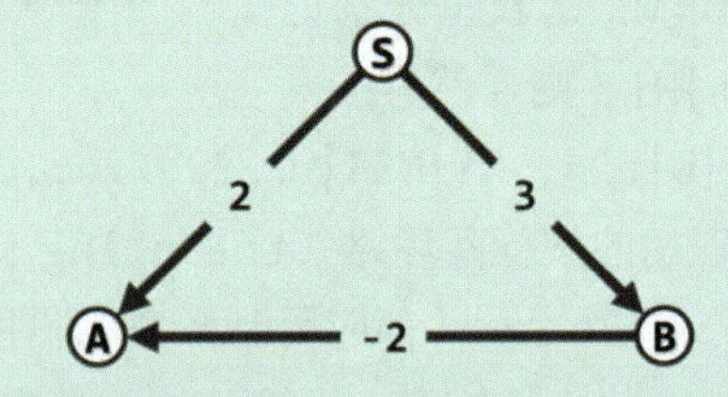

图x6.9 含负权边时，即便不存在负权环路，Dijkstra算法依然可能出错：设起点为S，算法将依次确定A、B对应的最短距离分别为2、3。而实际上，从S绕道B通往A的距离为3 + (-2) = 1 < 2。这里的关键在于，在顶点A所对应的最短路径上，有另一顶点B被算法发现得更晚。

[6-26] 各边权重未必互异时，带权网络的“最小生成树”未必唯一，故应相应地，将其改称作“极小支撑树”更为妥当。对于任一此类的带权网络 G，试证明：

a） 每一割的极短跨越边都会被 G 的某棵极小支撑树采用；

【解答】

教材176页图6.20已在“各边权重互异”的前提下，证明了Prim算法的正确性。在废除这一前提之后，证明的技巧依然类似。

反证。如该图所示，假设uv是割(U : V/U)的极短跨越边（之一），但uv却未被任何极小支撑树采用。任取一棵极小支撑树T，则T至少会采用该割的一条跨越边st。于是同理，将st替换为uv，将得到另一棵支撑树T'，而且其总权重不致增加。这与假设相悖。

b） G 的每棵极小支撑树中的每一条边，都是某一割的极短跨越边。

【解答】

任取G的一棵极小支撑树T，考查其中的任何一条树边uv。将该边删除之后，T应恰好被分成两棵子树，它们对应的两个顶点子集也构成G的一个割(U : V\U)。

实际上，uv必然是该割的极短跨越边（之一）。否则，与a)同理，只需将其替换为一条极短跨边st，即可得到一棵总权重更小的支撑树T'——这与T的极小性矛盾。

[6-27] 试举例说明，在允许多边等权的图 G 中，即便某棵支撑树 T 的每一条边都是 G 某一割的极短跨越边，T 也未必是 G 的极小支撑树。

【解答】

考查如图x6.10(a)所示的带权网络G。

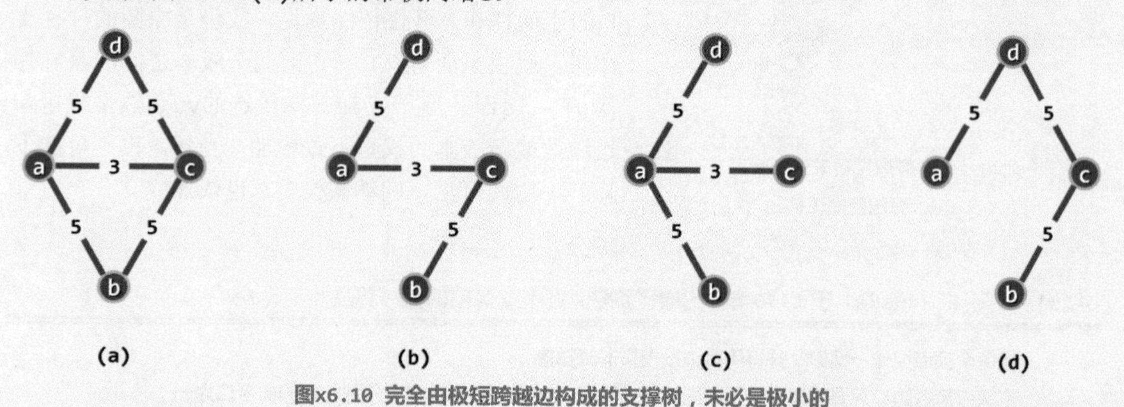

图x6.10 完全由极短跨越边构成的支撑树，未必是极小的

首先不难验证，每一条边都是G某一割的极短跨越边：ac为全图的最短边；ad则为割：

({ a, b, c } : { d })

的极短跨越边（之一）——根据对称性，其余权重同为5的各边亦是如此。

既然该网络的支撑树都由三条边组成，故如图(b)和(c)所示，总权重为3 + 5 + 5 = 13的支撑树必然是极小的。然而如图(d)所示，同样亦由三条极短跨越边构成的支撑树，总权重却为15，显然并非极小支撑树。

[6-28] 试证明，尽管在允许多边等权时，同一割可能同时拥有多条最短跨越边，6.11.5 节中 Prim 算法所采用的贪心迭代策略依然行之有效。

（提示：只需证明，只要 T_k 是某棵极小支撑树的子树，则 T_{k+1} 也必是（尽管可能与前一棵不同的）某棵极小支撑树的子树。）

【解答】

任取一棵极小支撑树T^* = (V, E^*)，以下采用数学归纳法证明：

> 对于Prim算法过程中所生成的每一棵（子）树T_k，都可以在总权重不致增加的前提下，将T^*转换为其一棵超树

果真如此，则意味着Prim算法最终生成的T_n也是一棵极小支撑树。

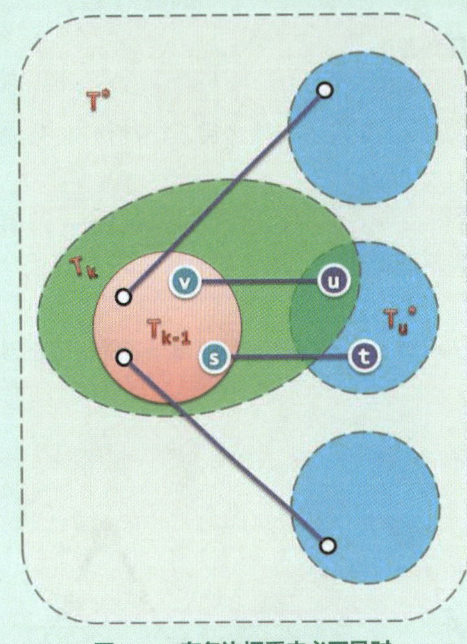

图x6.11 在各边权重未必互异时，Prim算法依然正确

作为归纳基，以上命题对于T_1显然成立。

以下，假定上述命题对于T_1, ..., T_{k-1}（2 ≤ k）均成立。如图x6.11所示，考查：

$$T_k \ = \ (V_{k-1} \cup \{u\},\ E_{k-1} \cup \{vu\})$$

且不妨设边vu $\notin$ E^*。

既然T^*是T_{k-1}的超树，故在将后者从前者中删除之后，$T^*\backslash T_{k-1}$应该是个非空的森林。将顶点u在其中所属的子树记作T_u^*。在T^*中，子树T_{k-1}与子树T_u^*之间必然有且仅有一条边相联，设为st（有可能s = v或t = u，但是不能同时成立）。

现在，在T^*中将st替换为vu。经如此转换之后，T^*的连通性和无环性依然满足，故仍是原图的一棵支撑树。就权重而言，T^*新、旧两个版本之间的差异为|vu| - |st|。鉴于Prim算法挑选的vu必然是极短跨越边，故新版本的权重不致增加（当然，也不可能下降）。由此可见，归纳假设对T_k也依然成立。

[6-29] Joseph Kruskal 于 1956 年[31]提出了构造极小支撑树的另一算法：

> 将每个顶点视作一棵树，并将所有边按权重非降排序；
> 依次考查各边，只要其端点分属不同的树，则引入该边，并将端点所分别归属的树合二为一；
> 如此迭代，直至累计已引入n - 1条边时，即得到一棵极小支撑树。

试证明：

a） 算法过程中所引入的每一条边，都是某一割的极短跨越边（因此亦必属于某棵极小支撑树）；

【解答】

考查Kruskal算法每一步迭代中所引入的边vu。在此步迭代即将执行之前，v必属于当时森林中的某棵子树，将其记作T_v。T_v及其补集，构成原图的一个割。不难看出，vu既然（作为当时不致造成环路的极短边）被选用，则它必然也是该割的极短跨越边。

b） 算法过程中的任一时刻，由已引入的边所构成的森林，必是某棵极小支撑树的子图；
（请注意，这一结论方足以确立 Kruskal 算法的正确性，但前一结论并不充分）

【解答】

任取一棵极小支撑树T^* = (V, E^*)，以下采用数学归纳法证明：

> 对于Kruskal算法过程中的每一个森林F_k
> 都可以在总权重不致增加的前提下，将T^*转换为其一棵超树

如果这是事实，则意味着Kruskal算法最终生成的T_n = F_n也是一棵极小支撑树。

作为归纳基，以上命题对于F_0显然成立。

以下，设上述命题对于F_0, ..., T_{k-1}（1 ≤ k）均成立。如图x6.12所示，考查：

$$F_k = (V, E_{k-1} \cup \{vu\})$$

且不妨设边vu $\notin$ E^*。

将v和u所属的子树分别记作T_v和T_u。既然T^*是F_{k-1}的超树，故在T^*中，T_v和T_u之间必存在（唯一的）通路。该通路可能就是vu之外的另一跨越边，也可能是转辗穿过其它子树的一条迂回通路。无论如何，如图所示将该通路的起始边设为st。

现在，若将st替换为vu，则T^*依然连通且无环，故仍是原图的一棵支撑树。

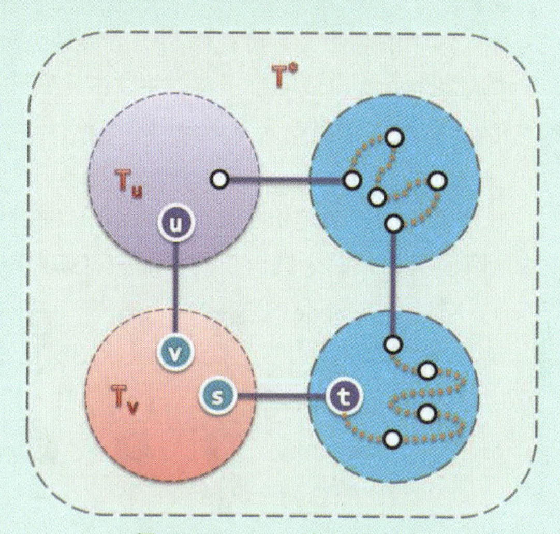

图x6.12 Krusal算法的正确性

T^*的新、旧两个版本，权重的差异为|vu| - |st|。鉴于Kruskal算法挑选的vu必然是极短跨越边，故新版本的权重不致增加（当然，也不致下降）。可见，归纳假设对F_k也依然成立。

[6-30] 试举例说明，在最坏情况下，Kruskal 算法的确可能需要检查$\Omega(n^2)$条边。

【解答】

一类最坏的情况，如图x6.13所示。

该实例中，原网络中的n - 1个顶点构成完全图K_{n-1}，其中各边的权重相对不大；最后一个顶点u，则仅通过一条权重足够大的边vu与完全图相联。

若将({u} : K_{n-1})视作割，则vu是唯一的跨越边。因此，尽管该边的权重在全局最大，但该带权网络的任何一棵极小支撑树T^*，都必会采用该边。

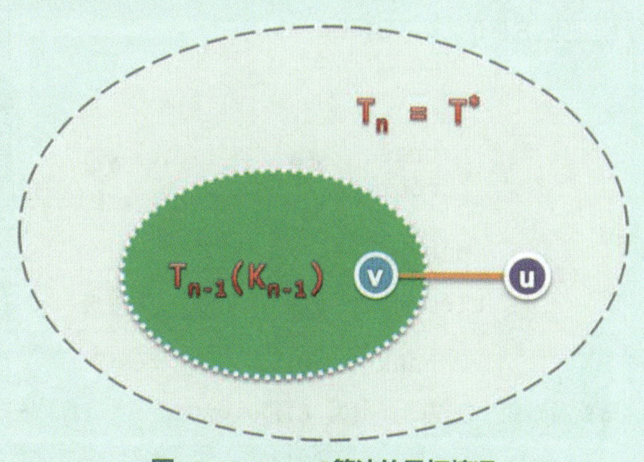

图x6.13 Krusal算法的最坏情况

而按照Kruskal算法的策略，vu必然是作为最后一条边接受检查；在此前，该算法也必然已经遍历过K_{n-1}中所有的边，累计耗时总量为：

$$n(n - 1)/2 + 1 = \Omega(n^2)$$

[6-31] 若将森林中的每棵树视作一个等价类，则 Kruskal 算法迭代过程所涉及的计算不外乎两类：

```
T = find(x)    //查询元素（顶点）x所属的等价类（子树）T
union(x, y)    //将元素（顶点）y所属的等价类（子树），合并至元素（顶点）x所属的等价类（子树）
```

支持以上基本操作接口的数据结构，即所谓的独立集（disjoint set），或者称作并查集（union-find set）[32][33][34][35]。

a）试基于此前介绍过的基本数据结构实现并查集，并用以组织 Kruskal 算法中的森林；

【解答】

并查集中的等价类，可视作某一全集经划分之后得到的若干互不相交的子集。最初状态下，全集中的每个元素自成一个子集，并以该元素作为其标识。此后，每经过一次union(x, y)操作，都将元素y所属的子集归入元素x所属的子集，并继续沿用元素x此前的标识。

一种可行的方法是仿照父节点表示法（教材112页图5.3），将每个子集组织为一棵多叉树，并令所有多叉树共存于同一个向量之中。如图x6.14所示，即是并查集初始状态的一个实例。

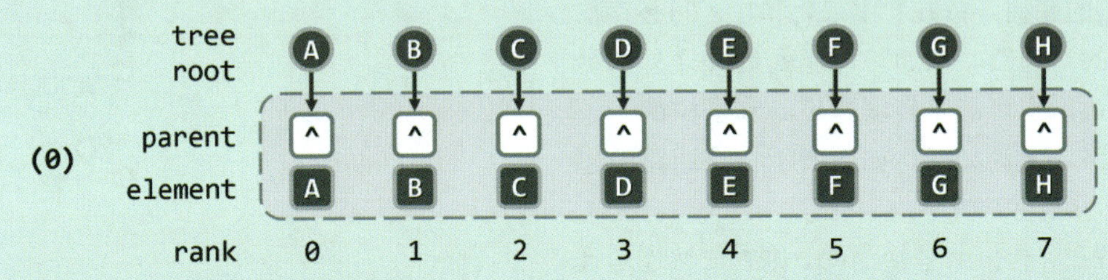

图x6.14 并查集：初始时每个元素逻辑上自成一个子集，并分别对应于一棵多叉树，parent统一取作-1

于是，子集的合并即对应于树的合并。如图x6.15所示，元素所属的子集即是其所属的树，也对应于该树的根，三者始终一致，不必再刻意区分。故不妨约定，就以树根作为各子集的标识。

这样，find(x)查找问题也便转化为了在多叉树中查找根节点的问题。为此，我们只需从元素x出发，沿着parent引用逐层上行，直到x的最高祖先。例如在图x6.14～图x6.18中，find(F)将分别返回F、D、D、G和E。

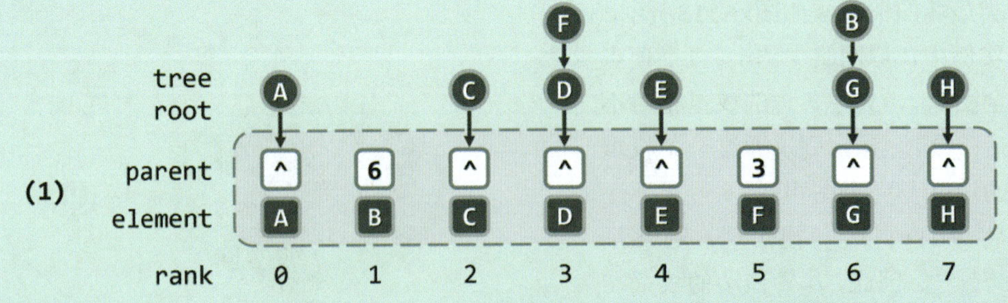

图x6.15 并查集：经过union(D, F)和union(G, B)，F所属的子集（树）被归入D所属的子集（树），沿用标识D；B所属的子集（树）被归入G所属的子集（树），沿用标识G

对以上实例进一步的具体操作结果，依次如图x6.16～图x6.18所示。请留意这里各元素parent值的更新，以及树结构的调整与并查集逻辑结构之间的动态对应关系。

由于union()操作并不可逆，故经过n-1次union()之后该结构将不会再有实质性的调整。

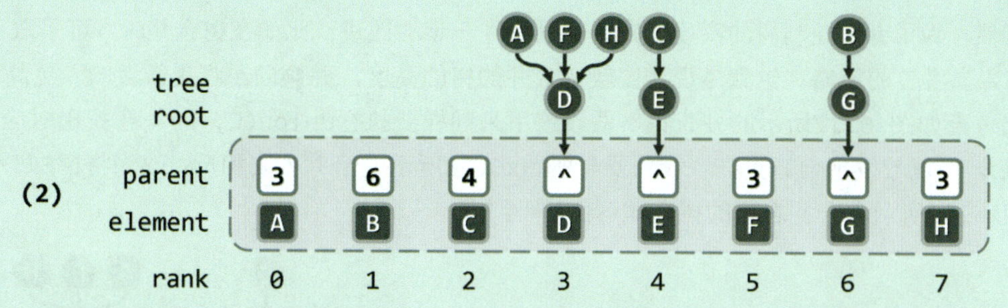

图x6.16 并查集：再经union(D, A)和union(F, H)，A和H被归入子集D中；再经union(E, C)，C被归入子集E中

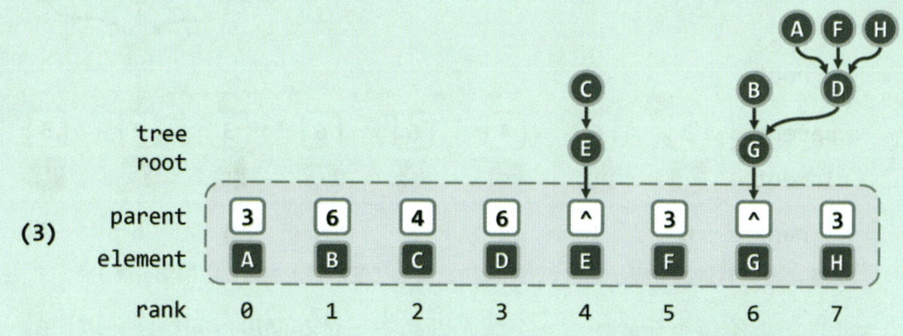

图x6.17 并查集：再经union(B, A)，A所属的子集（树）D，被归入B所属的子集（树）G中

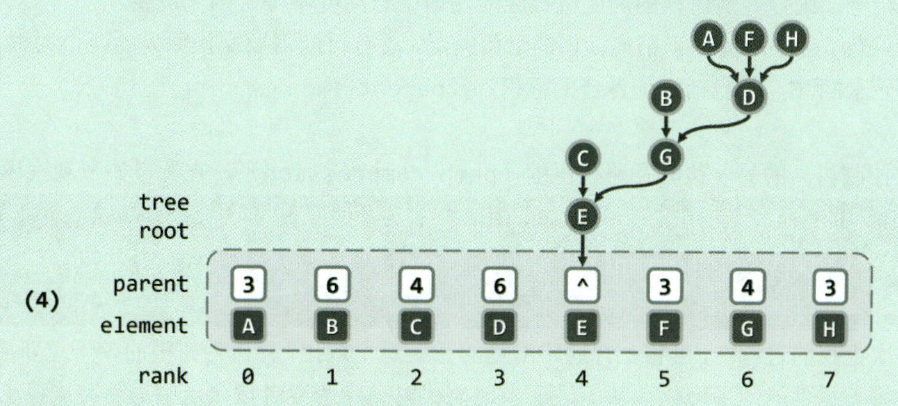

图x6.18 并查集：再经union(C, F)，F所属的子集（树）G，被归入C所属子集(树)E中（树高未能有效控制）

b） 按你的实现，find()和 union()接口的复杂度各是多少？相应地，Kruskal 算法的复杂度呢？

【解答】

无论find()或union()，都需首先确定相关元素所属子集的标识（树根），为此花费的时间量主要取决于元素在树中所处的深度；在最坏情况下，也就是树的高度。然而在目前的实现中，我们并不能有效地控制树高。仍以如图x6.14所示的初始并查集为例，假若接下来依次执行：

```
union(A, B), union(B, C), union(C, D), ..., union(G, H)
```

则不难验证，各次union()操作所需的时间成本将按算术级数递增。

一般地在最坏情况下，对于包含n个元素的并查集，以上过程共需$\mathcal{O}(n^2)$时间，单次操作平均需要$\mathcal{O}(n)$时间——退化到蛮力算法。相应地，基于该版本并查集实现的Kruskal算法，有可能每步迭代都平均需要线性时间，累计共需$\mathcal{O}(n \cdot e)$时间。

当然，为了有效控制树的高度，完全可以做进一步的改进。比如在树合并时，可采取“低者优先归入高者”的策略。也就是说，比较待合并的树的高度，并倾向于将更低者归入更高者。

仍考查如图x6.17所示的并查集，假设接下来同样要执行union(C, F)。在找出对应的树G和E之后，经比较发现前者更高。故只要与如图x6.18所示的合并方向相反，改为将树E归入树G，则如图x6.19所示，合并之后的树高即可由3降至2。

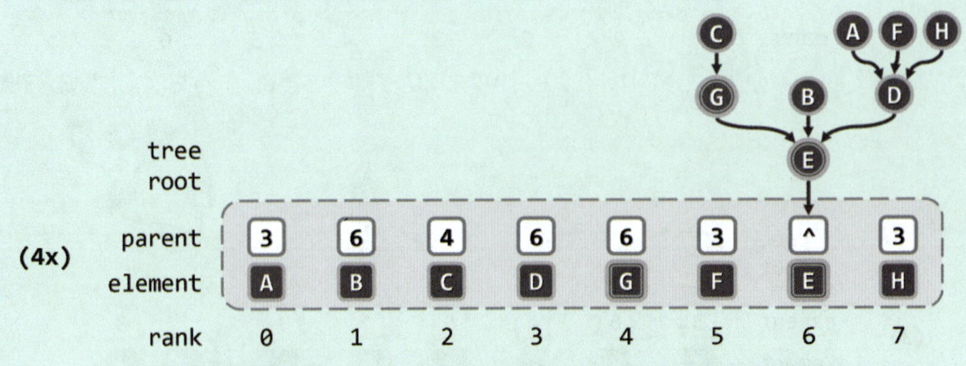

图x6.19 并查集：经union(C, F)操作之后（“低者归入高者”以控制树高）

当然，为此还需要给每个元素增添一个域，以动态记录其高度：初始统一取作0；合并时若两树高度相等，则合并后树根的高度值相应地递增；若高度不等，则无调整。

最后，为了遵守此前关于子集标识的沿用约定，还有可能需要交换原先的两个树根——比如此例中的元素E和G——包括它们各自的标识以及parent值。

有效控制树高的另一策略是路径压缩（path compression），它源自如下观察事实：

1）就此问题而言，树中元素之间的拓扑联接关系并不重要；
2）因为仅涉及（沿parent引用的）上行查找而无需下行查找，故孩子的数目并不影响查找效率

因此在每次查找的过程中，可将上行通路沿途的元素逐个取出，并作为树根的孩子重新接入树中。如此，树将被尽可能地平坦化，从而进一步地控制树高。请读者按照这些思路完成以上改进。

[6-32] 试举例说明，即便带权网络中不含权重相等的边，其最短路径树依然可能不唯一。

【解答】

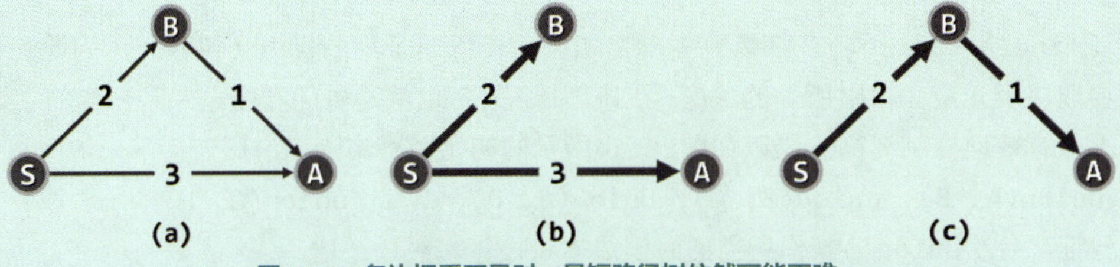

图x6.20 各边权重互异时，最短路径树依然可能不唯一

最简单的一个实例如图x6.20(a)所示。相对于起始顶点S，顶点A有两条最短路径（{ S, A }和{ S, B, A }），相应地如图(b)和(c)所示有两棵最短路径树。

[6-33] 若图 G 的顶点取自平面上的点，各顶点间均有联边且权重就是其间的欧氏距离，则 G 的最小支撑树亦称作欧氏最小支撑树（ Euclidean Minimum Spanning Tree, EMST)，记作 EMST(G)。

a） 若套用 Kruskal 或 Prim 算法构造 EMST(G)，各需多少时间？

【解答】

带权网络G是由平面点集隐式定义的完全图，故若G由n个顶点构成，则所含边数应为：

$$e = n(n - 1)/2 = \mathcal{O}(n^2)$$

因此若直接调用（借助优先级队列结构改进之后的）Prim算法，渐进的时间复杂度应为：

$$\mathcal{O}((n + e)\cdot \log n) = \mathcal{O}(n^2 \log n)$$

而直接调用Kruskal算法，渐进的时间复杂度应为：

$$\mathcal{O}(e\log n) = \mathcal{O}(n^2 \log n)$$

b） 试设计一个算法，在 $\mathcal{O}(n\log n)$时间内构造出 EMST(G)；（提示：Delaunay 三角剖分）

【解答】

由上可见，为了能够使用Prim等常规算法，应先设法把由欧氏距离隐式定义的完全图，转化为某种邻近图（proximity graph），从而将候选边的数量从$\Omega(n^2)$减至$\mathcal{O}(n)$。

例如，图x6.21(a)即为三角剖分（triangulation），也就是原隐式完全图的任一极大平面子图。因每个子区域都是三角形，故此得名。不难发现，同一点集的三角剖分尽管往往并不唯一确定，但其所保留的边总数固定，所分出的三角形总数已固定。

任一点集都有一个特殊的三角剖分，称作Delaunay三角剖分（Delaunay triangulation）。如图(b)所示，在这种三角剖分中，任意三角形的外接圆都不包含第四个点——亦即所谓的空圆性质（empty-circle property）。反观图(a)，其中三角形efg的外接圆内还有c点，故而不属于Delaunay三角剖分。

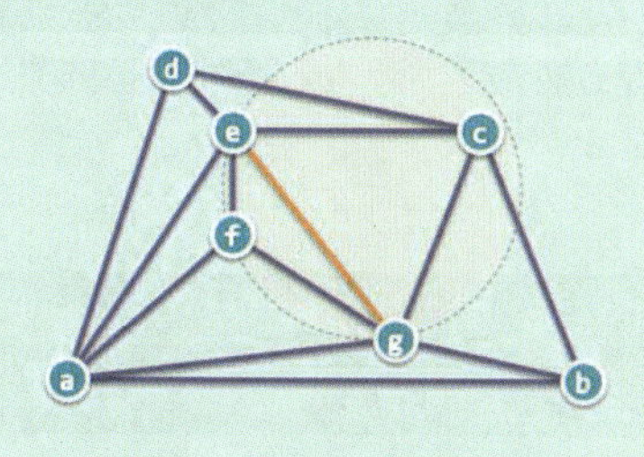

(a) triangulation

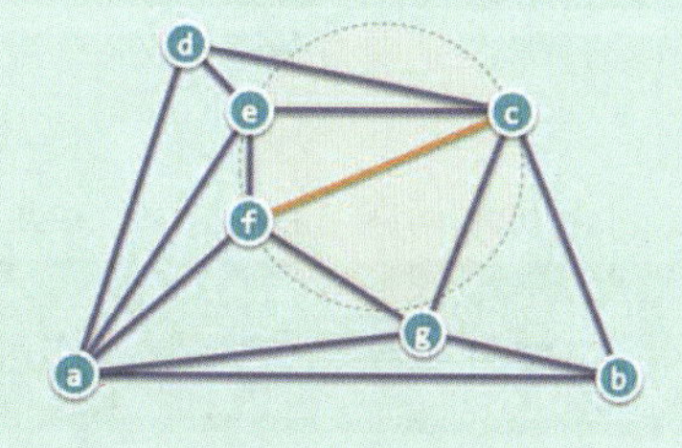

(b) Delaunay triangulation

图x6.21 平面点集的三角剖分（a），及其特例Delaunay三角剖分（b）

还可按照以下准则，从Delaunay三角剖分中进一步地剔除若干条边：

> 一条边被剔除，当且仅当以其为直径的圆内（除该边端点外）还包含第三个点

如此保留下来的子图如图x6.22(a)所示，称作Gabriel图（Gabriel graph）。

进一步地，可以按照以下原则，从Gabriel图中再剔除若干条边：

> 一条边被剔除，当且仅当以其为半径、分别以其端点为圆心的两个圆，不会同时包含第三个点

如此保留下来的子图如图x6.22(b)所示，称作RNG图（relative neighborhood graph）。

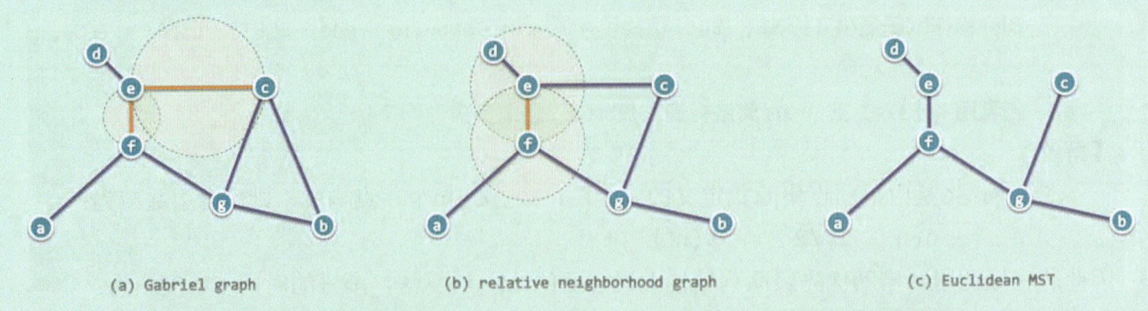

图x6.22 平面点集的邻近图：(a)Gabriel图，(b)RNG图，(c)欧氏最小支撑树

由上可见，Delaunay三角剖分、Gabriel图、RNG图依次构成“超图-子图”的关系。

有趣的是，尽管进一步地删除了更多的边，但RNG图依然是连通的。进一步地还可以证明，如图x6.22(c)所示，欧氏最小支撑树必是RNG图的子图。证明的方法和技巧，与教材第6.11.5节“最小支撑树必然采用极短跨越边”的证明极为相似，我们将此留给读者独立完成。

反过来，既然三角剖分是平面图，故以上介绍的所有邻近图亦是。而根据习题[6-3]的结论，其中边的总数必然与顶点数渐进地相当，也就是从$\mathcal{O}(n^2)$降低到$\mathcal{O}(n)$。

另一好消息是，以上邻近图均可在$\mathcal{O}(n\log n)$的时间内构造出来。因此这里的预处理通常并不会增加整体的渐进时间复杂度。有兴趣的读者，可自学具体的转换算法。

c） 试证明你的算法已是最优的（亦即，在最坏情况下，任何此类算法都需要$\Omega(n\log n)$时间）。

【解答】

对于任意平面点集G，可以定义最近邻图（nearest neighbor graph，NNG）如下：

> 边pq属于该图，当且仅当点q在G\{p}中距离p最近

请注意，最近邻图是有向图。也就是说，即便q是p的最近邻，反之却未必亦然。

考查经典的ε-间距问题（ε-closeness）：

> 设P为由任意n个实数构成的集合，对于任意的ε > 0，判定P中是否存在两个实数的差距不大于ε

该问题的难度，已经证明为$\Omega(n\log n)$。

实际上可以证明，最近邻图NNG必为欧氏最小支撑树EMST的子图。特别地，该NNG图中的最短边，便是点集G中的最近点对（nearest pair）。

不难看出，ε-间距问题可在线性时间内归约至最近点对问题，而最近点对问题又可以进一步地在线性时间内归约至欧氏最小支撑树问题。根据线性归约的传递性，ε-间距问题可在线性时间内归约至欧氏最小支撑树问题。

于是自然地，$\Omega(n\log n)$的复杂度下界，亦适用于欧氏最小支撑树问题。这意味着，在没有其它附加条件的前提下，以上所设计的$\mathcal{O}(n\log n)$算法，已属于最坏情况下最优的。

第7章

搜索树

[7-1]　试证明，一棵二叉树是二叉搜索树，当且仅当其中序遍历序列单调非降。

【解答】

考查二叉搜索树中的任一节点r。按照中序遍历的约定，r左（右）子树中的节点（若存在）均应先于（后于）r接受访问。

按照二叉搜索树的定义，r左（右）子树中的节点（若存在）均不大于（不小于）r，故中序遍历序列必然在r处单调非降；反之亦然。

鉴于以上所取r的任意性，题中命题应在二叉搜索树中处处成立。

由此题亦可看出，二叉搜索树的定义不能更改为“任意节点r的左（右）孩子（若存在）均不大于（不小于）r”——相当于将原定义中的“左（右）后代”，替换为“左（右）孩子”。为强化印象，读者不妨构造一个符合这一“定义”，但却不是二叉搜索树的具体实例。

[7-2]　试证明，由一组共 n 个互异节点组成的二叉搜索树，总共有(2n)!/n!/(n + 1)!棵。

【解答】

我们将n个互异节点所能组成二叉搜索树的总数，记作T(n)。

由上题结论，尽管由同一组节点组成的二叉搜索树不尽相同，但它们的中序遍历序列却必然相同，不妨记作：

$$\boxed{x_0 \quad x_1 \quad x_2 \quad \ldots \quad x_{k-1}} \quad x_k \quad \boxed{x_{k+1} \quad x_{k+2} \quad \ldots \quad x_{n-1}}$$

根据所取树根节点的不同，所有搜索树可以分为n类。如上所示，对于其中以x_k为根者而言，左、右子树必然分别由{ x_0, x_1, x_2, ..., x_{k-1} }和{ x_{k+1}, x_{k+2}, ..., x_{n-1} }组成。

如此，可得边界条件和递推式如下：

$$T(0) = T(1) = 1$$

$$T(n) = \sum_{k=0}^{n-1} T(k) \cdot T(n-k-1)$$

这是典型的Catalan数式递推关系，解之即得题中结论。

[7-3]　试证明，含 n 个节点的二叉树的最小高度为$\lfloor \log_2 n \rfloor$——这也是由 n 个节点组成的完全二叉树高。

【解答】

实际上不难证明，若高度为h的二叉树共含n个节点，则必有：

$$n \leq 2^{h+1} - 1$$

这里的等号成立，当且仅当是满树。于是有：

$$h \geq \log_2(n + 1) - 1$$

$$h \geq \lceil \log_2(n + 1) \rceil - 1 = \lfloor \log_2 n \rfloor$$

[7-4]　与其它算法类似，searchIn()算法的递归版（教材 186 页代码 7.3）也存在效率低下的问题。试将该算法改写为迭代形式。请注意保持出口时返回值和 hot 的语义。

【解答】

只要注意到该算法的递归形式接近于尾递归，即可实现其迭代版如代码x7.1所示。

```
#define EQUAL(e, v)  (!(v) || (e) == (v)->data) //节点v（或假想的通配哨兵）的关键码等于e
template <typename T> //在以v为根的（AVL、SPLAY、rbTree等）BST子树中查找关键码e
static BinNodePosi(T) & searchIn ( BinNodePosi(T) & v, const T& e, BinNodePosi(T) & hot ) {
   if ( EQUAL ( e, v ) ) return v; hot = v; //退化情况：在子树根节点v处命中
   while ( 1 ) { //一般地，反复不断地
      BinNodePosi(T) & c = ( e < hot->data ) ? hot->lc : hot->rc; //确定深入方向
      if ( EQUAL ( e, c ) ) return c; hot = c; //命中返回，或者深入一层
   } //hot始终指向最后一个失败节点
} //返回时，返回值指向命中节点（或假想的通配哨兵），hot指向其父亲（退化时为初始值NULL）
```

代码x7.1 二叉搜索树searchIn()算法的迭代实现

不难验证，该迭代版出口时返回值和hot的语义，与递归版完全一致。

[7-5]　试证明，采用 BST::insert()算法（教材 188 页代码 7.5），在二叉搜索树中插入节点 v 之后

a）除 v 的历代祖先以外，其余节点的高度无需更新；

【解答】

我们知道，节点的高度仅取决于其后代——更确切地，等于该节点与其最深后代之间的距离。因此在插入节点v之后，节点a的高度可能发生变化（增加），当且仅当v是a的后代，或反过来等价地，a是v的祖先。

b）祖先高度不会降低，但至多加一；

【解答】

插入节点v之后，所有节点的后代集不致缩小。而正如前述，高度取决于后代深度的最大值，故不致下降。

另一方面，假定节点a的高度由h增加至h'。若将v的父节点记作p，则a到p的距离不大于a在此之前的高度h，于是必有：

$$h' \le |ap| + 1 \le h + 1$$

c）一旦某个祖先高度不变，更高的祖先也必然高度不变。

【解答】

对于任意节点p，若将其左、右孩子分别记作l和r（可能是空），则必有：

$$height(p) = 1 + max(height(l), height(r))$$

在插入节点v之后，在l和r之间，至多其一可能会（作为v的祖先而）有所变化。一旦该节点的高度不变，p以及更高层祖先（如果存在的话）的高度亦保持不变。

[7-6] 试证明，采用BST::remove()算法（教材190页代码7.6）从二叉搜索树中删除节点，若实际被删除的节点为x，则此后：

a）除x的历代祖先以外，其余节点的高度无需更新；

【解答】

同样地，节点的高度仅取决于其后代——更确切地，等于该节点与其最深后代之间的距离。因此在删除节点x之后，节点a的高度可能发生变化（下降），当且仅当x是a的后代，或反过来等价地，a是x的祖先。

b）祖先高度不会增加，但至多减一；

【解答】

假设在删除节点x之后，祖先节点a的高度由h变化为h'。现在，我们假想式地将x重新插回树中，于是自然地，a的高度应该从h'恢复至h。由[7-5]题的结论b)，必有：

$$h \le h' + 1$$

亦即：

$$h' \ge h - 1$$

c）一旦某个祖先高度不变，更高的祖先也必然高度不变。

【解答】

反证，假设在删除节点x之后，祖先节点的高度会间隔地下降和不变。

仿照上一问的思路，假想着将x重新插回树中。于是，所有节点的高度均应复原，而祖先节点的高度则必然会间隔地上升和不变。这与[7-5]题的结论c)相悖。

[7-7] 利用以上事实，进一步改进updateHeightAbove()方法，提高效率。

【解答】

在逐层上行依次更新祖先高度的过程中，一旦某一祖先的高度不变，便可随即终止。

当然，就最坏情况而言，依然必须更新至树根节点。

[7-8] a）试按照随机生成和随机组成两种方式，分别进行实际测试，并统计出二叉搜索树的平均高度；

b）你得到的统计结果，与7.3.1节所给的结论是否相符？

【解答】

请读者按照教材中对这两种方式的定义，以及相关的介绍，独立完成编码、调试和实测任务，并根据统计结果给出结论和分析。

[7-9] BinTree::removeAt()算法（教材190页代码7.7）的执行过程中，当目标节点同时拥有左、右孩子时，总是固定地选取直接后继与之交换。于是，从二叉搜索树的整个生命期来看，左子树将越来越倾向于高于右子树，从而加剧整体的不平衡性。

一种简捷且行之有效的改进策略是，除直接后继外还同时考虑直接前驱，并在二者之间随机选取。

a）试基于习题[5-14]扩展的pred()接口，实现这一策略；

【解答】

针对这一问题，实现随机选取的一种简明方法是：

调用rand()取（伪）随机数，根据其奇偶，相应地调用succ()或pred()接口

从理论上讲，如此可以保证各有50%的概率使用直接后继或直接前驱，从而在很大程度上消除题中指出的“天然”不均衡性。

BinTree::removeAt()算法的其余部分，无需任何修改。

b）通过实测统计采用新策略之后的平均树高，并与原策略做一对比。

【解答】

请读者按照以上介绍，独立完成编码、调试和实测任务，并根据统计结果给出结论和分析。

[7-10] 为使二叉搜索树结构支持多个相等数据项的并存，需要增加一个BST::searchAll(e)接口，以查找出与指定目标e相等的所有节点（如果的确存在）。

a）试在BST模板类（教材185页代码7.2）的基础上，扩充接口BST::searchAll(e)。要求该接口的时间复杂度不超过$\mathcal{O}(k + h)$，其中h为二叉搜索树的高度，k为命中节点的总数；

【解答】

从后面第8.4.1节所介绍范围查询的角度来看，从二叉搜索树中找出所有数值等于e的节点，完全等效于针对区间(e - ε, e + ε)的范围查找，其中ε为某一足够小的正数。

因此，自然可以套用第8.4.1节所给的算法框架：针对e - ε和e + ε各做一次查找，并确定查找路径终点的最低公共祖先；在从公共祖先通往这两个终点的路径上，自上而下地根据各层的分支方向，相应地忽略整个分支，或者将整个分支悉数报告出来。

整个算法所拣出的分支，在每一层不超过两个，故总共不会超过$\mathcal{O}(h)$个。借助（任何一种常规的）遍历算法，都可在线性时间内枚举出每个分支中的所有节点；而对所有分支的遍历，累计耗时亦不过$\mathcal{O}(k)$。

需要特别说明的是，这里既不便于也不需要显式地确定ε的具体数值。实际上，我们只需要对比较器做适当的调整：针对e - ε（e + ε）的查找过程，与针对e的查找过程基本相同，只是在遇到数值为e的节点时，统一约定向左（右）侧深入。

b）同时，改进原有的BST::search(e)接口，使之总是返回最早插入的节点e——即先进先出。

【解答】

在中序遍历序列中，所有数值为e的雷同节点，必然依次紧邻地构成一个区间。为实现“先进先出”的规范，需要进一步地要求它们在此区间内按插入次序排列。

为此可以统一约定：在BST::insert(e)内的查找定位过程中，凡遇到数值相同的节点，均优先向右侧深入；而在BST::search(e)的查找过程中，凡遇到数值相同的节点，均向左侧深入。

当然，将以上约定的左、右次序颠倒过来，亦同样可行。

[7-11] 考查包含 n 个互异节点的二叉搜索树。

试证明，无论树的具体形态如何，BST::search()必然恰有 n 种成功情况和 n + 1 种失败情况。

【解答】

通过对树高做数学归纳，不难证明。请读者独立完成这一任务。

[7-12] 试证明，在高度为 h 的 AVL 树中，任一叶节点的深度均不小于⌈h/2⌉。

【解答】

对树高h做数学归纳。作为归纳基，h = 1时的情况显然。假设以上命题对高度小于h的AVL树均成立，以下考查高度为h的AVL树。

根据AVL树的性质，如图x7.1所示，此时左、右子树的高度至多为h - 1，至少为h - 2。

由归纳假设，在高度为h - 1的子树内部，叶节点深度不小于：

$$\lceil (h - 1)/2 \rceil \geq \lceil h/2 \rceil - 1$$

而在高度为h - 2的子树内部，叶节点深度也不小于：

$$\lceil h/2 \rceil - 1$$

图x7.1 AVL树中最浅的叶节点

因此在全树中，任何叶节点深度都不致小于：

$$1 + (\lceil h/2 \rceil - 1) = \lceil h/2 \rceil$$

[7-13] 试证明：

a） 按照二叉搜索树的基本算法在 AVL 树中引入一个节点后，失衡的节点可能多达Ω(logn)个；

【解答】

首先，引入一类特殊的AVL树，它们符合以下条件：其中每个内部节点的左子树，都比右子树在高度上少一。这也就是所谓的Fib-AVL树（Fibonaccian AVL tree）。

如图x7.2(a~d)所示，即为高度分别为1、2、3和4的Fib-AVL树。通过数学归纳法不难证明，此类AVL树的高度若为h，则其规模必然是fib(h + 3) - 1，故此得名。实际上，Fib-AVL树也是在高度固定的前提下，节点总数最少的AVL树。

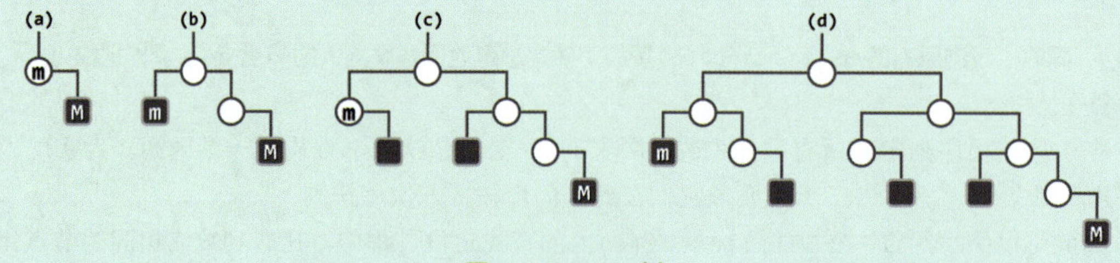

图x7.2 Fib-AVL树

考查其中数值最大（中序遍历序列中最靠后）的节点M。该节点共计h个祖先，而且它们的平衡因子均为-1。现在，假设需要将一个词条插入其中，而且该词条大于节点M。

按照二叉搜索树的插入算法，必然会相应地在节点M之下，新建一个右孩子x。此时，节点M所有祖先的平衡因子都会更新为-2，从而出现失衡现象。失衡节点的总数为：

$$h = fib^{-1}(n + 1) - 3 = \log_{\Phi} n = O(\log n)$$

其中，

$$\Phi = (\sqrt{5} + 1) / 2 = 1.618$$

b） 按照二叉搜索树的基本算法从 AVL 树中摘除一个节点后，失衡的节点至多 1 个。

【解答】

请注意，节点的失衡与否，取决于其左、右子树高度之差。因此反过来，只要子树的高度不变，则节点不可能失衡。

在删除节点之后自底而上逐层核对平衡因子的过程中，一旦遇到一个失衡节点v，则被删除节点必然来自v原本更低的一棵子树，而v的高度必然由其另一更高的子树确定，故v的高度必然保持不变。由以上分析结论，除了v本身，其祖先节点必然不可能失衡。

[7-14] 按照教材第 7.3.4 节的定义和描述，实现节点旋转调整算法 zig()和 zag()。

【解答】

请读者对照教材193页图7.11，以及193页图7.12，独立完成编码和调试任务。

[7-15] 试证明：

a） 规模为 n 的任何二叉搜索树，经过不超过 n - 1 次旋转调整，都可等价变换为仅含左分支的二叉搜索树，即最左侧通路（leftmost path）；

【解答】

可以设计一个具体的算法，以完成这一等价变换。为此，需要回顾迭代式先序遍历算法的版本#2（教材127页代码5.14），并对该算法的流程略作改动。

具体地如教材127页图5.18所示，考查二叉搜索树的最左侧通路。从该通路的末端节点L_d开始，我们将逐步迭代地延长该路径，直至不能继续延长。每次迭代，无非两种情况：

其一，若L_k的右子树为空，则可令L_k上移一层，转至其父节点。

其二，若L_k的右孩子R_k存在，则可以L_k为轴，做一次zag旋转调整。如此，R_k将（作为L_k的父亲）纳入最左侧通路中。

不难看出，整个迭代过程的不变性为：

1）当前节点L_k来自最左侧通路
2）L_k的左子树（由不大于L_k的所有节点组成）已不含任何右向分支

另外，整个迭代过程也满足如下单调性：

最左侧通路的长度，严格单调地增加

故该算法必然终止，且最终所得的二叉搜索树不再含有任何右向分支。

以上思路，可具体实现如代码x7.2所示。

```
 1 //通过zag旋转调整，将子树x拉伸成最左侧通路
 2 template <typename T> void stretchByZag ( BinNodePosi(T) & x ) {
 3    int h = 0;
 4    BinNodePosi(T) p = x; while ( p->rc ) p = p->rc; //最大节点，必是子树最终的根
 5    while ( x->lc ) x = x->lc; x->height = h++; //转至初始最左侧通路的末端
 6    for ( ; x != p; x = x->parent, x->height = h++ ) { //若x右子树已空，则上升一层
 7       while ( x->rc ) //否则，反复地
 8          x->zag(); //以x为轴做zag旋转
 9    } //直到抵达子树的根
10 }
```

代码x7.2 将任意一棵二叉搜索树等价变换为单分支列表

可见，每做一次zag旋转调整，总有一个节点归入最左侧通路中，后者的长度也同时加一。最坏情况下，除原根节点外，其余节点均各自对应于一次旋转，累计不过n - 1次。

通过进一步的观察不难看出：

任一节点需要通过一次旋转归入最左侧通路，当且仅当它最初不在最左侧通路上

故若原最左侧通路的长度为s，则上述算法所做的旋转调整，恰好共计n - s - 1次。其中特别地，s = 0（根节点的左子树为空），当且仅当需做n - 1次旋转——这也是最坏情况的充要条件。

b）规模为 n 的任何两棵等价二叉搜索树，至多经过 2n - 2 次旋转调整，即可彼此转换。

【解答】

既然每棵二叉搜索树经过至多n - 1次旋转调整，总能等价变换为最左侧通路，故反之亦然。因此，对于任何两棵二叉搜索树，都可按照上述方法，经至多n - 1次旋转调整，先将其一等价变换为最左侧通路；然后同理，可再经至多n - 1次旋转调整，从最左侧通路等价变换至另一棵二叉搜索树。

[7-16] 为使 AVL 树结构支持多个相等数据项的并存，需要增加一个 AVL::searchAll(e)接口，以查找出与指定目标 e 相等的所有节点（如果的确存在）。

a）试在如 194 页代码 7.8 所示 AVL 模板类的基础上扩充接口 AVL::searchAll(e)，要求其时间复杂度不得超过 O(k + logn)，其中 n 为 AVL 树的规模，k 为命中节点的总数；

【解答】

原理及方法均与习题[7-10]完全相同。

性能方面，通过遍历枚举所有命中子树中的节点，仍可以在线性的O(k)时间内完成；因为AVL树可以保持适度平衡，故所涉及的查找可以更快完成，累计耗时不超过O(logn)。

b） 同时，改进原有的 AVL::search(e)接口，使之总是返回最早插入的节点 e——即先进先出。

【解答】

原理及方法均与习题[7-10]基本相同。

需要强调的是，尽管在插入或删除操作的过程中，可能会做旋转以重新平衡，但因这些都属于等价变换，（包括雷同节点在内的）所有节点的中序遍历序列始终保持不变，每一组雷同节点都始终依照插入次序排列。

[7-17] 试证明，对于任意大的正整数 n，都存在一棵规模为 n 的 AVL 树，从中删除某一特定节点之后，的确需要做Ω(logn)次旋转，方能使全树恢复平衡。

【解答】

首先，考查习题[7-13]所引入的Fib-AVL树。

如150页的图x7.2(a~d)所示，若从该树中删除最小的节点（亦即中序遍历序列中的首节点）m，则首先会导致m的父节点p失衡。在树高h为奇数时，m虽不是叶节点，但按照二叉搜索树的删除算法，在实际摘除m之前，必然已经将m与其直接后继（此时亦即其右孩子）交换，从而等效于删除其右孩子。

不难验证，在父节点p恢复平衡之后，其高度必然减一，从而造成m祖父节点g的失衡。同样地，尽管节点g可以恢复平衡，但其高度必然减一，从而造成更高层祖先的失衡。这种现象，可以一直传播至树根。

仿照习题[7-12]的分析方法不难证明，在高度为h的Fib-AVL树中，节点m的深度为$\lfloor h/2 \rfloor$。因此，上述重平衡过程所涉及的节点旋转次数应不少于：

$$\begin{aligned}\lfloor h/2 \rfloor &= \lfloor (fib^{-1}(n + 1) - 3)/2 \rfloor \\ &= \log_{\Phi} n / 2 \\ &= \Omega(\log n)\end{aligned}$$

其中，

$$\Phi = (\sqrt{5} + 1) / 2 = 1.618$$

实际上，只需对以上Fib-AVL树的结构做进一步的调整，完全可以使得每个节点的重平衡都属于双旋形式，从而使得总体的旋转次数加倍至：

$$\lfloor h/2 \rfloor \cdot 2 \approx h$$

当然，从渐进的角度看，以上结论并未有实质的改进。

请读者参照以上思路，独立给出具体的调整方法。

尽管以上方法仅适用于规模为n = fib(h + 3) - 1的AVL树，但其原理及方法并不难推广至一般性的n。

[7-18] D. E. Knuth[3]曾指出，AVL::remove()操作尽管在最坏情况下需做Ω(logn)次旋转，但平均而言仅需做 0.21 次。试通过实验统计，验证这一结论。

【解答】

请读者独立完成测试和统计，并结合实测结果给出结论及分析。

[7-19] 设在从 AVL 树中摘除一个节点之后，刚刚通过调整使 g(x)重新恢复了平衡。此时，若发现 g(x)原先的父节点依然平衡，则是否可以不必继续检查其更高层的祖先，并随即停止上溯？

也就是说，此时在更高层是否依然可能有失衡的祖先？若是，请说明理由；否则，试举一反例。

【解答】

实际上，此时若停止上溯，则有可能会遗漏更高层的失衡祖先节点——AVL树节点删除操作的这一性质，与节点插入操作完全不同。

考查如图x7.3(a)所示的实例，只需注意逐一核对各节点的平衡因子，不难验证这的确是一棵AVL树，且高度为5。其中，左子树高度为3，右子树高度为4，但鉴于其具体结构组成无所谓，故未予详细绘出。

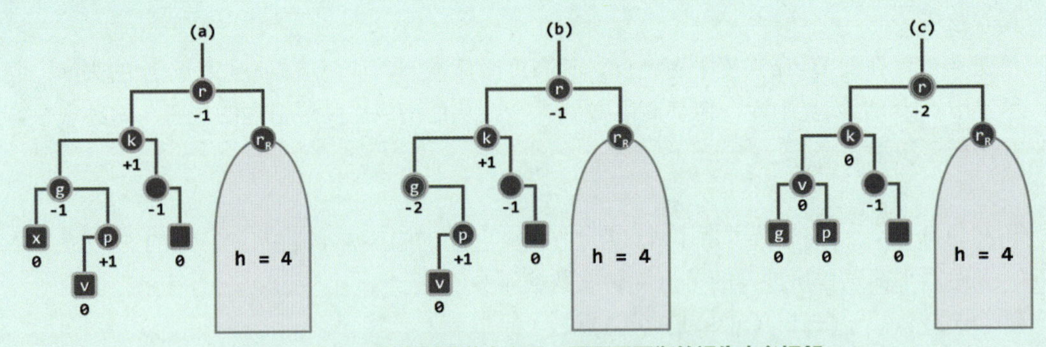

图x7.3 从AVL-树中删除节点之后，需要重平衡的祖先未必相邻

现在，若从中删除节点x，则首先按照二叉搜索树的算法，将其直接摘除。此时应如图(b)所示，全树唯一的失衡节点只有g。于是接下来按照AVL-树的重平衡算法，经双旋调整即可恢复这一局部的平衡。

此时，考查g原先的父节点k。如图(c)所示，尽管节点k的平衡因子由+1降至0，却依然不失平衡。然而，自底而上的调整过程不能就此终止。我们注意到，此时节点k的高度已由3降至2，于是对于更高层的祖先节点r而言，平衡因子由-1进一步降至-2，从而导致失衡。

由上可见，仅仅通过平衡性，并不足以确定可否及时终止自底而上的重平衡过程。然而，并非没有办法实现这种优化。实际上，只要转而通过核对重平衡后节点的高度，即可及时判定是否可以立即终止上溯过程。请读者按照这一提示和思路，独立给出改进的方法。

由此反观AVL-树的插入操作，之所以能够在首次重平衡之后随即终止上溯，原因在于此时不仅局部子树的平衡性能够恢复，而且局部子树的高度亦必然同时恢复。

[7-20] 试证明，按递增次序将 2^{h+1} - 1 个关键码插入初始为空的 AVL 树中，必然得到高度为 h 的满树。

【解答】

首先，考察AVL的右侧分支。对照AVL树的重平衡算法不难发现，在这样的插入过程中，该分支上沿途上各节点v始终满足以下不变性：

1) v的左子树必为满树；
2) height(rc(v)) - 1 ≤ height(lc(v)) ≤ height(rc(v))

实际上，在这一系列的插入操作过程中出现的每一次失衡，都可以通过zag单旋予以修复。如教材196页图7.15(a)所示，若T_0、T_1和T_2都是满树，则旋转之后应如图(b)所示，节点g与T_0和T_1必然也构成一棵（增高一层的）满树。

为更加细致地展示这一演变过程并证明以上结论，以下不妨对树高做数学归纳。作为归纳基，以上命题自然对高度为0（单节点）的AVL树成立。假设以上命题对高度不超过h的AVL树均成立，现考查高度为h + 1的情况。

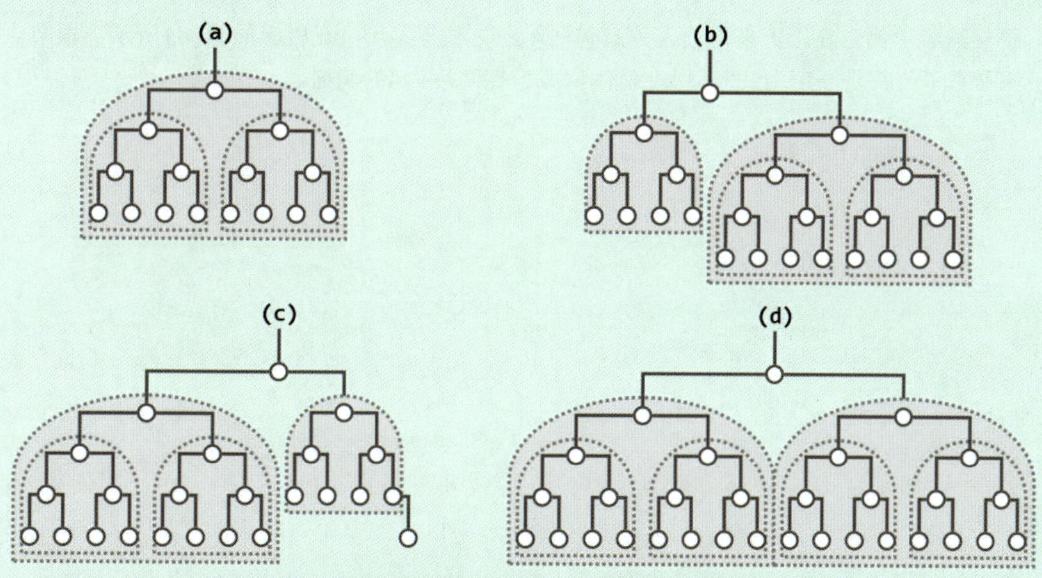

图x7.4 将31个关键码按单调次序插入，必然得到一棵高度为4的满树

如图x7.4所示，我们不妨将关键码[0, 2^{h+2} - 1)的插入过程，分为四个阶段：

a） 首先插入关键码[0, 2^{h+1} - 1)

由归纳假设，应得到一棵高度为h的满树。

以h = 3为例，在将关键码[0, 15)依次插入初始为空的AVL树后，应如图(a)所示，得到一棵高度为3、规模为15的满树。

b） 继续插入关键码[2^{h+1} - 1, $3\cdot2^h$ - 1)

这一阶段的插入对树根的左子树没有影响，其效果等同于将这些关键码单调地插入右子树。因此亦由归纳假设，右子树必然成为一棵高度为h的满树。

继续以上实例。在接下来依次插入关键码[15, 22)之后，该AVL树应如图(b)所示，根节点的左子树与右子树分别是一棵高度为2和3的满树。

c） 再插入关键码[$3 \cdot 2^h - 1$]

如此，必将引起树根节点的失衡，并在以根为轴做zag单旋之后恢复平衡。此后，根节点的左子树是高度为h的满树；右子树高度亦为h，但最底层只有一个关键码——新插入的[$3 \cdot 2^h - 1$]。

仍然继续上例。在接下来再插入关键码[23]之后，该AVL树应如图(c)所示，根节点的左子树是一棵高度为3的满树；右子树高度亦为3，但最底层仅有一个关键码[23]。

d） 最后，插入关键码[$3 \cdot 2^h$, $2^{h+2} - 1$)

同样地，这些关键码的插入并不影响树根的左子树，其效果等同于将这些关键码单调地插入右子树。故由归纳假设，右子树必然成为一棵高度为h的满树。至此，整体得到一棵高度为h + 1的满树。

仍然继续上例。在接下来再插入关键码[24, 32)之后，该AVL树应如图(d)所示，根节点的左子树和右子树都是高度为3的满树，整体构成一棵高度为4的满树。

第8章

高级搜索树

[8-1]　试扩充 Splay 模板类（教材 208 页代码 8.1），使之支持多个相等数据项的并存。

为此，需要增加 searchAll(e)和 removeAll(e)接口，以查找或删除等于指定目标 e 的所有节点。

同时，原先的 search(e)和 remove(e)接口，将转而负责查找或删除等于指定目标 e 的任一节点。

【解答】

原理及方法，均与习题[7-10]（149页）和习题[7-16]（152页）完全相同。

请读者独立完成编码和调试任务。

[8-2]　试证明，伸展树所有基本操作接口的分摊时间复杂度，均为 $\mathcal{O}(\log n)$。

【解答】

关于伸展树可在任意情况下均保持良好的操作效率，教材208页图8.7的实例还不足以作为严格的证明。事实上，伸展树单次操作所需的时间量T起伏极大，并不能始终保证控制在$\mathcal{O}(\log n)$以内。故需沿用教材2.4.4节的方法，从分摊的角度做一分析和评判。具体地，可将实际可能连续发生的一系列操作视作一个整体过程，将总体所需计算时间分摊至其间的每一操作，如此即可得到其单次操作的分摊复杂度A，并依此评判伸展树的整体性能。

当然，就具体的某次操作而言，实际执行时间T与分摊执行时间A往往并不一致，如何弥合二者之间的差异呢？

实际上，分摊分析法在教材中已经而且将会多次出现，比如此前第2.4.4节的可扩充向量、第5.4节的各种迭代式遍历算法以及后面第11.3.7节的KMP串匹配算法等。相对而言，伸展树的性能分析更为复杂，以下将采用势能分析法（potential analysis）。

仿照物理学的思想和概念，这里可假想式地认为，每棵伸展树S都具有一定量（非负）的势能（potential），记作Φ(S)。于是，若经过某一操作并相应地通过旋转完成伸展之后S演化为另一伸展树S'，则对应的势能变化为：

$$\Delta\Phi = \Phi(S') - \Phi(S)$$

推而广之，考查对某伸展树S_0连续实施m >> n次操作的过程。将第i次操作后的伸展树记作S_i，则有：

$$\Delta\Phi_i = \Phi(S_i) - \Phi(S_{i-1}),\quad 1 \le i \le m$$

而从该过程的整体来看，应有

$$\Delta\Phi = \sum_{i=1}^{m}[\Phi(S_i) - \Phi(S_{i-1})] = \Phi(S_m) - \Phi(S_0)$$

也就是说，整体的势能变化量仅取决于最初和最终状态——这与物理学中势能场的规律吻合。势能函数与物理学中势能的另一相似之处在于，它也可以被看作是能量（计算成本）的一种存在形式。比如，当某一步计算实际所需的时间小于分摊复杂度时，则可理解为通过势能的增加将提前支出的计算成本存储起来；反之，在前者大于后者时，则可从此前积累的势能中支取相应量用于支付超出的计算成本。

以下，若将第i次操作的分摊复杂度取作实际复杂度与势能变化量之和，即

$$A = T_i + \Delta\Phi_i$$

则有

$$\sum_{i=1}^{m} A_i = \sum_{i=1}^{m} T_i + [\Phi(S_m) - \Phi(S_0)]$$

如此，总体的实际运行时间$\sum_{i=1}^{m} T_i$，将不会超过总体的分摊运行时间$\sum_{i=1}^{m} A_i$，故后者可以视作前者的一个上界。

比如，R. E. Tarjan[42]使用如下势能函数：

$$\Phi(S) = \sum_{v \in S} \log|v|, \quad \text{其中}|v| = \text{节点v的后代数目}$$

证明了伸展树单次操作的分摊时间复杂度为$\mathcal{O}(\log n)$。为此，以下将分三种情况（其余情况不过是它们的对称形式）证明：

在对节点v的伸展过程中，每一步调整所需时间均不超过v的势能变化的3倍，即：

$$3 \cdot [\Phi'(v) - \Phi(v)]$$

情况A) zig

如教材第8.1.3节所述，这种情况在伸展树的每次操作中至多发生一次，而且只能是伸展调整过程的最后一步。作为单旋，这一步调整实际所需时间为$T = \mathcal{O}(1)$。同时由教材207页图8.5，这步调整过程中只有节点v和p的势能有所变化，且v（p）后代增加（减少）势能必上升（下降），故对应的分摊复杂度为：

$$A = T + \Delta\Phi = 1 + \Delta\Phi(p) + \Delta\Phi(v) \leq 1 + [\Phi'(v) - \Phi(v)]$$

情况B) zig-zag

作为双旋的组合，这一调整实际所需时间为$T = \mathcal{O}(2)$。于是由教材206页图8.4可知：

$$\begin{aligned}
A &= T + \Delta\Phi \\
&= 2 + \Delta\Phi(v) + \Delta\Phi(p) + \Delta\Phi(g) \\
&= 2 + \Phi'(g) - \Phi(g) + \Phi'(p) - \Phi(p) + \Phi'(v) - \Phi(v) \\
&= 2 + \Phi'(g) + \Phi'(p) - \Phi(p) - \Phi(v) \ldots\ldots\ldots\ldots (\because \Phi'(v) = \Phi(g)) \\
&\leq 2 + \Phi'(g) + \Phi'(p) - 2\cdot\Phi(v) \ldots\ldots\ldots\ldots\ldots\ldots (\because \Phi(v) < \Phi(p)) \\
&\leq 2 + 2\cdot\Phi'(v) - 2 - 2\cdot\Phi(v) \ldots (\because \Phi'(g) + \Phi'(p) \leq 2\cdot\Phi'(v) - 2) \\
&= 2\cdot[\Phi'(v) - \Phi(v)]
\end{aligned}$$

这里的最后一步放大，需利用对数函数$f(x) = \log_2 x$的性质，即该函数属于凹函数（concave function），因此必有：

$$\frac{\log_2 a + \log_2 b}{2} \le \log_2\frac{a+b}{2}$$

亦即：

$$\log_2 a + \log_2 b \le 2\cdot\log_2\frac{a+b}{2} = 2\cdot[\log_2(a+b) - 1] < 2\cdot(\log_2 c - 1)$$

情况C) zig-zig

作为双旋的组合，这一调整实际所需时间也为$T = O(2)$。于是由教材206页图8.3可知

$$\begin{aligned}
A &= T + \Delta\Phi \\
&= 2 + \Delta\Phi(v) + \Delta\Phi(p) + \Delta\Phi(g) \\
&= 2 + \Phi'(g) - \Phi(g) + \Phi'(p) - \Phi(p) + \Phi'(v) - \Phi(v) \\
&= 2 + \Phi'(g) + \Phi'(p) - \Phi(p) - \Phi(v) \text{..........} \quad (\because \Phi'(v) = \Phi(g)) \\
&\le 2 + \Phi'(g) + \Phi'(p) - 2\cdot\Phi(v) \text{.................} \quad (\because \Phi(v) < \Phi(p)) \\
&\le 2 + \Phi'(g) + \Phi'(v) - 2\cdot\Phi(v) \text{...............} \quad (\because \Phi'(p) < \Phi'(v)) \\
&\le 3\cdot[\Phi'(v) - \Phi(v)] \text{............} \quad (\because \Phi'(g) + \Phi(v) \le 2\cdot\Phi'(v) - 2)
\end{aligned}$$

同样地，其中最后一步放大也需利用对数函数的凹性。

综合以上各种情况可知，无论具体过程如何，伸展操作的每一步至多需要$3\cdot[\Phi'(v) - \Phi(v)]$时间。因此，若在对伸展树的某次操作中，节点v经过一连串这样的调整上升成为根节点r，则整趟伸展操作总体所需的分摊时间为：

$$\begin{aligned}
A &\le 1 + 3\cdot[\Phi(r) - \Phi(v)] \le 1 + 3\cdot\Phi(r) \\
&= O(1 + \log n) = O(\log n)
\end{aligned}$$

[8-3] 试扩充 RedBlack 模板类（教材 230 页代码 8.13），使之支持多个相等数据项的并存。为此，需要增加 searchAll(e)和 removeAll(e)接口，以查找或删除等于指定目标 e 的所有节点。同时，原先的 search(e)和 remove(e)接口，将转而负责查找或删除等于指定目标 e 的任一节点。

【解答】

原理及方法，均与习题[7-10]（149页）和习题[7-16]（152页）完全相同。

请读者独立完成编码和调试任务。

[8-4] 试对于任何指定的 m 和 N，构造一棵存有 N 个关键码的 m 阶 B 树，使得在其中插入某个特定关键码之后，需要进行$\Omega(\log_m N)$次分裂。

【解答】

不妨设m为奇数（偶数的情况方法类似，请读者独立补充）。

首先，考查由尽可能少的关键码组成的高度为h的m阶B-树。

例如，如图x8.1所示即是一棵高

度h = 4的m = 5阶B-树，其使用的关键码总数为：

$$2\cdot\lceil m/2\rceil^{h-1} - 1 = 53$$

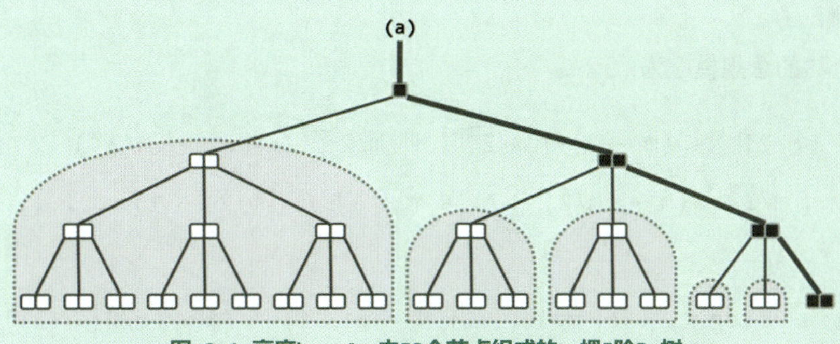

图x8.1 高度h = 4、由53个节点组成的一棵5阶B-树

考查该树的最右侧通路。因该通路在图中以粗线条和黑色方格示意，故不妨将沿途的关键码称作黑关键码，其余称作白关键码。于是，如阴影虚框所示，可以将整棵树分割为一系列的子树。

进一步地，如此划分出来的子树，可与最右侧通路上的关键码建立起一一对应的关系：每棵子树的直接后继都是一个黑关键码——亦即不小于该子树的最小关键码。当然特别地，最右侧通路末端节点中的关键码可视作空树的直接后继。

不妨设此树所存的关键码为：

{ 1, 2, ..., n }

以下，若从n + 1起，按递增次序继续插入关键码，则只能沿最右侧通路发生分裂。而且，在根节点保持只有单个关键码的前提下，全树的高度必然保持不变。考查如此所能得到的规模最大的B-树，除根节点外，其最右侧通路上各节点都应含有m - 1个关键码（处于饱和状态）。这样的一个实例，如图x8.2所示。

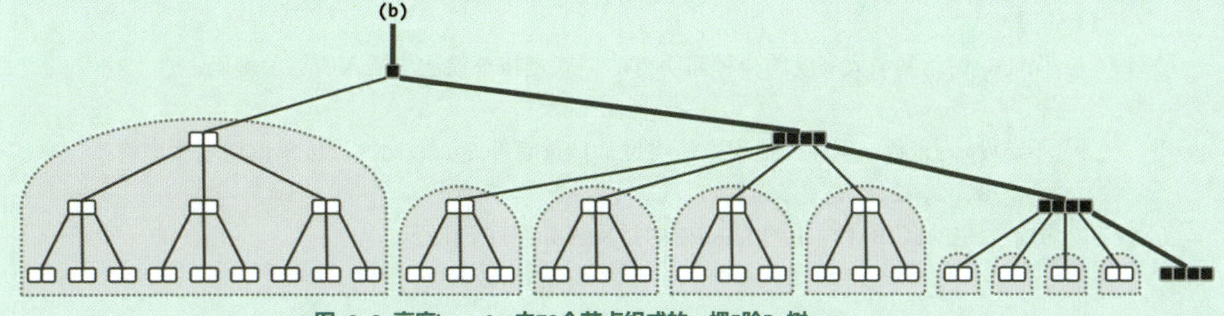

图x8.2 高度h = 4、由79个节点组成的一棵5阶B-树

若将黑、白关键码所属的节点，亦分别称作黑节点、白节点，则此时它们应分别处于上溢和下溢的临界状态。接下来若再插入一个关键码，而且大于目前已有的所有关键码，则必然会沿着最右侧通路（持续）发生h - 1次分裂。

为统计该树的规模，依然如图中阴影虚框所示，沿着最右侧通路将所有节点分组。进一步地，如此划分出来的子树，同样与最右侧通路上的黑关键码一一对应。

以下，我们将每棵子树与对应的黑关键码归为一组。如此划分之后，考查其中高度为k的任一子树所属的分组，不难发现其规模应为：

$\lceil m/2 \rceil^k$

因此，全树的总规模应为：

$$\hat{N} = \lceil m/2 \rceil^{h-1} + (m-1)\cdot[\lceil m/2 \rceil^{h-2} + \lceil m/2 \rceil^{h-3} + \ldots + \lceil m/2 \rceil^{0})$$

$$= [\lceil m/2 \rceil^{h-1}\cdot(m + \lceil m/2 \rceil - 2) - m + 1] / (\lceil m/2 \rceil - 1) \ldots\ldots\ldots\ldots (*)$$

反之，便有：

$$h = 1 + \log_{\lceil m/2 \rceil} [((\lceil m/2 \rceil - 1)\cdot\hat{N} + m - 1) / (m + \lceil m/2 \rceil - 2)]$$

$$= \Theta(\log_{\lceil m/2 \rceil} \hat{N}) = \Theta(\log_m \hat{N})$$

因此，对于任意指定的规模N，若令：

$$h = 1 + \lfloor \log_{\lceil m/2 \rceil} [((\lceil m/2 \rceil - 1)\cdot N + m - 1) / (m + \lceil m/2 \rceil - 2)] \rfloor$$

并按(*)式估算出$\hat{N} \leq N$，则可按上述方法构造一棵高度为h、规模为$\hat{N}$的m阶B-树，且接下来只要再插入一个全局最大关键码，就会沿最右侧通路发生$h - 1 = \Omega(\log_m \hat{N})$次分裂。而其余$N - \hat{N}$个关键码，可在不影响最右侧通路的前提下，作为白关键码适当地插入并散布到各棵子树当中。

[8-5]　现拟将一组共 n 个互异的关键码，插入至一棵初始为空的 m 阶 B-树中，设 m << n。

a) 按照何种次序插入这批关键码，可使所得到的 B-树高度最大？

【解答】

保证B-树达到最大高度的一种简明方法，就是按单调次序插入所有关键码。

不妨设m为奇数（偶数的情况方法类似，请读者补充）。比如，按单调递增次序将：

{ 0, 1, 2, ..., 51 }

插入初始为空的5阶B-树，所生成B-树的结构应如图x8.3所示。

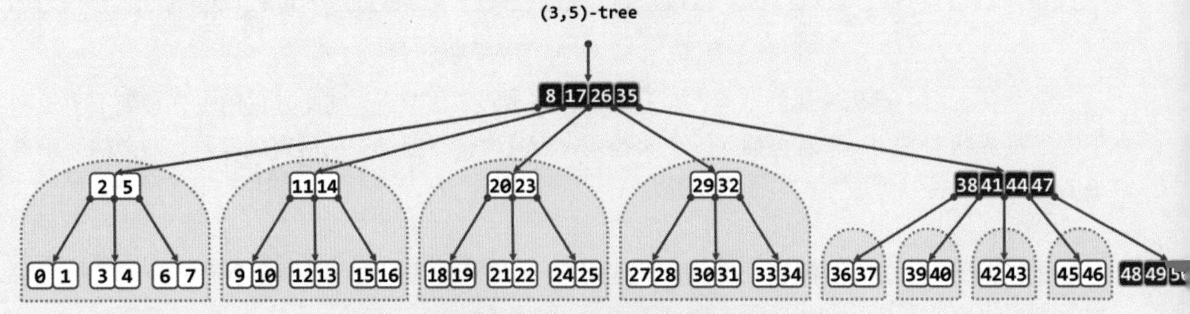

图x8.3　按递增插入[0, 52)而生成的5阶B-树

一般地，不难验证：在按递增次序插入各关键码的过程中，最右侧通路（沿途节点在图中以黑色示意）以下的所有子树（以虚框包围的各组白色节点），始终都属于“稀疏临界”状态。在处于这种状态的子树中，任一节点的删除，都将引起持续的合并操作，并导致高度的下降。

因此，若阶次为m，则此类子树中的每个节点均有$\lceil m/2 \rceil$分支；若其高度为h，则其下所含的外部节点总数应为$\lceil m/2 \rceil^h$，内部节点总数应为$\lceil m/2 \rceil^h - 1$。在上例中m = 5，于是高度为h = 1的（4棵）此类子树必然包含3个外部节点和2个内部节点，高度为h = 2的（4棵）此类子树必然包含9个外部节点和8个内部节点。

实际上若采用单调递增的次序，则每次插入的关键码在当前都属最大。因此，插入算法必然沿着最右侧通路做查找并确定其插入位置；而一旦出现上溢现象，也只能沿最右侧通路实施分裂操作。如此，尽管最右侧通路下属的子树可能会增加，但它们始终保持稀疏临界状态。

一般地，仿照教材8.2.4节的分析方法可知：如此插入[0, n)而生成的m阶B-树，高度应为：

$$h = h_{max} = \log_{\lceil m/2 \rceil} \lfloor (n + 1)/2 \rfloor + 1$$

仍以上述B-树为例，m = 5，n = 52，故树高应为：

$$h = \log_{\lceil 5/2 \rceil} \lfloor (52 + 1)/2 \rfloor + 1 = 3$$

若继续插入下一关键码52，则在持续分裂3次之后，树高将增至：

$$h = \log_{\lceil 5/2 \rceil} \lfloor (53 + 1)/2 \rfloor + 1 = 4$$

依然是此时所能达到的最大树高。

b） 按照何种次序插入这批关键码，可使所得到的B-树高度最小？

【解答】

请读者参照a）中思路，独立给出解答。

[8-6] 考查任意阶的B-树T。

a） 若T的初始高度为1，而在经过连续的若干次插入操作之后，高度增加至h且共有n个内部节点，则在此过程中T总共分裂过多少次？

【解答】

考查因新关键码的插入而引起的任何一次分裂操作。

被分裂的节点，无非两种类型。若它不是根节点，则树中的节点增加一个，同时树高保持不变，故有：

n += 1　和　h += 0

否则若是根节点，则除了原节点一分为二，还会新生出一个（仅含单关键码的）树根，同时树的高度也将相应地增加一层，故有：

n += 2　和　h += 1

可见，无论如何，n与h的差值均会恰好地增加一个单位——因此，n - h可以视作为分裂操作的一个计数器。该计数器的初始值为1 - 1 = 0，故最终的n - h即是从初始状态之最后，整个过程中所做分裂操作的总次数。

请注意，以上结论与各关键码的数值大小以及具体的插入过程均无关，仅取决于B-树最初和最终的状态——高度和内部节点数。

b) 在如上过程中，每一关键码的插入，平均引发了多少次分裂操作？

【解答】

由上可见，累计发生的分裂操作次数，不仅取决于连续插入操作的次数，同时也取决于最终的树高。前者亦即树中最终所含关键码的总数N，后者即是h。

若关键码总数固定为N，则为使节点尽可能地多，内部节点各自所含的关键码应尽可能地少。注意到根节点至少包含1个关键码，其余内部节点至少包含⌈m/2⌉ - 1个关键码，故必有：

$$n \leq 1 + (N - 1) / (\lceil m/2 \rceil - 1)$$

因此，在如上连续的N次插入操作中，分裂操作的平均次数必然不超过：

$$(n - h) / N < n / N < 1 / (\lceil m/2 \rceil - 1)$$

可见，平均而言，大致每经过⌈m/2⌉ - 1次插入，才会发生一次分裂。

根据习题[8-4]的结论，某一关键码的插入，在最坏情况下可能引发多达$\Omega(\log_m N)$次的分裂。对照本题的结论可知，这类最坏情况发生的概率实际上极低。

c) 若T的初始高度为h且含有n个内部节点，而在经过连续的若干次删除操作之后高度下降至1，则在此过程中T总共合并过多少次？

【解答】

与a）同理，若合并后的节点不是树根，则有

    n -= 1 和 h -= 0

否则若是根节点，则有：

    n -= 2 和 h -= 1

可见，无论如何，n与h的差值n - h均会恰好地减少一个单位。既然最终有：

    n = h = 1 或等价地 n - h = 0

故其间所发生合并操作的次数，应恰好等于n - h的初值。

同样请注意，以上结论与各关键码的数值大小以及具体的删除过程均无关，仅取决于B-树最初和最终的状态——高度和内部节点数。

d) 设T的初始高度为1，而且在随后经过若干次插入和删除操作——次序任意，且可能彼此相间。试证明：若在此期间总共做过S次分裂和M次合并，且最终共有n个内部节点，高度为h，则必有：

S - M = n - h

【解答】

综合a）和c）的结论可知：在B-树的整个生命期内，n - h始终忠实反映了分裂操作次数与合并操作次数之差。

需要特别说明的是，以上前三问只讨论了连续插入和连续删除的情况，其结论并不适用于本问的情况——两种操作可以任意次序执行。下题将要考查的，即是其中的极端情况。

[8-7] 设 $m \geq 3$ 为奇数。试对任意的 $h > 0$，构造一棵高度为 h 的 m 节 B-树，使得若反复地对该树交替地执行插入、删除操作，则每次插入或删除操作都会引发 h 次分裂或合并。

【解答】

若从一棵空的m节B-树开始，按单调顺序依次插入以下关键码：

$$\{ 1, 2, 3, 4, 5, ..., N \}, \quad \text{其中，} N = 2\cdot[((m + 1)/2)^h - 1]$$

则易见，树高恰好为h，而且最右侧通路上的节点均有m个分支，其余节点各有(m + 1)/2个分支。

于是，接下来若继续插入关键码N + 1，则会沿最右侧通路发生h次分裂，全树增高一层；接下来若再删除关键码N + 1，则会沿着最右侧通路发生h次合并，全树降低一层。

更重要的是，如此经过一轮插入和删除，该树宏观的结构以及各节点的组成，都将完全复原。这就意味着，若反复地如此交替地插入和删除，则每一次操作都会在该树中引发h处结构性改变。

当然，此类最坏情况在实际应用中出现的概率同样极低，平均而言，B-树节点分裂与合并的次数依然极少。

[8-8] 对比本章所介绍的B-树插入与删除算法后不难发现，二者并不完全对称。

比如，删除关键码时若发生下溢，则可能采用旋转（通过父亲间接地向兄弟借得一个关键码）或者合并两种手段进行修复；然而，插入关键码时若发生上溢，却只是统一通过分裂进行修复。

实际上从理论上讲，也可优先通过旋转来修复上溢：

只要某个兄弟仍处于非饱和状态，即可通过父亲，间接地向该兄弟借得一个关键码

a）仿照代码8.12（教材226页），在代码8.10（教材221页）的基础上做扩充，按上述思路优先通过旋转来修复上溢；

【解答】

这种修复上溢的方法，原理与教材的图8.17（223页）或图8.18（223页）相同，过程恰好相反。请读者根据以上介绍和提示，独立完成编码和调试任务。

b）在实际应用中，为何不倾向于采用这种手段，而是更多地直接通过分裂来修复上溢？

【解答】

表面上看，B-树的插入操作与删除操作方向相反、过程互逆，但二者并非简单的对称关系。在删除操作的过程中若当前节点发生下溢，未必能够通过合并予以修复——除非其兄弟节点亦处于下溢的临界状态。而在插入操作的过程中若当前节点发生上溢，则无论其兄弟节点的状态和规模如何，总是可以立即对其实施分裂操作。

实际上就算法的控制逻辑而言，优先进行分裂更为简明。而根据习题[8-6]的分析结论，在B-树的生命期内，分裂操作通常都不致过于频繁地发生。因此，不妨直接采用优先进行分裂的策略来修复上溢节点。

另外，优先进行分裂也不致于导致空间利用率的显著下降。实际上无论分裂多少次，无论分裂出多少个节点，根据B-树的定义，其空间利用率最差也不致低于50%。

最后，优先分裂策略也不致于导致树高——决定I/O负担以及访问效率的主要因素——的明显增加。实际上根据教材8.2.4节的分析结论，B-树的高度主要取决于所存关键码的总数，而与其中节点的数目几乎没有关系。

[8-9] 极端情况下，B-树中根以外所有节点只有⌈m/2⌉个分支，空间使用率大致仅有 50%。而若按照教材 8.2 节介绍的方法，简单地将上溢节点一分为二，则有较大的概率会出现或接近这种极端情况。

为提高空间利用率，可将内部节点的分支数下限从⌈m/2⌉提高至⌈2m/3⌉。于是，一旦节点 v 发生上溢且无法通过旋转完成修复，即可将 v 与其（已经饱和的某一）兄弟合并，再将合并节点等分为三个节点。采用这一策略之后，即得到了 B-树的一个变种，称作 B^*-树（B^*-tree）[39][40]。

当然，实际上不必真地先合二为一，再一分为三。可通过更为快捷的方式，达到同样的效果：从来自原先两个节点及其父节点的共计 m + (m - 1) + 1 = 2m 个关键码中，取出两个上交给父节点，其余 2m - 2 个则尽可能均衡地分摊给三个新节点。

a）按照上述思路，实现 B^*-树的关键码插入算法；

【解答】

如题中所述，若对空间利用率和树的高度十分在意，也不妨采用优先旋转的策略：一旦发生上溢，首先尝试从上溢节点将部分关键码转移至（尚未饱和的）兄弟节点。

请读者参照以上介绍和提示，独立完成编码和调试任务。

b）与 B-树相比，B^*-树的关键码删除算法又有何不同？

【解答】

与插入过程对称地，从节点v中删除关键码后若发生下溢，且其左、右兄弟均无法借出关键码，则先将v与左、右兄弟合并，再将合并节点等分为两个节点。同样地，实际上不必真地先合三为一，再一分为而。可通过更为快捷的方式，达到同样的效果：从来自原先三个节点及其父节点的共计：

$$(\lceil m/2 \rceil - 1) + 1 + (\lceil m/2 \rceil - 2) + 1 + (\lceil m/2 \rceil - 1) = 3\cdot\lceil m/2 \rceil - 2$$

个关键码中，取一个上交给父节点，其余$3\cdot\lceil m/2 \rceil - 3$个则尽可能均衡地分摊给两个新节点。

注意，以上所建议的方法，不再是每次仅转移单个关键码，而是一次性地转移多个——等效于上溢或下溢节点与其兄弟平摊所有的关键码。采用这一策略，可以充分地利用实际应用中普遍存在的高度数据局部性，大大减少读出或写入节点的I/O操作。

不难看出，单关键码的转移尽管也可以修复上溢或下溢的节点，但经如此修复之后的节点将依然处于上溢或下溢的临界状态。接下来一旦继续插入或删除近似甚至重复的关键码（在局部性较强的场合，这种情况往往会反复出现），该节点必将再次发生上溢或下溢。由此可见，就修复效果而言，多关键码的成批转移，相对单关键码的转移更为彻底——尽管还不是一劳永逸。

针对数据局部性的另一改进策略，是使用所谓的页面缓冲池（buffer pool of pages）。这是在内存中设置的一个缓冲区，用以保存近期所使用过节点（页面）的副本。

只要拟访问的节点仍在其中（同样地，在局部性较强的场合，这种情况也往往会反复出现），即可省略I/O操作并直接访问；否则，才照常规方法处理，通过I/O操作从外存取出对应的节点（页面）。缓冲池的规模确定后，一旦需要读入新的节点，只需将其中最不常用的节点删除即可腾出空间。

实际上，不大的页面缓冲池即可极大地提高效率。请读者通过实验统计，独立作出验证。

c） 按照你的构想，实现 B^*-树的关键码删除算法。

【解答】

请读者参照以上介绍和提示，独立完成编码和调试任务。

[8-10] Java 语言所提供的 java.util.TreeMap 类是用红黑树实现的。
试阅读相关的 Java 源代码，并就其实现方式与本章的 C++实现做一比较。

【解答】

请读者对照教材中实现的红黑树，独立完成代码阅读和比较任务。

[8-11] H. Olivie 于 1982 年提出的半平衡二叉搜索树（half-balanced binary search trees）[47]，非常类似于红黑树。这里所谓的半平衡（half-balanced），是指此树的什么性质？
试阅读参考文献，并给出你的理解。

【解答】

按照定义，在半平衡二叉搜索树中，每个节点v都应满足以下条件：v到其最深后代（叶）节点的距离，不得超过到其最浅后代叶节点距离的两倍。

若半平衡二叉搜索树所含内部节点的总数记作n，高度记作h，则可以证明必有：

$$h \le 2\cdot\log_2(n + 2) - 2$$

请读者在阅读相关文献之后，独立给出自己的理解。

[8-12] 人类所拥有的数字化数据的总量，在 2010 年已经达到 ZB（2^70 = 10^21）量级。
假定其中每个字节自成一个关键码，若用一棵 m = 256 阶的 B-树来存放它们，则

a） 该树的最大高度是多少？

【解答】

首先需要指出的是，鉴于目前常规的字节仅含8个比特位，可能的关键码只有2^8 = 256种，故数据集中必然含有大量重复，因此若果真需要使用B-树来存放该数据集，可参照习题[7-10]（149页）和习题[7-16]（152页）的方法和技巧，扩展B-树结构的功能，使之支持重复关键码。

根据教材8.2.4节的分析结论，存放N < 10^21个关键码的m = 256阶B-树，高度不会超过

$$\log_{\lceil m/2\rceil}\lfloor(N + 1)/2\rfloor + 1 = \log_{128}\lfloor(1 + 10^{21})/2\rfloor + 1$$
$$\sim \log_2 10^{21} / \log_2 128 + 1 \sim 70 / 7 + 1 = 11$$

b） 最小呢？

【解答】

同样根据教材8.2.4节的分析结论，该B-树的高度不会低于

$$\log_m(N + 1) = \log_{256}(10^{21} + 1) \sim \log_2 10^{21} / \log_2 256 \sim \lceil 70 / 8\rceil = 9$$

实际应用中，多采用128~256阶的B-树。综合以上分析结论，可以明确地看到，此类B-树的高度并不大，而且起伏变化的范围也不大。这也是在多层次存储系统中，该结构可以成功用以处理大规模数据的原因。

[8-13] 考查含有 2012 个内部节点的红黑树。

a） 该树可能的最小黑高度 d_{min} 是多少？

【解答】

将红黑树中内部节点的总数记作N，将其黑高度记作d。

若考查与之相对应的4阶B-树，则该B-树中存放的关键码恰有N个，且其高度亦为d。于是，再次根据教材8.2.4节的分析结论，最小黑高度应为：

$$d_{min} = \lceil \log_4(N+1) \rceil = \lceil \log_4 2013 \rceil = 6$$

b） 该树可能的最大黑高度 d_{max} 是多少？

【解答】

与上同理，最大黑高度应为：

$$d_{max} = 1 + \lfloor \log_{4/2} \lfloor (N+1)/2 \rfloor \rfloor$$

$$= 1 + \lfloor \log_2 \lfloor 2013/2 \rfloor \rfloor = 1 + \lfloor \log_2 1006 \rfloor = 10$$

c） 该树可能的最小高度 h_{min} 是多少？

【解答】

根据习题[7-3]，从常规二叉搜索树的角度看，树高不低于：

$$h_{min} = \lfloor \log_2 N \rfloor = \lfloor \log_2 2012 \rfloor = 10$$

当然，还需具体地构造出这样的一棵红黑树——这项任务请读者独立完成。

d） 该树可能的最大高度 h_{max} 是多少？

【解答】

我们来考查与原问题等价的逆问题：若高度固定为h，红黑树中至少包含多少个节点。不妨仍然考查与红黑树的对应的4阶B-树。

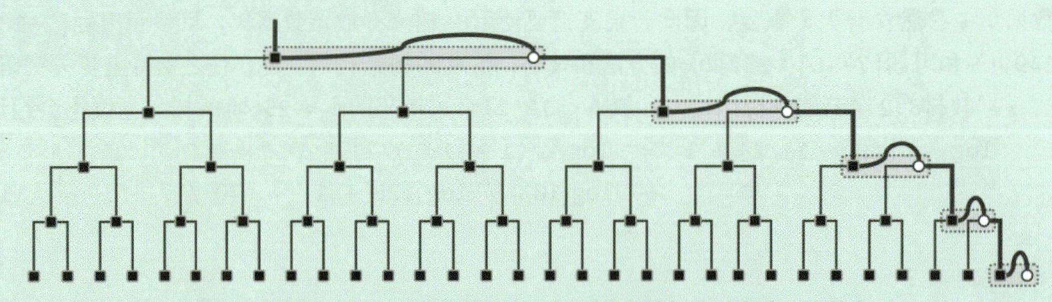

图x8.4 高度（计入扩充的外部节点）为10的红黑树，至少包含62个节点

先考查h为偶数的情况。如图x8.4所示，该B-树的高度应为h/2；其中几乎所有节点均只含单关键码；只有h/2个节点包含两个关键码（分别对应于原红黑树中的一个红、黑节点），它们在每一高度上各有一个，且依次互为父子，整体构成一条路径（这里不妨以最右侧通路为例）。于是，该B-树所含关键码（亦即原红黑树节点）的总数为：

$$N_{min} = 2 \times (1 + 2 + 4 + 8 + 16 + \ldots + 2^{h/2-1}) = 2^{h/2+1} - 2$$

例如，如图x8.4所示的红黑树高度为10，对应B-树高度为5，所含关键码（节点）总数为：

$$N_{min} = 2^{10/2+1} - 2 = 2^{5+1} - 2 = 62$$

因此反过来，当节点总数固定为N时，最大高度不过

$$h_{max} = 2\cdot(\lfloor \log_2(N+2) \rfloor - 1) \qquad (1)$$

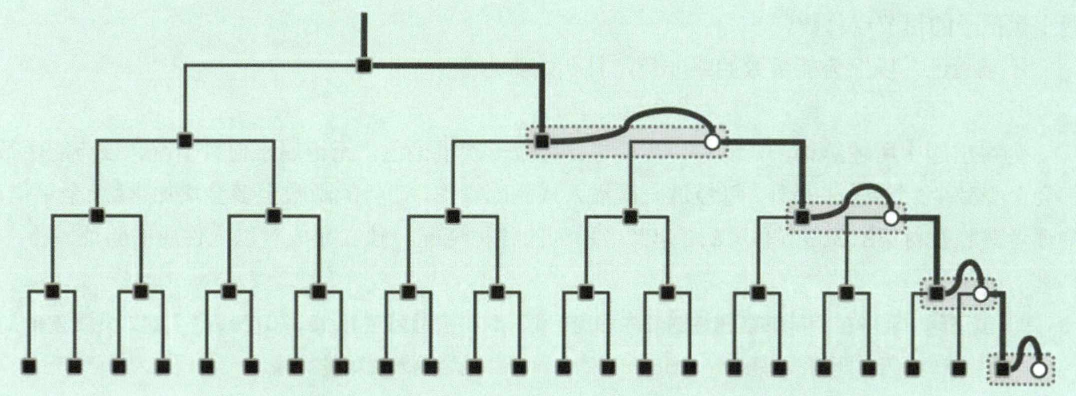

图x8.5 高度（计入扩充的外部节点）为9的红黑树，至少包含46个节点

再考查h为奇数的情况。如图x8.5所示，该B-树的高度应为(h + 1)/2；其中几乎所有节点均只含单关键码；只有(h - 1)/2个节点包含两个关键码（分别对应于原红黑树中的一个红、黑节点），除了根节点，它们在每一高度上各有一个，且依次互为父子，整体构成一条路径（同样地，以最右侧通路为例）。于是，该B-树所含关键码（亦即原红黑树节点）的总数为：

$$N_{min} = 2 \times (1 + 2 + 4 + 8 + 16 + \ldots + 2^{(h-1)/2 - 1}) + 2^{(h+1)/2 - 1}$$
$$= 3\cdot 2^{(h-1)/2} - 2$$

例如，如图x8.5所示的红黑树高度为9，对应B-树高度为5，所含关键码（节点）总数为：

$$N_{min} = 3\cdot 2^{(h-1)/2} - 2 = 3\cdot 2^{4} - 2 = 46$$

因此反过来，当节点总数固定为N时，最大高度不过

$$h_{max} = 2\cdot\lfloor \log_2(\frac{N+2}{3}) \rfloor + 1 \qquad (2)$$

综合(1)和(2)两式可知，在N = 2012是，应有：

$$h_{max} = \max(\ 2\cdot(\lfloor \log_2(2012+2) \rfloor - 1),\ 2\cdot\lfloor \log_2(\frac{N+2}{3}) \rfloor + 1\ )$$
$$= \max(18, 19)$$
$$= 19$$

读者不妨按照以上分析，示意性地绘出该红黑树（及其对应B-树）的结构。

[8-14] 就最坏情况而言，红黑树在其重平衡过程中可能需要对多达$\Omega(\log n)$个节点做重染色。然而，这并不足以代表红黑树在一般情况下的性能。

试证明，就分摊意义而言，红黑树重平衡过程中需重染色的节点不超过$O(1)$个。

【解答】

不妨从初始为空开始，考查对红黑树的一系列插入和删除操作，将操作总数记作m >> 2。可以证明：存在常数c > 0，使得在此过程中所做的重染色操作不超过cm次。

为此，可以使用习题[8-2]的方法，定义势能函数如下：

$\Phi(S) = 2 \cdot BRR(S) + BBB(S)$

其中，BBR(S)为当前状态S下，拥有两个红孩子的黑节点总数；BBB(S)则为当前状态S下，拥有两个黑孩子的黑节点总数。

不难验证，以上势能函数始终非负，且初始值为零。

为得出题中所述结论，只需进一步验证：每做一次重染色，无论属于何种情况，该势能函数都会至少减少1个单位；另外，每经过一次插入或删除操作，该势能函数至多会增加常数c个单位。请读者对照教材第8.3.3节和第8.3.4节中所列的各种情况，独立完成对以上性质的验证。

[8-15] 试证明，若中位点能够在线性时间内确定，则 kd-树构造算法 buildKdTree()（242 页算法 8.1）的总体执行时间可改进至 $\mathcal{O}(n\log n)$，其中 n = |P|为输入点集的规模。

【解答】

如此，在该分治式算法中，每个问题（kd-树的构造）都能在线性时间内均衡地划分为两个子问题（子树的构造）；而且子问题的解（子树）都能在常数时间内合并为原问题的解（kd-树）。于是，其时间复杂度T(n)所对应的递推式为：

$$T(n) = 2 \cdot T(n/2) + \mathcal{O}(n)$$

解之即得：

$$T(n) = \mathcal{O}(n\log n)$$

[8-16] 关于 kd-树查找算法 kdSearch()（教材 244 页算法 8.2），试证明以下结论：

a） 在树中某一节点发生递归，当且仅当与该节点对应的子区域，与查询区域的边界相交；

【解答】

按照该算法的控制逻辑，只要当前子区域与查询区域R的边界相交时，即会发生递归；反之，无论当前子区域是完全处于R之外（当前递归实例直接返回），还是完全处于R之内（直接遍历当前子树并枚举其中所有的点），都不会发生递归。

b） 若令 Q(n) = 规模为 n 的子树中与查询区域边界相交的子区域（节点）总数，则有：

$$Q(n) = 2 + 2Q(n/4) = \mathcal{O}(\sqrt{n})$$

【解答】

设R为任一查询区域。

根据其所对应子区域与R边界的相交情况，kd-树中的所有节点可以划分以下几类：

(0) 与R的边界不相交
(1) 只与R的一条边相交
(2) 同时与R的多条边相交

根据a），其中第(0)类节点对Q(n)没有贡献。

如图x8.6(a)所示，第(1)类节点又可以细分为四种，分别对应于R的上、下、左、右四边。既然是估计渐进复杂度，不妨只考虑其中一种——比如，如图(b)所示，只考查水平的上边。

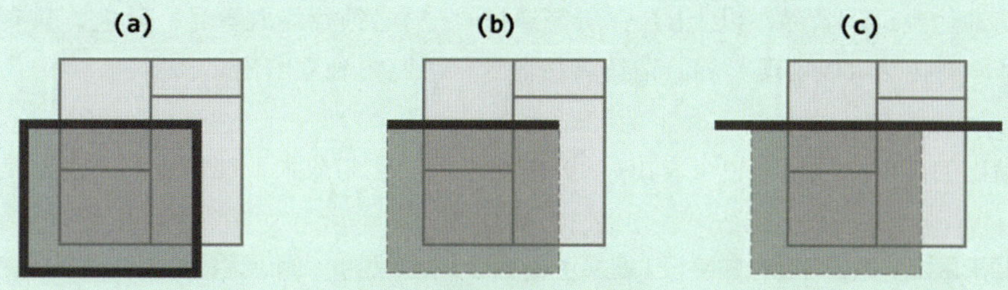

图x8.6 统计与查询区域边界相交的子区域（节点）总数

根据定义，kd-树自顶而下地每经过k层，切分的维度方向即循环一轮。因此，不妨考查与R边界相交的任一节点，以及自该节点起向下的k代子孙节点。对于2d-树而言，也就是考查与R边界相交的任一节点，以及它的2个子辈节点（各自大致包含n/2个点）和4个孙辈节点（各自大致包含n/4个点）。

为简化分析，我们不妨如图(c)所示，进一步地将R的上边延长为其所在的整条直线。于是不难发现，无论这4个孙辈节点（子区域）的相对位置和大小如何，该直线至多与其中的2个相交；反过来，至少有两个节点（子区域）不再发生递归。于是，即可得到如下递推关系：

$$Q(n) \leq 2 + 2 \cdot Q(n/4) \quad \ldots\ldots (*)$$

再结合边界条件：

$$Q(1) = 1$$

解之即得：

$$Q(n) = \mathcal{O}(\sqrt{n})$$

请注意，以上并未统计第(2)类节点（子区域），但好在这类节点只占少数，就渐进的意义而言，并不影响总体的上界。

比如在图x8.6(a)中，包含R四个角点的那些节点（子区域）即属此列。以其中包含R左上角者为例，这类节点在kd-树的每一层至多一个，故其总数不超过树高$\mathcal{O}(\log n)$。相对于第一类节点的$\mathcal{O}(\sqrt{n})$，完全可以忽略。

当然，第(2)类节点（子区域）还有其它可能的情况，比如同时包含R的多个角点。但不难说明，其总数依然不超过$\mathcal{O}(\log n)$。

c） kdSearch()的运行时间为：$\mathcal{O}(r + \sqrt{n})$

其中 r 为实际命中并被报告的点数。

【解答】

从递归的角度看，若忽略对reportSubtree()的调用，kd-树范围查询算法的每一递归实例本身均仅需$\mathcal{O}(1)$时间。故由以上b）所得结论，查询共需$\mathcal{O}(\sqrt{n})$时间。

reportSubtree(v)是通过遍历子树v，在线性时间内枚举其中的命中点。整个算法对该例程所有调用的累计时间，应线性正比于输出规模r。

两项合计，即得题中所述结论。

d） 进一步地，试举例说明，单次查询中的确可能有多达$\Omega(\sqrt{n})$个节点发生递归，故以上估计是紧的。

【解答】

为确切地达到这一紧界，以上b）中所得递推式(*)必须始终取等号；反之，只有该递推式始终取等号，则必然可以实现紧界。请读者按照这一思路，独立给出具体实例。

需要指出的是，由此结论也可看出，c）中所做的简化与放大，在渐进意义上都是紧的。

e） 若矩形区域不保证与坐标轴平行，甚至不是矩形（比如圆），则上述结论是否依然成立？

【解答】

依然成立。具体的分析方法及过程，可以参见[46]。

[8-17] 不难理解，kd-树中节点v所对应的矩形区域即便与查询范围R相交，其中所含的输入点也不见得会落在R之内。比如在极端的情况下，v中可能包含大量的输入点，但却没有一个落在R之内。当然，kdSearch()（教材244页算法8.2）在这类情况下所做的递归，都是不必进行的。

克服这一缺陷的一种简明方法，如图x8.7所示：在依然保持各边平行于坐标轴，同时所包含输入点子集不变的前提下，尽可能地收缩各矩形区域。其效果等同于，将原矩形替换为依然覆盖其中所有输入点的最小矩形——即所谓的包围盒（bounding-box）。其实，在如教材图8.41所示的实例中，正因为采用了这一技巧，才得以在节点{F, H}处，有效地避免了一次无意义的递归。

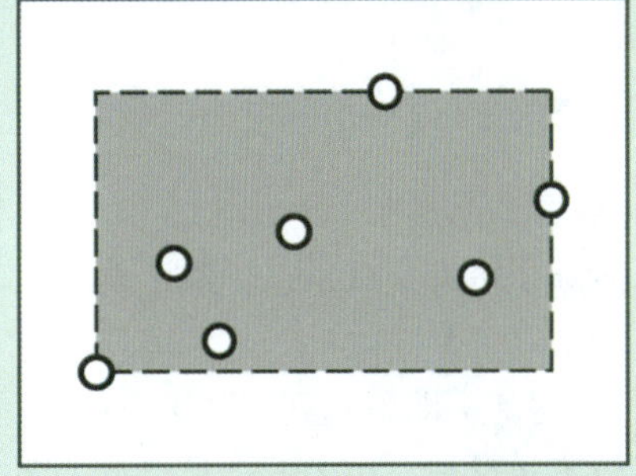
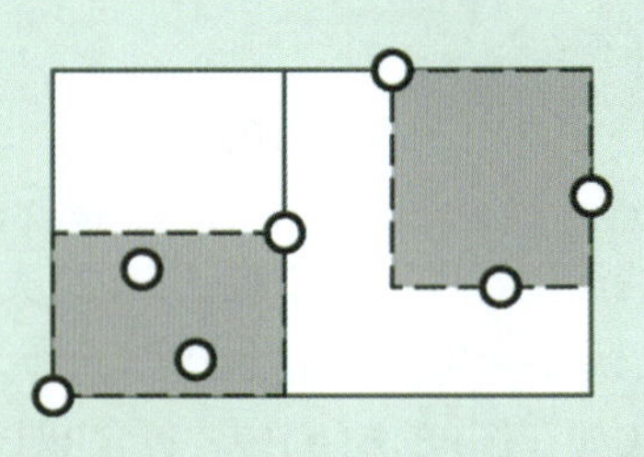

图x8.7 每次切分之后，都随即将子区域（实线）替换为包围盒（虚线），以加速此后的查找

试按照以上构思，在教材242页算法8.1的基础上，改进kd-树的构造算法。

【解答】

请读者参照以上介绍和提示，独立完成编码和调试任务。

[8-18] 若仅需报告落在指定范围内点的数目，而不必给出它们的具体信息，则借助kd-树需要多少时间？

【解答】

只需$O(\sqrt{n})$时间。

既然无需具体地枚举所命中的点，故可令kd-树的每一节点分别记录其对应子树中所存放的点数。这样，对于经查找而被筛选出来的每一棵子树，都可以直接累计其对应的点数，而不必对其进行遍历。如此，原先消耗于遍历枚举的$O(r)$时间即可节省；同时，对各子树所含点数的累加，耗时不超过被筛选出来的子集（子树）总数——亦即$O(\sqrt{n})$。

[8-19] 四叉树[51]（quadtree）是2d-树的简化形式，其简化策略包括：

❶ 直接沿区域的（水平或垂直）平分线切分，从而省略了中位点的计算

❷ 沿垂直方向切出的每一对节点（各自再沿水平方向切分）都经合并后归入其父节点

❸ 被合并的节点即便原先（因所含输入点不足两个）而未继续切分，在此也需要强行（沿水平方向）切分一次

于是如图x8.8所示，每个叶节点各含0至1个输入点；每个内部节点则都统一地拥有四个孩子，分别对应于父节点所对应矩形区域经平均划分之后所得的四个象限，该树也由此得名。

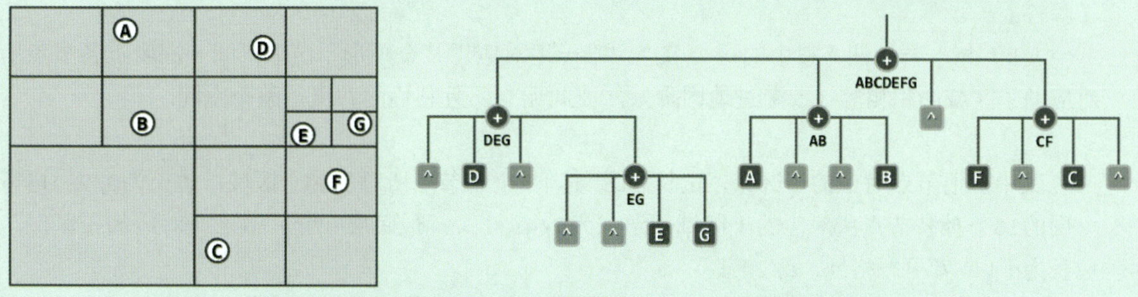

图x8.8 通过递归地将平面子区域均分为四个象限（左），构造对应的四叉树（右）

a）与kd-树不同，四叉树可能包含大量的空（即不含任何输入点的）节点。更糟糕的是，此类节点的数目无法仅由输入规模n界定。对于任意的N > 0，试构造一个仅含n = 3个点的输入点集，使得在其对应的四叉树中，空节点的数目超过N个。

【解答】

这样的一个实例，如图x8.9所示。实际上，以此为基础，可以导出一系列的此类实例。

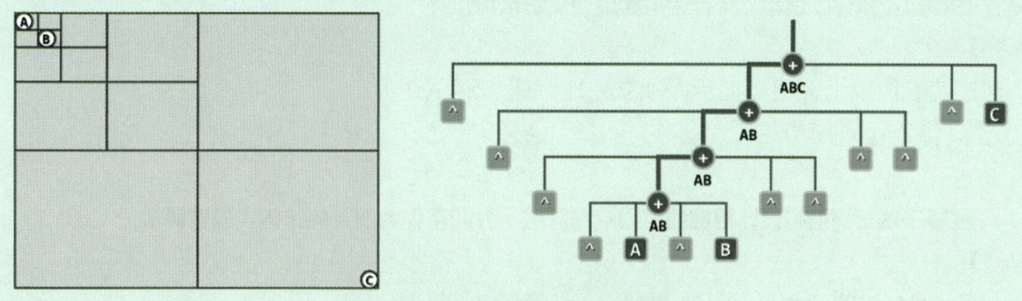

图x8.9 四叉树的空间利用率可能极低

这里只有A、B和C三个点，但A和B之间的距离非常接近，以至于必须持续划分4次，它们才不再属于同一子区域。在如此构造出来的四叉树中，每一层都有1个内部节点和3个叶节点；而除了最高的两层和最低的一层，其余各层的3个叶节点都对应于空的子区域。

限于篇幅，这里所给实例的深度仅为4。实际上仿照此例的构思，不难扩展并得出层数更多的例子，其中存放的依然只有三个点，但其空间利用率却可以无限地接近于0。为此，只需不断地令点A和点B相互靠近。当然，最为极端的情况也就是这两个点彼此重合。

作为对照，读者不妨绘出同样存放这三个点的kd-树，并体会二者在空间效率方面的差异，以及导致这种差异的根本原因。

为消除这一缺陷，可以仿照kd-树，将点集的划分策略由“按空间平分”改为“按点数平分”。尽管如此需要额外地记录各节点所对应的划分位置，但却可以严格地保证划分的均衡性，从而有效地提高整体的空间效率。

b） 对于任一输入点集 P，若将其中所有点对的最长、最小距离分别记作 D 和 d，则λ = D/d 称作 P 的散布度（spread）。试证明，P 所对应的四叉树高度为 $\mathcal{O}(\log\lambda)$。

【解答】

与kd-树一样，四叉树中的每个节点也唯一地对应于某个矩形子区域；同一深度上各节点所对应的子区域面积相等（或渐进地同阶），彼此无交，且它们的并覆盖整个空间。

其中，根节点对应的子区域，边长为D；其下4个子节点所对应的子区域，边长为D/2；再下一层的16个孙辈节点所对应的子区域，边长为D/4；...；最底层（叶）节点所对应的子区域，边长为d（或者更严格地，d/2）。

由此可见，整个四叉树的高度不超过$\mathcal{O}(\log\lambda)$。

由此反观以上a）中实例，导致其中空节点过多的直接原因，也可以认为在于d相对于D过小，以致于散布度λ以及树高过大。

c） 按照以上描述，试用 C/C++语言实现四叉树结构。

【解答】

请读者参照以上介绍和提示，独立完成编码和调试任务。

d） 试基于四叉树结构设计相应的范围查询算法，并利用你的四叉树结构实现该算法。

【解答】

与基于kd-树的查询算法基本相同。

从递归的角度来看，对于任一节点（子区域）的查询任务，都可以分解为对4个子节点（细分子区域）的查询子任务。其中，有些子任务需要继续递归（子区域与查询区域的边界相交），有些子任务则可立即以失败返回（子区域完全落在查询区域以外），有些子任务则可立即以成功返回（子区域完全落在查询区域以内）。

请读者参照以上介绍和提示，独立完成编码和调试任务。

e） 针对范围查询这一应用，试分别从时间、空间效率的角度，将四叉树与2d-树做一比较。

【解答】

以上d）所给算法的原理与过程，尽管与采用kd-树的算法基本相同，但却有着本质的区别，从而导致其时间、空间性能均远不如kd-树。主要的原因，具体体现在以下方面。

首先由a）可见，四叉树中存在大量的空节点（子区域），因此在查找过程中即便能够确定某一节点（子区域）完全落在查询区域内部，也不能在线性时间内枚举出其中有效的各点。整体而言，不可能在$\mathcal{O}(r)$时间内枚举出所有的命中点——而且，通常情况会远远超过$\mathcal{O}(r)$。

另外由b）可见，（若不做改进）四叉树的高度取决于点集的散布度λ，而不是点集的规模。因此树高没有明确的上限，递归深度及查找长度也难以有效控制。在各点分布极其不均匀的场合，树高往往会远远超过kd-树的$\mathcal{O}(\log n)$。

以下对其平均情况做一估计。

不妨假定所有点均取自单位正方形$[0, 1] \times [0, 1]$，对应的四叉树高度为h。查询矩形区域R的长度和宽度分别为x和y。

在深度为k的任一层（$0 \le k \le h$），共有4^k个节点，分别对应于4^k个互不相交的子正方形（有些不含任何点），面积统一为4^{-k}。故节点总数为：

$$N = \sum_{k=0}^{h} 4^k = (4^{h+1} - 1) / 3 \sim 4^{h+1}/3$$

在深度为k的一层，与查询区域R相交（并因此需要耗费时间）的节点总数大致为：

$$(x \cdot 2^k + 1) \cdot (y \cdot 2^k + 1) = xy \cdot 4^k + (x + y) \cdot 2^k + 1$$

故所有各层与R相交者的总数大致为：

$$\begin{aligned}
&\sum_{k=0}^{h}[xy \cdot 4^k + (x + y) \cdot 2^k + 1] \\
\sim\ & xy \cdot 4^{h+1}/3 + (x + y) \cdot 2^{h+1} + (h + 1) \\
=\ & xy \cdot N + (x + y) \cdot \sqrt{3N} + \log_4(3N) \\
=\ & \mathcal{O}(xy \cdot N)
\end{aligned}$$

主要取决于查询区域R的面积xy，以及四叉树的划分粒度N（如上分析，取决于散布度λ）。

f） 试将上述思路推广至三维的情况，以三层为间隔对3d-树的节点做类似的合并，从而实现所谓的八叉树（octree）结构。

【解答】

基本原理、方法与技巧，与四叉树完全一致。

请读者参照以上介绍和提示，独立完成编码和调试任务。

[8-20] 范围查询的另一解法需要借助范围树（range tree）[48]。

为此，首先仿照如图 8.37（教材 240 页）和图 8.38（教材 241 页）所示的策略，按 x 坐标将平面上所有输入点组织为一棵平衡二叉搜索树，称作主树（main tree）。

于是如图 x8.10(a)和(b)所示，该树中每个节点各自对应于一个竖直的条带区域；左、右孩子所对应的条带互不重叠，均由父节点所对应的条带垂直平分而得；同一深度上所有节点所对应的条带也互不重叠，而且它们合并后恰好覆盖整个平面。

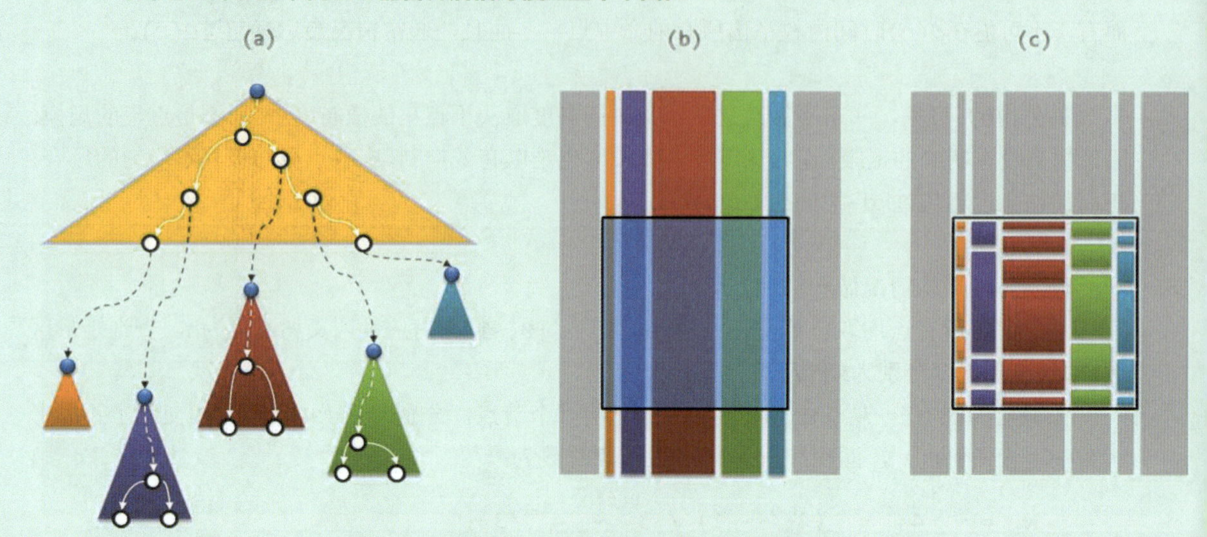

图x8.10 利用范围树，可以实现更加高效的范围查询

接下来，分别对于主树中每一节点，将落在其所对应条带区域中的输入点视作一个输入子集，并同样采用以上方法，按照 y 坐标将各个子集组织为一棵平衡二叉搜索树，它们称作关联树（associative tree）①。于是如图 x8.10(a)和(c)所示，每棵关联树所对应的竖直条带，都会进而逐层细分为多个矩形区域，且这些矩形区域也同样具有以上所列主树中各节点所对应条带区域的性质。至此，主树与这 $O(n)$棵关联树构成了一个两层的嵌套结构，即所谓的范围树。

利用范围树，可按如下思路实现高效的范围查询。对于任一查询范围 $R = [x_1, x_2] \times [y_1, y_2]$，首先按照$[x_1, x_2]$对主树做一次 x 方向的范围查询。根据 8.4.1 节的分析结论，如此可以得到 $O(\log n)$个节点，而且如图 x8.10(b)所示，它们所对应的竖直条带互不重叠，它们合并后恰好覆盖了 x 坐标落在$[x_1, x_2]$范围内的所有输入点。

接下来，深入这些节点各自对应的关联树，分别按照$[y_1, y_2]$做一次 y 方向的范围查询。如此从每棵关联树中取出的一系列节点，也具有与以上取自主树的节点的类似性质。具体地如图 x8.10(c)所示，这些节点所对应的矩形区域互不重叠，且它们合并之后恰好覆盖了当前竖直条带内 y 坐标落在$[y_1, y_2]$范围内的所有输入点。换而言之，这些点合并之后将给出落在 R 中的所有点，既无重也不漏。

① 关联树的引入，只是为了便于将此结构推广至更高维度；就此特定的二维情况而言，完全可以代之以简单的有序向量

a） 按照以上描述，试用 C/C++语言实现二维的范围树结构；

【解答】

请读者参照以上介绍和提示，独立完成编码和调试任务。

b） 试证明，如此实现的范围树，空间复杂度为 $\mathcal{O}$(nlogn)；

【解答】

显然，主树自身仅需$\mathcal{O}$(n)空间。

这里的关联树共计有n棵，表面上看，每一棵的规模都可能达到Ω(n)。然而以下将证明，总体空间$\mathcal{O}(n^2)$的上界远远不紧，更紧的上界应为$\mathcal{O}$(nlogn)。

以上之所以得出$\mathcal{O}(n^2)$这一不紧的上界，是因为我们采用的统计方法是：

> 对每一棵关联树，统计有多少个点可能出现在其中

为得出更紧的上界，我们不妨颠倒思路，采用如下统计方法：

> 对于每一个点，统计它可能出现在多少棵关联树中

稍作观察即不难发现，任一点p出现在某一关联树中，当且仅当在主树中，该关联树对应的节点是p所对应叶节点的祖先。而在平衡二叉搜索树中，每个节点的祖先均不超过$\mathcal{O}$(logn)个。

c） 按照以上描述，试利用你的范围树实现新的范围查询算法；

【解答】

与kd-树的查询算法类似。

首先沿x方向做一次（一维的）范围查找，并在主树中挑选出不超过$\mathcal{O}$(logn)个节点。

然后，对于其中的每个节点，在与之对应的关联树中，沿y方向各做一次（一维的）范围查找。关联树中每一棵命中的子树，都可通过遍历在线性时间内枚举其中节点。

d） 试证明，以上范围查询算法的时间复杂度为 $\mathcal{O}(r + \log^2 n)$，其中 r 为实际命中并被报告的点数；

【解答】

按照如上算法，可知如下性质：

> 1） 对主树的查找耗时$\mathcal{O}$(logn)
> 2） 对$\mathcal{O}$(logn)棵关联树的查找分别耗时$\mathcal{O}$(logn)，累计耗时$\mathcal{O}(\log^2 n)$

再计入遍历枚举所需的$\mathcal{O}$(r)时间，即得题中待证的结论。

e) 继续改进[②]以上范围树，在不增加空间复杂度的前提下，将查询时间减至 $\mathcal{O}(r + \log n)$[49][50]。（提示：尽管每次查询均涉及 $\mathcal{O}(\log n)$ 次 y 坐标的范围查询，但其查找区间都同为 $[y_1, y_2]$）

【解答】

正如以上提示所指出的：

> 在每一次范围查询中，在所涉及关联树的查找之间，具有极强的相关性
> ——它们的入口参数同为 $[y_1, y_2]$

因此可如图x8.11所示，借助分散层叠（fractional cascading）的技巧加以改进。为此，需要在主树中每一对父子节点所对应的关联树之间，增加一系列的索引。

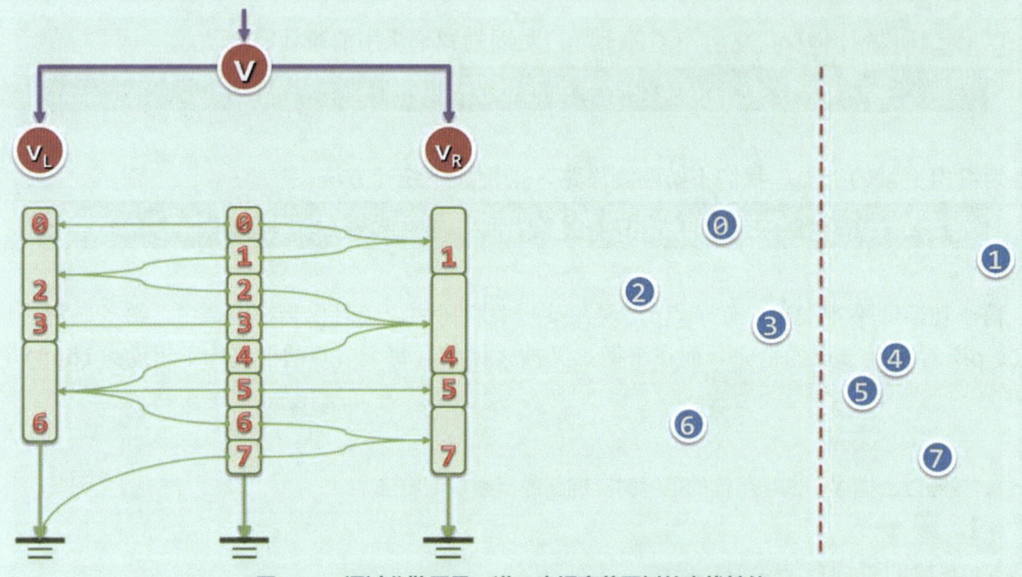

图x8.11 通过分散层叠，进一步提高范围树的查找性能

具体地如图x8.11所示，设主树中的节点 v_L 和 v_R 是v的左、右孩子；它们各自对应的关联树，则简化地表示为有序向量（等效于关联树的中序遍历序列）。于是，在v关联树中查找结果，可以直接为其孩子节点的关联树直接利用，相应地查找成本由 $\mathcal{O}(\log n)$ 降至 $\mathcal{O}(1)$。当然，对于最低公共祖先节点所对应的那棵关联树，还是需要做一次 $\mathcal{O}(\log n)$ 的查找。

综上所述，改进之后的范围树可在：

$$\mathcal{O}(\log n + \log n) = \mathcal{O}(\log n)$$

时间完成查找，并在：

$$\mathcal{O}(r)$$

时间内报告查询结果。

② 严格地说，只有在经过如此改进之后方可称作范围树，否则只是一般的多层搜索树（multi-level search tree）

第9章

词典

[9-1]　阅读教材代码9.7（253页）、代码9.8（255页）和代码9.11（258页）。

试验证：本章所实现的跳转表结构，可保证雷同的词条在内部按插入次序排列，同时对外先进先出。

【解答】

由代码9.8可见，算法Skiplist::put(k, v)总是找到不大于k的最后一个节点p，并紧邻于p所属塔的右侧为(k, v)创建一座新塔。因此，雷同词条在该结构内部的存储次序，就是完全按照插入次序的“先左后右”。

由代码9.7可见，算法Skiplist::skipSearch()是自左向右查找第一个命中的词条。因此若有多个雷同词条，如代码9.11所示的Skiplist::remove()算法所删除的，必然是最早插入跳转表的词条。

可见，该结构的操作接口的确符合“先进先出”的语义要求。

[9-2]　本章所实现的跳转表结构中，每个词条都在所属的塔内同时保留了多个副本。尽管这样可以简化代码描述，但毕竟浪费了大量的空间，在词条本身较为复杂时由其如此。

试在本章相关代码的基础上就此做一改进，使得每座塔仅需保留一份对应的词条。

【解答】

比如，只需将所有词条组织为一个独立的横向列表，则各词条所对应的纵向列表（塔）即可不必重复保留词条的副本。纵向列表中的每个节点，只需通过引用指向横向列表中对应的词条。如此，一旦查找终止于某纵向列表，即可直接通过引用找到对应的词条。

请读者按照以上介绍和提示，独立完成编码和调试任务。

[9-3]　W. Pugh曾经通过实验统计，将skiplist（A）与非递归版AVL树（C）、伸展树（B）、递归版(2, 3)-树（D）等数据结构做过对比，并发现了以下规律：

(a) 就search()/get()接口的效率而言，B最优

(b) 就insert()/put()接口的效率而言，A最优，C优于D

(c) 就remove()接口的效率而言，A最优

试通过实验核对他的结论，并结合本书对这些结构的讲解，对以上规律作出直观的解释。

【解答】

请读者独立完成测试任务，根据统计结果作出结论，并结合自己的理解作出解释。

[9-4] 为便于客户记忆，许多商家都将其产品销售咨询电话号码与公司或产品的名称直接关联。其中最流行的一种做法可以理解为，在电话键盘的拨号键与数字之间建立一个散列映射：

```
{'A', 'B', 'C'} → 2    {'D', 'E', 'F'} → 3    {'G', 'H', 'I'} → 4
{'J', 'K', 'L'} → 5    {'M', 'N', 'O'} → 6    {'P', 'Q', 'R', 'S'} → 7
{'T', 'U', 'V'} → 8    {'W', 'X', 'Y', 'Z'} → 9
```

比如，IBM 公司的销售电话：

```
    +1 (800) 426-7253
```

即对应于字符串

```
    "IBM-SALE"
```

又如，Dell 公司的销售电话

```
    +1 (888) xxx-3355
```

则对应于字符串

```
    "DELL"
```

如此，客户只需记住对应的有意义字符串，而不再是枯燥乏味的数字。

请留意观察身边的这类现象，找出更多这样的实例。

【解答】

再如，联想在北美的销售电话

+1 (855) 253-6686

即对应于字符串

"LENOVO"

更多实例的发现，请读者通过观察独立完成。

[9-5] 实际上早在上世纪 70 年代，Bell 实验室就已采用上题中的散列映射法，根据员工的姓名分配办公电话，且可轻松地将发生冲突的概率降至 0.2%以下。

a） 这一方法是否适用于中文（拼音）姓名？

【解答】

与英文相比，拼音中各字母出现频度的分布有很大差异，而且相邻字母组合的情况也很不一样，再加上大量同音字等因素，照搬原方法未必能够适合中文姓名。

b） 试以你所在班同学的姓名（拼音）为样本做一实验，并分析你的实验结果。

【解答】

请读者独立完成测试任务，并根据统计结果作出分析和判断。

[9-6] 假定散列表长度为 M，采用模余法。若从空开始将间隔为 T 的 M 个关键码插入其中。试证明，若 g = gcd(M, T)为 M 和 T 的最大公约数，则

a) 每个关键码均大约与 g 个关键码冲突；

【解答】

这一组关键码依次构成一个等差数列，其公差为T。不失一般性，设它们分别是：

{ 0, T, 2T, 3T, ..., (M - 1)T }

按照模余法，任何一对关键码相互冲突，当且仅当它们关于散列表长M，属于同一同余类。这里，既然g是M和T的最大公约数，故相对于M而言，这些关键码分别来自M/g个同余类，且每一类各有彼此冲突的g个关键码。例如，其中0所属的同余类为：

{ 0, TM/g, 2TM/g, 3TM/g, ..., (g-1)TM/g }

例如，若将首项为5、公差为8的等差数列：

{ 5, 13, 21, 29, 37, 45, 53, 61, 69, 77, 85, 93 }

作为词条插入长度M = 12的散列表，则如图x9.1所示，这些词条将分成：

M/g = 12/gcd(12, 8) = 12/4 = 3

个冲突的组，各组均含4个词条。

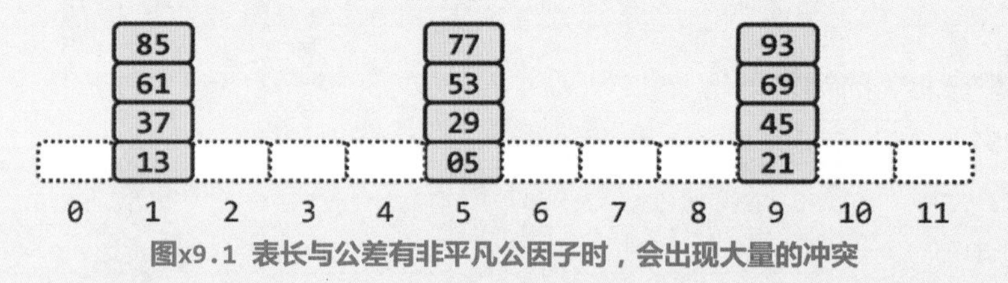

图x9.1 表长与公差有非平凡公因子时，会出现大量的冲突

不难验证，只要是这12个词条，则无论其插入的次序如何，冲突的情况都与此大同小异。

另外，采用MAD法的冲突情况也颇为类似。就其效果而言，在MAD法所用散列函数：

(a × key + b) mod M

中，b即相当于以上算术级数的首项，a即相当于公差T。比如，就上例而言，有：

a = 8　和　b = 5

由此也可从一个侧面理解，为何M和a的取值通常都必须二者互素——如此便有：

M / gcd(M, a) = M/1 = M

从而最大程度地保证散列的随机性和均匀性。

b) 如不采取排解冲突的措施，散列表的利用率将约为 1/g。

【解答】

根据以上分析，散列表中的M个桶与M的M个同余类一一对应。既然此时的关键码只可能来自其中的M/g个同余类，故必有M - M/g个桶闲置，空间利用率不超过：

$$\frac{M/g}{M} = 1/g$$

[9-7] 我们已经看到，散列表长度 M 是影响散列效果的重要因素之一。
为保证散列映射的均匀性和随机性，M 的取值，应能避免后续查询和修改操作可能的非随机性。
试说明：就以上意义而言，表长不宜取作 $M = 2^k (k \geq 2)$。

【解答】

若取$M = 2^k$，则对任何词条key都有：

key % M = key & (M - 1) = key & 00...0[11...1]

其中，“%”和“&”分别是算术取模运算和逻辑位与运算，00...0[11...1]中共含k个“1”。

于是，此时采用模余法的效果，等同于从key的二进制展开式中截取末尾的k个比特。也就是说，词条key更高的其余比特位对散列的位置没有任何影响，从而在很大程度上降低了散列的随机性和均匀性。

[9-8] 试证明，23 人中存在生日巧合的概率大于 50%。

【解答】

不妨将每年的365天视作长度为365的散列表，将每个人视作一个待插入的词条。于是，考查已累计插入n个词条时的情况，若将此时至少有一对词条发生冲突的概率记作P(n)，则应有：

$$1 - P(n) = 365/365 \times 364/365 \times 363/365 \times 362/365 \times \ldots \times (366 - n)/365$$

$$P(n) = 1 - 365/365 \times 364/365 \times 363/365 \times 362/365 \times \ldots \times (366 - n)/365$$

表x9.1 n个人中存在生日巧合的概率

n	1	2	3	4	5	6	7	8	9	10
P(n) (%)	0.00	0.27	0.82	1.64	2.71	4.05	5.62	7.43	9.46	11.69

n	11	12	13	14	15	16	17	18	19	20
P(n) (%)	14.11	16.70	19.44	22.31	25.29	28.36	31.50	34.69	37.91	41.14

n	21	22	23	24	25	26	27	28	29	30
P(n) (%)	44.37	47.57	50.73	53.83	56.87	59.82	62.69	65.45	68.10	70.63

对于不同的n，P(n)的取值如表x9.1所示。可见，当n ≥ 23后，即有P(n) ≥ 50%。

[9-9] 在本章示例代码的基础上进行扩充，实现线性试探以外的其它冲突排解策略。

【解答】

请读者根据教材中对相关策略及方法的介绍，独立完成编码和调试任务。

[9-10] 若允许关键码雷同的词条并存，本章实现散列表结构的示例代码应该如何修改？

【解答】

在操作语义方面，查找接口、删除接口的返回值应调整为“与目标词条相等的任一词条”。在逻辑控制方面，插入接口即便已经发现雷同词条，也要重复插入，因此总是以成功返回。

请读者根据以上提示，针对不同的散列及排解冲突策略，独立完成改进任务。

[9-11] 创建散列表结构时，通常首先需要初始化所有的桶单元。尽管如 265 页代码 9.14 所示，这可以借助系统调用 memset()实现，但所需的时间将线性正比于散列表的长度。

a) 试设计一种方法将初始化时间减至 $O(1)$，而且此后在查找或插入词条时，仅需 $O(1)$时间即可判定任何桶是否处于初始状态；（提示：参考文献[4][9]）

【解答】

借助习题[2-34]中实现的Bitmap类及其技巧。

b) 你的方法需要额外使用多少空间？是否会因此提高散列表的整体渐进空间复杂度？

【解答】

这里引入的Bitmap结构，与散列表等长，故整体的渐进空间复杂度保持不变。

c) 继续扩展你的方法，使之支持删除操作——桶被清空之后，用 $O(1)$时间将其恢复为初始状态。

【解答】

同样地，借助习题[2-34]中实现的Bitmap类及其技巧。

[9-12] a) 在平方试探法、（伪）随机试探法等方法中，查找链如何构成？

【解答】

与线性试探法不同，此时构成查找链的各桶未必彼此相邻；但同样地，不同的查找链仍可能相互有所重叠。

b) 如何调整和推广懒惰删除法，使之可以应用于这些闭散列策略？

【解答】

仿照线性试探法，只不过需要按照新的试探策略遍历查找链。

[9-13] 在实现平方试探法时，可否只使用加法而避免乘法（平方）运算？如果可以，试给出具体方法。

【解答】

事实上，若散列表长为M，则对于任意非负整数k，都有：

$$(k + 1)^2 \equiv k^2 + (k + k + 1) \pmod{M}$$

只要注意到这一规律，在前一桶地址（$k^2 \% M$）的基础上，只需再做三次加法运算，即可得到下一桶地址（$(k + 1)^2 \% M$）。

[9-14] 考查单向平方试探法，设散列表长度取作素数 M > 2。试证明：

a) 任一关键码所对应的查找链中，前$\lceil M/2 \rceil = (M + 1)/2$ 个桶必然互异；

（提示：只需证明，$\{ 0^2, 1^2, 2^2, ..., \lfloor M/2 \rfloor^2 \}$关于 M 分别属于不同的同余类）

【解答】

反证。假设存在$0 \le a < b < \lceil M/2 \rceil$，使得查找链上的第a个位置与第b个位置冲突，于是$a^2$和$b^2$必然同属于关于M的某一同余类，亦即：

$$a^2 \equiv b^2 \pmod{M}$$

于是便有：

$$a^2 - b^2 = (a + b)\cdot(a - b) \equiv 0 \pmod M$$

然而，无论是(a + b)还是(a - b)，绝对值都严格小于M，故均不可能被M整除——这与M是素数的条件矛盾。

b） 在装填因子尚未增至50%之前，插入操作必然成功（而不致因无法抵达空桶而失败）；

【解答】

由上可知，查找链的前$\lceil M/2 \rceil$项关于M，必然属于不同的同余类，也因此互不冲突。在装填因子尚不足50%时，这$\lceil M/2 \rceil$项中至少有一个是空余的，因此不可能发生无法抵达空桶的情况。

c） 在装填因子超过50%之后，只要适当调整各桶的位置，下一插入操作必然因无法抵达空桶而失败。

（提示：只需证明，{ 0^2, 1^2, 2^2, ... }关于M的同余类恰好只有$\lceil M/2 \rceil$个）

【解答】

任取：

$$\lceil M/2 \rceil \le c < M - 1$$

并考查查找链上的第c项。

可以证明，总是存在$0 \le d < \lceil M/2 \rceil$，且查找链上的第d项与该第c项冲突。

实际上，只要令：

$$d = M - c \ne c$$

则有：

$$c^2 - d^2 = (c + d)\cdot(c - d) = M\cdot(c - d) \equiv 0 \pmod M$$

于是c^2和d^2关于M同属一个同余类，作为散列地址相互冲突。

[9-15] a） 试举例说明，散列表长度M为合数时，即便装填因子低于50%，平方试探仍有可能无法终止；

【解答】

考查长度为M = 12的散列表。

不难验证，{ 0^2, 1^2, 2^2, 3^2, 4^2, ... }关于M模余数只有{ 0, 1, 4, 9 }四种可能。于是，即便只有这四个位置非空，也会因为查找链的重合循环，导致新的关键码0无法插入。而实际上，此时的装填因子仅为：

$$\lambda = 4/12 < 50\%$$

b） M为合数时，这一问题为何更易出现？（提示：此时{ 0^2, 1^2, 2^2, ... }关于M的同余类更少）

【解答】

此时，对于秩$0 \le a < b < \lceil M/2 \rceil$，即便

$$a + b \equiv 0 \pmod M$$

$$a - b \equiv 0 \pmod M$$

均不成立，也依然可能有：

$$a^2 - b^2 = (a + b)\cdot(a - b) \equiv 0 \pmod M$$

作为实例，仍然考查以上长度M = 12的散列表，取a = 2和b = 4，则

$2 + 4 = 6 \equiv 0 \pmod{12}$

$2 - 4 = -2 \equiv 0 \pmod{12}$

均不成立，然而依然有：

$2^2 - 4^2 = -12 \equiv 0 \pmod{12}$

[9-16] 懒惰删除法尽管具有实现简明的优点，但随着装填因子的增大，查找操作的成本却将急剧上升。为克服这一缺陷，有人考虑在本章所给示例代码的基础上，做如下调整：

❶ 每次查找成功后，都随即将命中的词条前移至查找链中第一个带有懒惰删除标记的空桶（若的确存在且位于命中词条之前）

❷ 每次查找失败后，若查找链的某一后缀完全由带懒惰删除标记的空桶组成，则清除它们的标记

试问，这些方法是否可行？为什么？

【解答】

不可行。

这些方法均旨在及时地剔除带有懒惰删除标记的桶，实质上都等效于压缩查找链。设计者希望在花费一定时间做过这些处理之后，使得后续的查找得以加速，同时空间利用率也得以提高。

然而对于闭散列而言最大的难点在于：

> 查找链可能彼此有所重叠，且
> 任何一个带有懒惰删除标记的桶，都可能同时属于多个查找链

因此其中某一条查找链的压缩，都将可能造成其它查找链的断裂。因此为使这些策略变得可行，还必须做更多的处理——但通常都未免弄巧成拙，得不偿失。

[9-17] 所谓双向平方试探法，是平方试探法的一种拓展变型。具体地如图x9.2所示，在出现冲突并需要排解时，将以

$$\{ +1^2, -1^2, +2^2, -2^2, +3^2, -3^2, +4^2, -4^2, ... \}$$

为间距依次试探。整个试探过程中，跳转的方向前、后交替，故此得名。

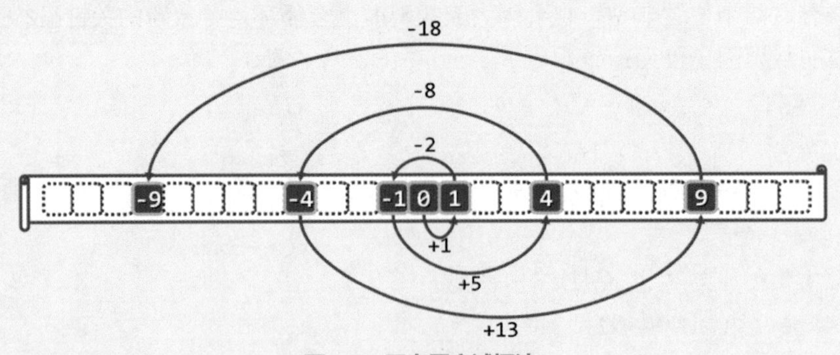

图x9.2 双向平方试探法

试证明，只要散列表长取作素数 M = 4k + 3（k 为非负整数），则：

a） 任一关键码所对应的查找链中，前 M 个桶必然互异（即取遍整个散列表）；

（提示：任一素数 M 可表示为一对整数的平方和，当且仅当 $M \equiv 1 \pmod 4$[①]）

【解答】

使用双向平方试探法，根据跳转的方向，查找链的前M项可以分为三类：

O：第1次试探，位于原地的起点
A：第2、4、6、...、M - 1次试探，相对于起点向前跳转
B：第3、5、7、...、M次试探，相对于起点向后跳转

根据习题[9-14]的结论，无论O∪A还是O∪B，其内部的试探均不致相互冲突。因此，只需考查A类与B类试探之间是否可能冲突。

假设第2a次（A类）试探，与第2b + 1次（B类）试探相互冲突。于是便有：

$$a^2 \equiv -b^2 \pmod M$$

亦即：

$$n = a^2 + b^2 \equiv 0 \pmod M \quad \text{......(*)}$$

然而以下将证明，对于形如M = 4k + 3的素数表长，这是不可能的。

一个自然数n若可表示为一对整数的平方和，则称之为“可平方拆分的”。

不妨设n的素因子分解式为：

$$n = p_1^{\alpha 1} \cdot p_2^{\alpha 2} \cdot p_3^{\alpha 3} \cdot \ ... \ \cdot p_d^{\alpha d}$$

只要注意到以下恒等式：

$$(u^2 + v^2)(s^2 + t^2) = (us + vt)^2 + (ut - vs)^2$$

即不难理解，n是可平方拆分的，当且仅当对于每个$1 \le i \le d$，或者α_i是偶数，或者p_i是可平方拆分的。

除了$2 = 1^2 + 1^2$，其余的素数可以按照关于4的模余值，划分为两个同余类。而根据费马平方和定理，形如4k + 1的素因子必可平方拆分，而形如4k + 3的素因子则必不可平方拆分。因此n若可平方拆分，则对于其中每个形如$p_i = 4k + 3$的素因子，α_i必然是偶数。

现在，反观以上(*)式可知，M = 4k + 3应是n的一个素因子。而根据以上分析还可进一步推知，n必然能被M^2整除。于是便有：

$$n = a^2 + b^2 \ge M^2$$

然而，对于取值都在$[1, \lfloor M/2 \rfloor]$范围之内的a和b，这是不可能的。

b） 在装填因子尚未增至 100%之前，插入操作必然成功（而不致因无法抵达空桶而失败）。

【解答】

由以上分析结论，显然。

① 亦即，费马平方和定理（Two-Square Theorem of Fermat）

[9-18] 设散列表$\mathcal{H}$容量为 11 且初始为空，采用除余法确定散列地址，采用单向平方试探法排解冲突，采用懒惰策略实现删除操作。

a）若通过 put()接口将关键码{ 2012, 10, 120, 175, 190, 230 }依次插入$\mathcal{H}$中，试给出此时各桶单元的内容（提示：仿照教材 274 页图 9.18）；

【解答】

按照除余法，这一组关键码对应的初始试探位置依次为：

{ 10, 10, 10, 10, 3, 10 }

因此整个插入过程应该如下：

```
2012可直接存入10号桶
10经过2次试探，存入(10 + 1) % 11  =  0号桶
120经过3次试探，存入(10 + 1 + 3) % 11  =  3号桶
175经过4次试探，存入(10 + 1 + 3 + 5) % 11  =  8号桶
190经过2次试探，存入(3 + 1) % 11  =  4号桶
230经过6次试探，存入(10 + 1 + 3 + 5 + 7 + 9) % 11  =  2号桶
```

最终结果，如图x9.3所示。

10		230	120	190				175		2012
0	1	2	3	4	5	6	7	8	9	10

图x9.3 将关键码{ 2012, 10, 120, 175, 190, 230 }，依次插入长度为11的散列表

b）若再执行 remove(2012），试给出此时各桶单元的内容（提示：注意懒惰删除标记）；

【解答】

如图x9.4所示，10号桶被加注懒惰删除标记。

图x9.4 删除关键码2012，并做懒惰删除标记

c）若继续执行 get(2012)，会出现什么问题？为什么？

（提示：此时虽只有 5 个关键码，但计入被懒惰删除的桶，等效的装填因子为(5 + 1)/11 > 50%）

【解答】

不难验证，形如：

$(10 + k^2)$ % 11, k = 0, 1, 2, 3, ...

的整数只有6种选择：

{ 0, 2, 3, 4, 8, 10 }

它们构成了2012所对应的查找链。

然而反观如图x9.4所示的当前散列表可见，此时该查找链上所有的桶均非空余——其中5个存有关键码，1个带有懒惰删除标记。因此，对2012的查找必然陷入死循环。

d） 为避免此类问题的出现，可以采取什么措施？试给出至少两种方案。

【解答】

首先，在计算装填因子时，可以同时计入带有懒惰删除标记的桶。这样，一旦发现装填因子超过50%，则可通过重散列及时地扩容，令装填因子重新回落至50%以下——根据习题[9-14]的结论，如此即可保证，查找过程必然不致出现死循环。

另外，也可以改用习题[9-17]所建议的双向平方试探法排解冲突。当然，此后如需通过重散列扩容，则散列表的容量M必须与初始的11一样，依然是形如4k + 3的素数。

[9-19] a） 试在图结构的邻接表实现方式中，将每一列表替换为散列表；

【解答】

请读者独立完成编码和调试任务。

b） 如此，图 ADT 各操作接口的时间复杂度有何变化？

【解答】

请读者结合自己的具体实现方法，给出分析结论。

c） 总体空间复杂度有何变化？

【解答】

请读者针对自己的具体实现方法，给出分析结论。

[9-20] a） 了解 C#所提供 GetHashCode()方法的原理，并尝试利用该方法转换散列码；

【解答】

请读者独立完成代码阅读及相关实验任务。

b） 了解 Java 所提供 hashCode()方法的原理，并尝试利用该方法转换散列码；

【解答】

对于任意对象x，x.hashCode()返回的散列码实际上就是x在内存中的地址。因此，可能出现如下奇特的现象：（包括关键码在内）数值完全相等的两个对象，散列码居然不同。

请读者独立完成代码阅读及相关实验任务。

c） 这两个接口存在什么潜在的问题？为此在实际应用中，还需对它们做何调整？

【解答】

请读者独立完成代码阅读及分析任务，并根据自己的理解给出解答。

[9-21] 考查教材9.4.1节介绍的基本桶排序算法。

若采用习题[9-11]中的技巧，可将其中散列表初始化所需的时间从 $\mathcal{O}(M)$ 优化至常数。

a）算法的整体时间复杂度，是否因此亦有所改进？

【解答】

因为最后一步仍然需要花费 $\mathcal{O}(M)$ 时间遍历整个散列表，故总体的渐进时间复杂度并无改变。

b）空间方面，需要付出多大的代价？是否会影响到渐进的空间复杂度？

【解答】

按照习题[2-34]中Bitmap类的实现方式，新增的空间与原先所需的空间渐进等量，故亦总体的渐进空间复杂度亦保持不变。

[9-22] 任给来自于 $[0, n^d)$ 范围内的n个整数，其中常数 $d > 1$。

试设计并实现一个算法，在 $\mathcal{O}(n)$ 时间内完成对它们的排序。（提示：基数排序）

【解答】

首先，在 $\mathcal{O}(dn) = \mathcal{O}(n)$ 时间内，将这些整数统一转换为n进制的表示。如此，每个整数均不超过d位。若将每一位视作一个域（字段），则这些整数的排序依据，即等效于（由高位至低位）按照这些域的字典序。因此接下来，只需直接套用基数排序算法，即可实现整体排序。

以上基数排序过程包含d趟桶排序，累计耗时：

$$d \cdot \mathcal{O}(n) = \mathcal{O}(dn) = \mathcal{O}(n)$$

[9-23] 若将任一有序序列等效地视作有序向量，则其中每个元素的秩，应恰好就等于序列中不大于该元素的元素总数。例如，其中最小、最大元素的秩分别为0、n - 1，可以解释为：分别有0和n - 1个元素不大于它们。根据这一原理，只需统计出各元素所对应的这一指标，也就确定了它们在有序向量中各自所对应的秩。

a）试按照以上思路，实现一个排序算法[②]；

【解答】

表x9.2 对序列{ 5a, 2a, 3, 2b, 9a, 5b, 9b, 8, 2c }的直接计数排序

输入序列	5a	2a	3	2b	9a	5b	9b	8	2c
更小的元素总数	4	0	3	0	7	4	7	6	0
相等的前驱总数	0	0	0	1	0	1	1	0	2
在排序序列中的秩	4	0	3	1	7	5	8	6	2

为每个元素设置一个计数器，初始值均取作0。以下对于每个元素，都遍历一趟整个序列，并统计出小于该元素的元素总数，以及在位于该元素之前、与之相等的元素总数。最后，根据以上两项之和，即可确定各元素在排序序列中对应的秩。

---

② 亦即，所谓的计数排序（counting sort）算法

仍如教材277页图9.21所示，考查待排序序列{ 5a, 2a, 3, 2b, 9a, 5b, 9b, 8, 2c }按照以上算法，每个元素的各项统计数值如表x9.2所示。

对照教材的图9.21可见，排序结果完全一致。

请特别留意这里选择的扫描方向，并体会为何如此可以保证该算法的稳定性。

b） 你的这一算法，时间和空间复杂度各是多少？

【解答】

该算法供需$\mathcal{O}(n)$趟遍历，每趟遍历均需$\mathcal{O}(n)$时间，故累计耗时为$\mathcal{O}(n^2)$。

除了原输入序列，这里引入的计数器还共需$\mathcal{O}(n)$辅助空间。

c） 改进你的算法，使之能够在$\mathcal{O}(n + M)$时间内对来自[0, M)范围内的 n 个整数进行排序，且使用的辅助空间不超过$\mathcal{O}(M)$。

【解答】

计算过程，大致可以描述如算法x9.1所示：

```
1 int* countingSort(int A[0, n))
2    引入一个可计数的散列表H[0, M)，其长度等于输入元素取值范围的宽度M
3    将H[]中所有桶的数值，初始化为0
4    遍历输入序列A[0, n)  //遍历计数，O(n)
5       对于每一项A[k]，令H[ A[k] ] ++
6    遍历散列表H[0, M)  //逐项累加，O(M)
7       对于每一项H[i]，令H[ i + 1 ] += H[i]
8    创建序列S[0, n)，用以记录排序结果
9    逆向遍历输入序列A[0, n)  //逐项输出，O(n)
10      对于每一项A[k]
11         令S[ -- H[ A[k] ] ] = A[k]
12   返回S[0, n)
```

算法x9.1 整数向量的计数排序算法

同样地，也请读者特别留意这里对输入序列和散列表的扫描方向，并体会为何如此可以保证该算法的稳定性。

其中每个步骤各自所需的时间，如注释所示。总体而言，执行时间不超过$\mathcal{O}(n + M)$。需要特别说明的是，若n >> M，则排序时间为$\mathcal{O}(n)$，优于面向一般情况最优的$\mathcal{O}(n\log n)$。另外从算法流程这也就是所谓的“小集合、大数据”情况，在当下实际应用中，这已成为数据和信息处理的主流需求类型。

空间方面，除了输出序列S[]，这里只引入了一个规模为$\mathcal{O}(M)$的散列表。

仍以教材277页图9.21中序列为例。按照以上算法，所有元素各项统计数值如表x9.3所示。

表x9.3 借助散列表对{ 5a, 2a, 3, 2b, 9a, 5b, 9b, 8, 2c }的计数排序（凡“-”项均与其上方项相等）

k		0	1	2	3	4	5	6	7	8	9	输出
$\mathcal{H}$[k]	$\mathcal{H}$[k]初始值	0	0	0	0	0	0	0	0	0	0	
	遍历计数之后	0	0	3	1	0	2	0	0	1	2	
	逐项累加之后	0	0	3	4	4	6	6	6	7	9	
	逆序逐项输出	-	-	2	-	-	-	-	-	-	-	S[2] = 2c
		-	-	-	-	-	-	-	-	6	-	S[6] = 8
		-	-	-	-	-	-	-	-	-	8	S[8] = 9b
		-	-	-	-	-	5	-	-	-	-	S[5] = 5b
		-	-	-	-	-	-	-	-	-	7	S[7] = 9a
		-	-	1	-	-	-	-	-	-	-	S[1] = 2b
		-	-	-	3	-	-	-	-	-	-	S[3] = 3
		-	-	0	-	-	-	-	-	-	-	S[0] = 2a
		-	-	-	-	-	4	-	-	-	-	S[4] = 5a

[9-24] 习题[4-18]（100 页）曾指出，同一整数可能同时存在多个费马-拉格朗日（Fermat-Lagrange）分解，其中，四个整数之和最小者称作最小分解。比如：

$$101 = 0^2 + 0^2 + 1^2 + 10^2 = (0, 0, 1, 10)$$
$$= 0^2 + 1^2 + 6^2 + 8^2 = (0, 1, 6, 8)$$
$$= 0^2 + 2^2 + 4^2 + 9^2 = (0, 2, 4, 9)$$
$$= 0^2 + 4^2 + 6^2 + 7^2 = (0, 4, 6, 7)$$
$$= 2^2 + 5^2 + 6^2 + 6^2 = (2, 5, 6, 6)$$

其中(0, 0, 1, 10)即为 101 的最小费马-拉格朗日分解，因为组成它的四个整数之和 11 为最小。

a） 试设计并实现一个算法，对任何整数 n > 0，输出[1, n]内所有整数的最小费马-拉格朗日分解；

【解答】

引入散列表$\mathcal{H}$[0, n)，记录此区间内各整数当前的最小分解方案。枚举所有可能的分解方案，并不断刷新各散列表项。当然，在枚举的过程中，需充分利用该问题的特点，做有效的剪枝。

请读者根据以上提示，独立完成编码和调试任务。

b） 你的算法需要运行多少时间？空间呢？

【解答】

蛮力算法大致需要运行$\mathcal{O}((\sqrt{n})^4) = \mathcal{O}(n^2)$时间；空间主要消耗于散列表，占用$\mathcal{O}(n)$的辅助空间。请读者根据各自所设计并采用的优化策略，给出更加具体和准确的估计。

[9-25] 散列技术在信息加密领域有着广泛应用，比如数字指纹的提取与验证。试通过查阅资料和编程实践：

a） 了解 MD5、SHA 等主流数字指纹的定义、功能、原理及算法流程；

【解答】

请读者独立完成相关资料的阅读，以及算法的编码和调试任务。

b） 以 Python 语言提供的 hashlib 模块库为例，学习 md5()、sha1()、sha224()、sha256()、sha384()、sha512()等接口的使用方法。

【解答】

请读者独立完成相关资料的阅读，并学习相关接口的使用方法。

[9-26] 当元素类型为字符串时，为避免复杂的散列码转换，可以改用键树（trie）结构来实现词典 ADT。

a） 试在 118 页习题[5-30]的基础上，基于键树结构实现词典的 get()、put()和 remove()接口，要求其时间复杂度分别为 $\mathcal{O}(h)$、$\mathcal{O}(hr)$和 $\mathcal{O}(hr)$，其中 h 为树高，r = |Σ|为字符表规模。

【解答】

请读者根据有关介绍及提示，独立完成编码和调试任务。

b） remove()接口复杂度中的因子 r 可否消除？（提示：之所以会有因子 r，是因为在最坏情况下，在删除每个节点之前，都需要花费 $\mathcal{O}(r)$的时间，确认对应向量中的每个指针是否都是 NULL）

【解答】

若沿用习题[5-30]的方式，用向量实现每个节点，则正如以上提示所指出的原因，无法消除remove()接口复杂度中的因子r。

c） put()接口复杂度中的因子 r 可否消除？（提示：之所以会有因子 r，是因为在最坏情况下，在创建每个节点之后，都需要花费 $\mathcal{O}(r)$的时间，将对应向量中的每个指针都初始化为 NULL）

【解答】

与b）同理，若用向量实现键树节点，则put()接口复杂度中的因子r亦难以消除。

d） 试举例说明，以上实现方式在最坏情况下可能需要多达Ω(nr)的空间，其中 n = |S|为字符串集的规模。

【解答】

比如，若S中的字符串均互不为前缀，则每个字符串都唯一对应于一个叶节点。于是，即便只计入这n个叶节点，累计空间总量也至少有$n \cdot \Omega(r) = \Omega(nr)$。

e） 试改用列表来实现各节点，使所需空间的总量线性正比于 S 中所有字符串的长度总和——当然，get()接口的效率因此会降至 $\mathcal{O}(hr)$，其中 h 为树高，同时也是 S 中字符串的最大长度。

（提示：参考文献[54]）

【解答】

改用列表实现各节点后，每个节点的规模与实际的分支数成正比，每个字符串的每个字符至多占用$\mathcal{O}(1)$的空间，总体空间消耗量不超过所有字符串的总长。

为此，在每个节点需要$\mathcal{O}(r)$时间做顺序查找，以确定深入的分支方向，总体时间增至$\mathcal{O}(hr)$。

请读者根据以上介绍和提示，并参考建议的文献，独立完成编码和调试任务。

f) 键树中往往包含大量的单分支节点。试如图 x9.5 所示，通过折叠合并相邻的单分支节点，进一步提高键树的时、空效率。改进之后，键树的时、空复杂度各是多少？（提示：参考文献[55]）

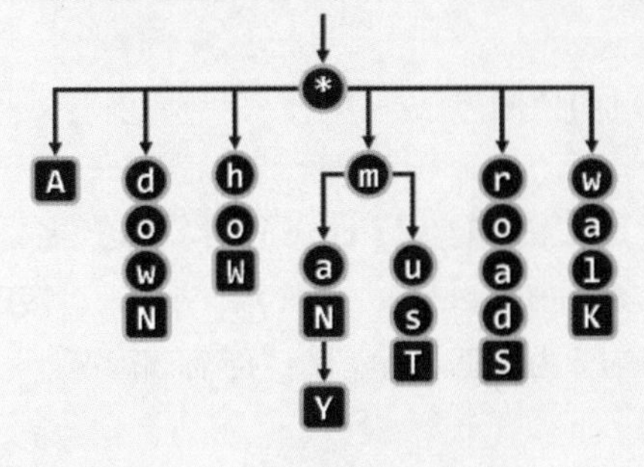

图x9.5 PATRICIA树（PATRICIA tree）[③]

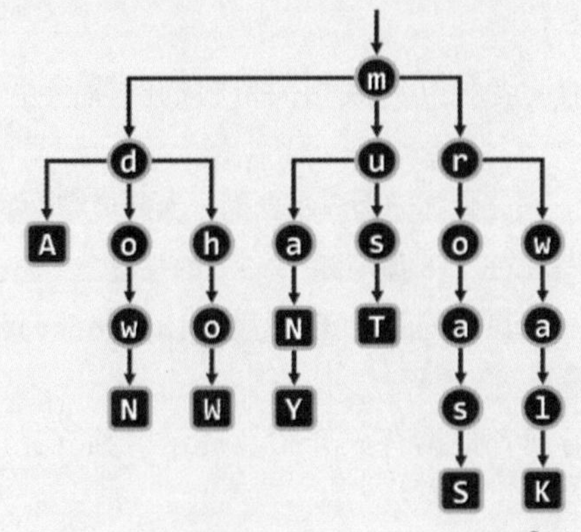

图x9.6 三叉键树（ternary trie）[④]

【解答】

具体地，也就是将向量的单分支节点合成一个大节点。尽管可以在一定程度上提高时、空效率，但从渐进角度看并无实质改进。

请读者根据以上介绍和提示，并参考建议的文献，独立完成编码和调试任务。

g) 习题[8-19]（173 页）曾介绍过四叉树（quadtree）结构，并指出其深度不受限制的缺陷。若将四个象限的二进制编码视作字符，即将字符表取作 Σ = { 00, 01, 10, 11 }，则四叉树可以看作键树的特例。试基于这一理解，仿照以上技巧对四叉树进行压缩，使其深度不致超过 $\mathcal{O}(n)$。

【解答】

同样地，对于如此表示的四叉树，可以将其中相邻的单分支节点合并为大节点。

如此压缩之后，叶节点的总数固然不超过输入点集的规模n，同时内部节点也不会超过n，故总体的深度可以控制在$\mathcal{O}(n)$范围以内。

h) 仿照教材 5.1.3 节将有根有序多叉树等价变换为二叉树的技巧，试如图 x9.6 所示，以三叉树的形式进一步改进键树。其中，任一节点 x 的左、中、右分支非空，当且仅当 S 中存在下一字符小于、等于、大于 x 的字符串。以图中深度为 1 的节点 u 为例：其左分支非空，是因为 S 中存在首字符为 m、次字符小于 u 字符串（"man"和"many"）；反之，其右分支为空，是因为 S 中不存在首字符为 m、次字符大于 u 的字符串。改进之后，键树的时、空复杂度各是多少？
（提示：参考文献[56]）

【解答】

请读者根据以上介绍和提示，独立完成编码和调试任务，并针对具体的实现方式分析复杂度。

③ 由D. Morrison于1968年发明[55]
名字源自“Practical Algorithm To Retrieve Information Coded In Alphanumeric”的缩写

④ 由J. Bentley和R. Sedgewick于1997年发明[56]

第10章

优先级队列

[10-1] a） 试按照代码 10.1 中的 ADT 接口，分别基于无序、有序列表和无序、有序向量实现优先级队列；

【解答】

请读者利用此前各章实现的列表及向量等数据结构，独立完成编码和调试任务。

b） 你所实现操作接口的时间复杂度各是多少？

【解答】

请读者针对自己的实现方式，给出对应的分析和结论。

c） 基于这些结构，可否使 getMax()接口的效率达到 $O(1)$，同时 delMax()和 insert()接口的效率达到 $O(\log n)$？

【解答】

列表和向量只能提供基本的数据操作，难以简明地直接同时兼顾以上接口的高效率。

有趣的是，只要采用教材10.2节的方法，将利用向量维护一个逻辑上的完全二叉堆，即可高效地同时支持以上操作接口。

[10-2] 基于向量实现完全二叉堆时，也可在向量中将各节点顺次后移一个单元，并在腾出的首单元中置入对应元素类型的最大值作为哨兵（比如，对于整型可取 INT_MAX）。如此，虽然多使用了一个单元，但在上滤过程中只需比较父子节点的大小，而无需核对是否已经越界。

a） 经如此转换之后，父子节点各自在物理上所对应的秩之间的换算关系，应如何调整？

【解答】

只需在教材10.2.1节所给方法的基础上，略作调整。

具体地，若节点v的编号（秩）记作i(v)，则根节点及其后代节点的编号分别为：

```
i(root)  =  1
i(lchild(root))  =  2
i(rchild(root))  =  3
i(lchild(lchild(root))  =  4
...
```

一般地有：

```
1）若节点v有左孩子，则i(lchild(v))  =  2·i(v)；
2）若节点v有右孩子，则i(rchild(v))  =  2·i(v) + 1；
3）若节点v有父节点，则i(parent(v))  =  ⌊i(v)/2⌋  =  ⌈((i(v) - 1)/2⌉
```

b) 试在本章对应代码的基础上略作修改，实现上述改进；

【解答】

请读者根据以上介绍和提示，独立完成编码及调试任务。

c) 如此改进之后，insert()和delMax()操作的时间复杂度有何变化？总体效率呢？

【解答】

如此调整之后，上滤的过程无需核对是否已经越界，因此可以在一定程度上提高插入操作的效率，但渐进时间复杂度依然保持为$\mathcal{O}$(logn)。当然，以上调整对下滤的过程及效率没有影响。

d) 对于不易甚至无法定义最大值的元素类型（比如长度任意的字符串），以上技巧是否依然适用？

【解答】

不再适用。

[10-3] 如教材代码10.7、代码10.9实现的percolateUp、percolateDown算法中，若实际上升或下降k = $\mathcal{O}$(logn)层，则k次swap()操作共需3k次赋值。

试改进以上实现，将此类赋值操作降至k + 1次。

【解答】

在插入接口的上滤过程中，新元素可暂且不予插入，而只是将其上若干代祖先节点依次下移；待所有祖先均已就位之后，才将新元素置入腾出的空节点。删除接口的下滤过程，与此同理。

请读者按照以上提示，独立完成编码和调试任务。

[10-4] a) 试证明，在从堆顶通往任一叶节点的沿途上，各节点对应的关键码必然单调变化；

【解答】

由堆序性，显然。

b) 试给出一个算法，对于秩为r的任一节点，在$\mathcal{O}$(1)时间内确定其在任何高度h上祖先的秩；

【解答】

考查基于向量实现的任一完全二叉堆。

我们注意到，其中祖先与后代节点的秩之间存在某种关联关系。具体地，只需令各节点的秩统一地递增一个单位，则从秩的二进制表示的角度来看，祖先必是后代的前缀。

以如教材287页图10.2所示的完全二叉堆为例，考查其中节点18所对应的查找路径，沿途各节点的秩依次为：

0,	1,	3,	8,	18

统一递增之后，依次为：

1,	2,	4,	9,	19

对应的二进制表示依次为：

1,	10,	100,	1001,	10011

位数依次递增。而且更重要的是，相邻的每一对中，前者总是后者的前缀。

因此，对于任何秩为r的元素，其上溯第h代祖先（若存在）所对应的秩必然为：

```
(r + 1) >> h  -  1
```

c）**试改进 percolateUp 算法（代码 10.7），将其中执行的关键码比较减少至 $\mathcal{O}$(loglogn)次；**

【解答】

利用b）所指出的特性，在引入新节点但尚未上滤调整之前，可以将该节点对应的查找路径视作一个静态查询表，并使用二分查找算法。

具体地，每次都可在$\mathcal{O}(1)$时间内确定高度居中的祖先的秩；将其当作轴点，只需再做$\mathcal{O}(1)$次比较，即可将查找范围缩小一半。如此反复迭代，直至查找范围内仅剩单个节点。

既然完全二叉堆的高度h = $\mathcal{O}$(logn)，故整个查找过程的迭代（比较操作）次数将不超过：

$$\log h = \mathcal{O}(\log\log n)$$

请注意，因为任一节点通往其后代的路径并不唯一，故这一技巧并不适用于下滤操作。

d）**经过以上改进，percolateUp 算法总体的渐进复杂度是否有所优化？**

【解答】

以上方法固然可以有效地减少词条的比较操作，但词条交换操作却不能减少。事实上无论如何，在最坏情况下，依然需要执行$\mathcal{O}(h) = \mathcal{O}(\log n)$次交换操作。

由此可见，percolateUp算法总体的渐进复杂度将保持不变。

e）**试通过实验确定，只有在完全二叉堆达到多大规模之后，以上改进才能实际地体现出效果。**

【解答】

请读者独立完成编码和调试工作，并根据实测结果给出分析和结论。

需要指出的是，对于通常的应用问题规模n而言，**logn**与**loglogn**均已十分接近于常数，二者之间的差异并不明显。

以$n = 2^{32} = 4 \times 10^9$为例，有：

$$\log_2 n = 32$$

$$\log_2(\log_2 n) = 5$$

若再综合考虑到以上方法针对秩所额外引入的计算量，实际性能的差异将更不明显。

[10-5] **在摘除原堆顶元素后，为恢复堆的结构性，为何采用如教材 292 页代码 10.9 所示的 percolateDown()算法，而不是自上而下地，依次以更大的孩子节点顶替空缺的父节点？**

【解答】

若仅就堆序性而言，这种调整方式并非不可行。

然而遗憾的是，经如此调整之后二叉堆的拓扑结构，未必依然是一棵完全二叉树，故其结构性将可能遭到破坏。

以如教材292页图10.6之a)所示的大顶堆为例，不难验证，在摘除堆顶元素（5）之后，若采用本题所建议的方法进行调整，则所得二叉堆将不再是一棵完全二叉树。

[10-6] 针对如教材第 290 页代码 10.7 所示的 percolateUp()上滤算法，10.2.2 节曾指出其执行时间为 $O(\log n)$。然而，这只是对其最坏情况的估计；在通常的情况下，实际的效率要远高于此。
试通过估算说明，在关键码均匀独立分布时，最坏情况极其罕见，且插入操作平均仅需常数时间。
（提示：参考文献[3]）

【解答】

在此仅做一个粗略的估算。

根据堆的定义及调整规则，若新节点p通过上滤升高了k层，则意味着在2^{k+1}个随机节点（p的父亲、p，以及p的2^{k+1} - 2个后代）中，该节点恰好是第二大者。

于是，若将新节点累计上升的高度记作H，则H恰好为k的概率应为：

$$Pr(H = k) = 1/2^{k+1} = (1/2)^k \cdot (1/2), \quad 0 \le k$$

这是一个典型的几何分布（geometric distribution），其数学期望为：

$$E(H) = 1/(1/2) - 1 = 1$$

也就是说，每个节点经上滤后平均大致上升1层，其间平均需做1 + 1 = 2次比较操作。

[10-7] Floyd 建堆算法中，同层内部节点下滤的次序

a）对建堆结果有无影响？若无影响，试说明原因；否则，试举一实例。

【解答】

没有影响。

同层节点的下滤，仅涉及到其各自的后代，它们之间完全相互独立，故改变次序不致影响最终的结果。

b）对建堆所需时间有无影响？若无影响，试说明原因；否则，试举一实例。

【解答】

也没有影响。

每个节点的下滤过程完全不变，所需时间不变，建堆所需的总体时间亦不变。

[10-8] 借助优先级队列高效的标准接口，教材 285 页代码 10.2 中的 generateTree()算法即可简明地在 $O(n\log n)$时间内构造出 n 个字符的 Huffman 编码树。然而，这还不足以说明这一实现已属最优。
试证明，任何 CBA 式 Huffman 树构造算法，在最坏情况下都需要运行$\Omega(n\log n)$的时间。

【解答】

只需建立一个从排序问题，到Huffman编码问题的线性归约（习题[2-12]）。

事实上，对于每一个待排序的输入序列，我们都将其视作一组字符的出现频率。不失一般性，这里可以假设每个元素均非负——否则，可以在$O(n)$时间内令它们增加同一足够大的正数。

以下，以这组频率作为输入，可以调用任何CBA式算法构造出Huffman编码树。而一旦得到这样一棵编码树，只需一趟层次遍历，即可在$O(n)$的时间内得到所有（叶）节点的遍历序列。

根据Huffman树的定义，该序列必然是单调的。因此，整个过程也等效于同时完成了对原输入序列的排序。

[10-9] 在附加某些特定条件之后，问题的难度往往会有实质的下降。比如，若待编码字符集已按出现频率排序，则 Huffman 编码可以更快完成。在编码过程中，始终将森林 $\mathcal{F}$ 中的树分为两类：单节点（尚未参与合并）和多节点（已合并过）。每经过一次迭代，后者虽不见得增多，但必然有一个新成员。

a） 试证明，在后一类树中，新成员的权重（频率）总是最大；

【解答】

根据Huffman编码算法的原理，每次迭代都是在当前森林中选取权重最小的两棵树做合并。因此，被选出的树的权重必然单调非降，故在当前所有（经合成生成的）多节点树中，最新者的权重必然最大。

b） 试利用以上性质设计一个算法，在 $\mathcal{O}(n)$ 时间内完成 Huffman 编码。

【解答】

将如上定义的两类节点，按权重次序组织为两个队列。初始状态如图x10.1(a)所示，所有字符都按照权重非降的次序，存入单节点树的队列（左）；而多节点树的队列（右），直接置空。此后的过程与常规的Huffman编码算法类似，也是反复地取出权重最小的两棵树，将其合并后插回森林。直至最后只剩一棵树。

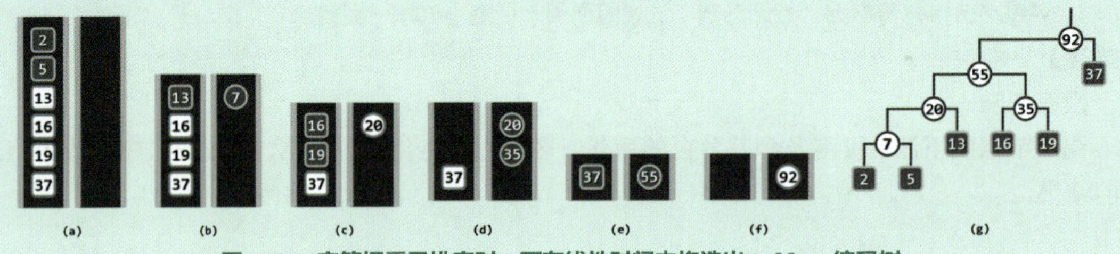

图x10.1 字符权重已排序时，可在线性时间内构造出Huffman编码树

这里与常规算法的本质不同，共有两点。首先，每次只需考查两个队列各自最前端的两棵树。也就是说，每次只需检查不超过四棵树，即可在 $\mathcal{O}(1)$ 的时间内挑选出整个森林中权重最小的两棵树。另外，这两棵树合并之后，直接作为末元素插入多节点树的队列。根据a）的分析结论，这样依然可以保持该队列的单调性。

作为一个完整的实例，图x10.1(b~f)针对权重集{ 2, 5, 13, 16, 19, 37 }，依次给出了算法各步迭代之后，两个队列的具体组成。最终构造出的Huffman编码树，如图(g)所示。

[10-10] 试利用本章所介绍的各种堆结构，与如代码 10.2（教材 285 页）所示的 Huffman 树统一构造算法 generateTree()一起编译、链接、执行，并就其性能做一统计、对比和分析。

【解答】

请读者独立完成编码和调试任务，并通过实际测量给出分析结论。

[10-11] 与 AVL 树需要借助 bf 记录类似，左式堆也需要设置 npl 记录。然而在实际应用中，这一点既不自然，也影响代码开发与转换的效率。实际上，仿照由 AVL 树引出伸展树的思路，可以在保留左式堆优点的前提下消除 npl 记录，新的结构称作斜堆（skew heap）。

当然，与伸展树一样，斜堆各接口的时间复杂度也需要从分摊的角度加以分析和理解。

试搜集和阅读相关材料，并实现斜堆结构。

【解答】

请读者查阅相关资料，并独立完成编码和调试任务。

[10-12] **某些应用可能要求堆结构提供更多接口，比如提升或降低堆中任一指定词条的优先级。尽管此类调整并不影响堆的结构性，但往往会破坏堆序性，故也需要及时调整并使之恢复为合法的堆结构。试设计一个算法，在任一词条改变优先级后，尽快地恢复全局的堆序性。**

（提示：借助上滤和下滤）

【解答】

根据词条优先级的变化方向，相应地套用已有的算法进行调整，以尽快恢复堆序性。

具体地，若优先级增加，则可仿照percolateUp()算法（教材290页代码10.7），对其做上滤调整；反之若优先级降低，则可仿照precolateDown()算法（教材292页代码10.9），对其做下滤调整。

请读者根据以上介绍和提示，独立完成新接口的定义、编码和调试任务。

[10-13] **在本章所给的左式堆模板类中（教材298页代码10.12），建堆操作仅实现了蛮力的 O(nlogn) 算法。试采用Floyd建堆算法，将这一操作的效率改进至 O(n)。**

【解答】

请读者仿照heapify()算法（教材294页代码10.10），独立完成编码和调试任务。

[10-14] **教材10.2.5节实现的就地堆排序是稳定的吗？若是，请给出证明；否则，试举一实例。**

【解答】

不是稳定的。

在反复摘除堆顶并将末词条转移至堆顶，然后做下滤的过程中，雷同词条之间的相对次序不再保持，故它们在最终所得排序序列中必然是“随机”排列的。

作为一个实例，不妨仿照教材296页的图10.10，考查对堆：

```
{ 5, 4, 1a, 1b, 1c }
```

的排序。不难验证，最终所得的排序结果为：

```
{ 1c, 1a, 1b, 4, 5 }
```

实际上更糟糕的是，以上“随机性”是堆排序算法固有的不足，难以通过该算法自身的调整予以改进。当然，这一问题也并非不能解决——比如，读者不妨参考136页习题[6-24]中介绍的合成数（composite number）法，给出一种解决的办法。

[10-15] **如教材302页代码10.13所示的左式堆合并算法，采用了递归模式。尽管如此已足以保证合并操作的渐进时间复杂度为 O(logn)，但为进一步提高实际运行效率，试将该算法改写为迭代模式。**

【解答】

请读者参照递归算法转换为迭代版本的一般性模式和方法，独立完成编码和调试任务。

[10-16]　若能注意到教材6.11.5节Prim算法中定义的“优先级数”恰好对应于优先级队列中元素的优先级，即可利用本章介绍的优先级队列，改进如教材177页代码6.8所示的$O(n^2)$版本。

具体地，可首先花费$O(n)$时间，将起点s与其余顶点之间的n - 1条边组织为一个优先级队列H。此后的每一步迭代中，只需$O(\log n)$时间即可从H中取出优先级数最小的边（最短桥），并将对应的顶点转入最小支撑树中。不过，随后为了高效地对H中与刚转出顶点相关联的每一条边做松弛优化，需要增加一个decrease(e)接口，在边e的优先级数减少后将H重新调整成一个堆。

a）参照如代码10.7所示的percolateUp()上滤算法为堆结构增加decrease()接口，要求运行时间不超过$O(\log n)$；

【解答】

这类decrease()接口的工作原理，可参见习题[10-12]。

请读者根据以上介绍和提示，独立完成编码和调试任务。

b）试证明，如此改进之后Prim算法的效率为$O((n + e)\log n)$，非常适用于稀疏图；

【解答】

按照该算法，取出每个顶点需要$O(\log n)$时间，累计$O(n\log n)$时间。

所有顶点的所有邻接顶点的松弛，在最坏情况下累计需要$O(e\log n)$时间。

两项合计，即得题中结论。

c）这种改进策略是否也适用于Dijkstra算法？

【解答】

同样适用，只需改用Diskstra算法的优先级更新规则。

事实上，推而广之，这种改进策略适用于任何基于优先级搜索（PFS）策略的算法。

[10-17]　在多叉堆（d-heap）中，每个节点至多可拥有d ≥ 3个孩子，且其优先级不低于任一孩子。

a）试证明，多叉堆decrease()接口的效率可改进至$O(\log_d n)$；

（当然，delMax()接口的效率因此会降至$O(d\cdot\log n)$）

【解答】

如图x10.2所示，我们依然可以仿照二叉堆的方式实现多叉堆。

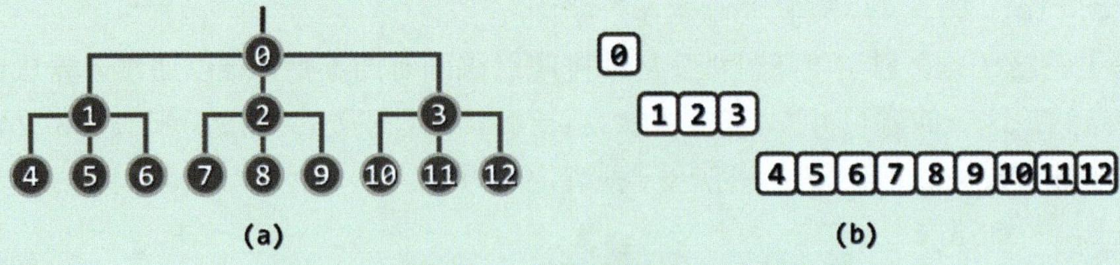

图x10.2 三叉堆：(a)逻辑结构及(b)物理结构

具体地，将所有元素组织为一个向量，且对于任意秩为k > 0的元素，其父亲对应的秩为：

$$parent(k) = \lfloor (k - 1)/d \rfloor$$

比如在图x10.2所示的三叉堆中，8号元素的父亲对应的秩为：

$\text{parent}(8) = \lfloor(8 - 1)/3\rfloor = 2$

反过来，对于任意秩为k < ⌈(n - 1)/d⌉的元素，其第i个孩子（若存在）对应的秩为：

$\text{child}(k, i) = k \cdot d + i, \quad (i = 1, 2, ..., d)$

当然，当d不再是2的幂时，将不再能够借助移位运算来加速秩的换算。不过反过来，在计算效率并不主要依赖于秩换算效率的场合（比如数据规模大到跨越存储层次，涉及一定量的I/O操作时），这种推广完全行之有效。

按照以上实现方式，对于规模为n的d叉堆而言，高度应为：

$$\lceil \log_d(n \cdot (d - 1) + 1) \rceil - 1 = \mathcal{O}(\log_d n)$$

如此，在上滤过程中的每一步，只需将当前节点与其父节点做一次比较，因此整个上滤操作总体的耗时量不过：

$$\mathcal{O}(\log_d n)$$

与此同时，在下滤过程中的每一步，却需要遍历当前节点及其d个孩子，方可确定是否继续下降一层，以及向那个分支下降一层。相应地，总体耗时量为：

$$\mathcal{O}(d) \cdot \mathcal{O}(\log_d n) = \mathcal{O}(d \cdot \log_d n)$$

多叉堆中上滤操作与下滤操作之间的如上差异，既细微亦关键。请特别留意体会。

b） 试证明，若取d = e/n + 2，则基于d叉堆实现的Prim算法的时间复杂度可降至$\mathcal{O}(e \cdot \log_d n)$；

【解答】

根据以上分析，使用基于d叉堆的Prim算法，总体时间复杂度应为：

$$n \cdot d \cdot \log_d n + e \cdot \log_d n = (n \cdot d + e) \cdot \log_d n$$

特别地，当取：

$$d = e/n + 2$$

时，总体的渐进性能将达到渐进最优的：

$$\mathcal{O}(e \cdot \log_d n) = \mathcal{O}(e \cdot \log_{(e/n + 2)} n)$$

c） 这种改进策略是否也适用于Dijkstra算法？

【解答】

实际上，在基于优先级搜索（PFS）策略的图算法中，只要各节点优先级的更新方向总是单调非降（相应地，优先级数总是单调非升），则堆结构的上滤、下滤操作必然各自累计需要执行$\mathcal{O}(e)$次、$\mathcal{O}(n)$次。

在通常情况下，前者相对于后者都要更多（甚至非常多），故以上技巧及其性能分析的过程和结论，亦将完全适用。

在Dijkstra算法中，各节点优先级的更新方向也是单调非降的，故亦适用以上策略。

[10-18] 所谓半无穷范围查询（semi-infinite range query），是教材8.4节中所介绍一般性范围查询的特例。具体地，这里的查询区域是某一侧无界的广义矩形区域，比如R = $[-1, +1] \times [0, +\infty)$，

即是对称地包含正半 y 坐标轴、宽度为 2 的一个广义矩形区域。当然，对查询的语义功能要求依然不变——从某一相对固定的点集中，找出落在任意指定区域 R 内部的所有点。

范围树（176 页习题[8-20]）稍作调整之后，固然也可支持半无穷范围查询，但若能针对这一特定问题所固有的性质，改用优先级搜索树（priority search tree, PST）[①]之类的数据结构，则不仅可以保持 $O(r + \log n)$的最优时间效率，而且更重要的是，可以将空间复杂度从范围树的 $O(n\log n)$优化至 $O(n)$。

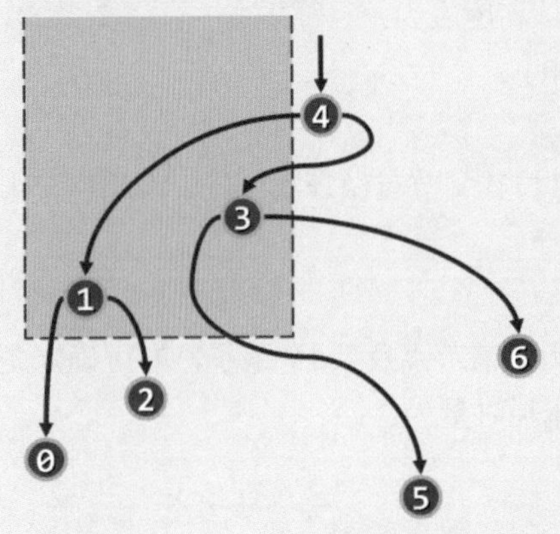

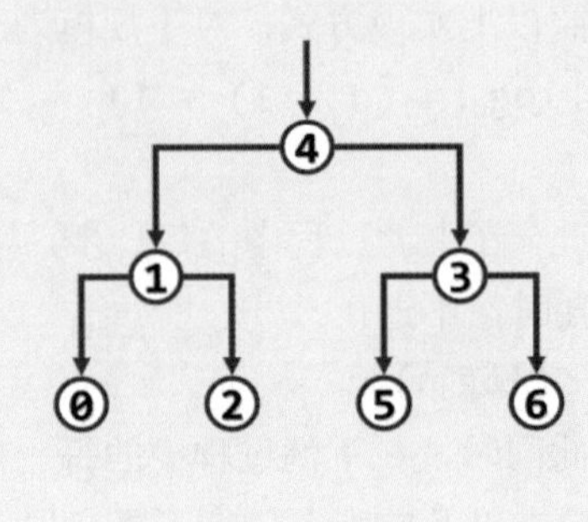

图x10.3 优先级搜索树

如图 x10.3 所示，优先级搜索树除了首先在拓扑上应是一棵二叉树，还需同时遵守以下三条规则。

- ❶ **首先，各节点的 y 坐标均不小于其左、右孩子（如果存在）——因此，整体上可以视作为以 y 坐标为优先级的二叉堆**
- ❷ **此外，相对于任一父节点，左子树中节点的 x 坐标均不得大于右子树中的节点**
- ❸ **最后，互为兄弟的每一对左、右子树，在规模上相差不得超过一[②]**

a） 试按照以上描述，用 C/C++定义并实现优先级搜索树结构；

【解答】

请读者根据以上介绍及提示，独立完成编码和调试任务。

b） 试设计一个算法，在 $O(n\log n)$时间内将平面上的 n 个点组织为一棵优先级搜索树；

【解答】

首先，不妨按照x坐标对所有的点排序。然后，根据如上定义，可以递归地将这些点组织为一棵优先级搜索树。

具体地，为构造任一点集对应的子树，只需花费$O(n)$时间从中找出最高（y坐标最大）者，并将其作为子树树根。以下，借助x坐标的排序序列，可以在$O(1)$时间内将剩余的$n - 1$个点均衡地划分为在空间上分列于左、右的两个子集——二者各自对应的子树，可以通过递归构造。

如此，构造全树所需的时间不超过：

① 由E. M. McCreight于1985年发明[59]

② 若无需遵守最后一条规则，则可保证所有节点能够以x坐标为序组成一棵（未必平衡的）二叉搜索树
此时，该结构兼具二叉搜索树和堆的操作特性，故亦称作树堆（treap）。treap一词，源自tree和heap的组合

$$T(n) = 2 \cdot T(n/2) + \mathcal{O}(n) = \mathcal{O}(n\log n)$$

c） **试设计一个算法，利用已创建的优先级搜索树，在$\mathcal{O}(r + \log n)$时间内完成每次半无穷范围查询，其中r为实际命中并被报告的点数。**

【解答】

查询算法的过程，可大致地递归描述如算法x10.1所示。

```
1 queryPST( PSTNode v, SemiInfRange R ) { //R = [x1, x2] × [y, +∞)
2    if ( ! v || R.y < v.y ) return; //y-pruning
3    if ( R.x1 < v.x && v.x < R.x2 ) output(v); //hit
4    if ( R.x1 <  v.xm ) queryPST( v.lc, R ); //recursion & x-pruning
5    if ( v.xm <= R.x2 ) queryPST( v.rc, R ); //recursion & x-pruning
6 }
```

算法x10.1 基于优先级搜索树的半无穷范围查询算法

首先，根据y坐标，判断当前子树根节点v（及其后代）是否已经落在查询范围R之外。若是，则可立即在此处返回，不再深入递归——亦即纵向剪枝；否则，才需要继续深入查找。

以下，再检查根节点v的x坐标，若落在查询范围之内，则需报告该节点。

最后，若在节点v处的横向切分位置为xm，则通过将其与R的左（x1）、右（x2）边界相比较，即可确认是否有必要继续沿对应的子树分支，继续递归搜索——亦即横向剪枝。

具体地如图x10.4所示，唯有当R.x1位于v.xm左侧时，才有必要对左子树v.lc做递归搜索；唯有当R.x2不位于v.xm左侧时，才有必要对右子树v.rc做递归搜索。

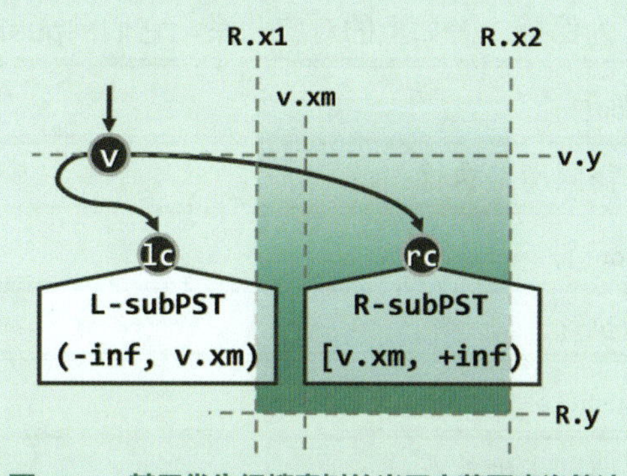

图x10.4 基于优先级搜索树的半无穷范围查询算法

对于任意的查询区域$R = [x_1, x_2] \times [y, +\infty)$，考查被算法queryPST()访问的任一节点，设与之对应的点为v = (a, b)。于是，v无非三种类型：

A） 被访问，且被报告出来

——也就是说，v落在R之内（$x_1 \le a \le x_2$且$y \le b$）。此类节点恰有r个。

B） 虽被访问，却未予报告

——因其x坐标落在R之外（$a < x_1$或$x_2 < a$）而横向剪枝，不再深入递归。此类节点在每一层上至多只有两个，总数不超过$\mathcal{O}(2 \cdot \log n)$。

C） 虽被访问，却未予报告

——尽管其x坐标落在R之内（$x_1 \le a \le x_2$），但因其y坐标却未落在R之内（$b < y$）而纵向剪枝，也不深入递归。实际上，此类节点的父节点，必然属于A或B类，其总数不超过这两类节点总数的两倍。

综合以上分析可知，以上queryPST()算法的渐进时间复杂度不超过$O(r + \log n)$。

[10-19]　**试为第4章栈结构增加Stack::getMax()接口，以在$O(1)$时间内定位并读取栈中的最大元素。要求Stack::push()和Stack::pop()等接口的复杂度依然保持为$O(1)$。**

【解答】

如图x6.5所示，对于任何一个栈S，可以引入另一个与之孪生的“镜像”栈P。

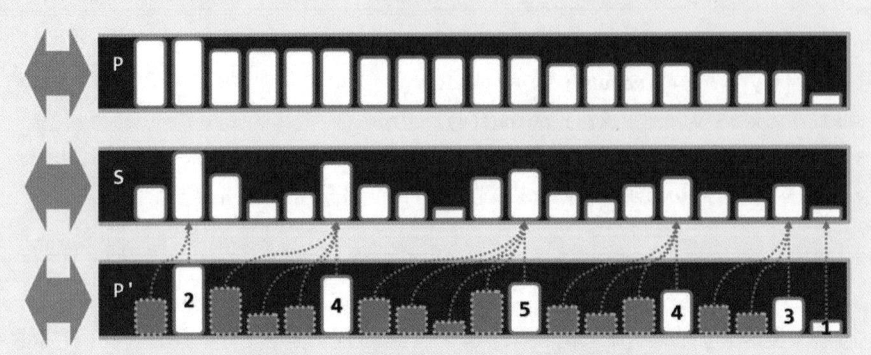

图x10.5 高效支持getMax()接口的栈

具体地，P中的元素与S中的元素始终保持一一对应，前者的取值，恰好就是后者所有前驱中的最大者。当然，P中元素因此也必然按照单调非降的次序排列。如此，任何时刻栈P的顶元素，都是栈S中的最大元素。

为保持二者如上的对应关系，它们的push()和pop()操作必须同步进行。若执行：

```
S.pop();
```

则只需同步地执行：

```
P.pop();
```

而若执行：

```
S.push( e );
```

则需要同步地执行：

```
P.push( max( e, P.top() ) );
```

以上方案还可以进一步地优化。

仍如图x6.5所示，可将栈P“压缩”为栈P'。为此，需要注意到，P中相等的元素必然彼此相邻，并因此可以分为若干组。若假想式地令栈P中的每个元素通过指针指向栈S中对应的元素，而不是保留后者的副本，则可以将P中的同组元素合并起来，共享一个指针。当然，同时还需为合并后的元素增设一个计数器，记录原先同组元素的总数。

如此改进之后的“镜像”结构，如图中的栈P'所示：每一组元素只需保留一份（白色），其余元素（灰色）则不必继续保存。这样，附加空间的使用量可以大为降低。

相应地，在栈S每次执行出栈操作时，栈P（P'）必须同步地执行：

```
if ( ! ( -- P.top().counter ) ) P.pop();
```

而在栈S每次执行入栈操作时，栈P（P'）也必须同步地执行：

```
P.top() < e ? P.push( e ), P.top().counter = 1 : P.top().counter ++;
```

可见，S的push()和pop()接口，依然保持$\mathcal{O}(1)$的时间效率。

请读者根据以上介绍和提示，独立完成编码和调试任务。

[10-20] 试为第4章的队列结构增加Queue::getMax()接口，在$\mathcal{O}(1)$时间内定位并读取其中最大元素。要求Queue::dequeue()接口的时间复杂度依然保持为$\mathcal{O}(1)$，Queue::enqueue()接口的时间复杂度不超过分摊的$\mathcal{O}(1)$[③]。（提示：借助101页习题[4-22]中的双端队列结构Deque）

【解答】

习题[10-19]针对栈结构的技巧，可以推广至队列结构。比如，可以引入一个双端队列P并依然约定，其中每个元素也是始终指向队列Q中所有其前驱中的最大者。

为保持二者的对应关系，它们的dequeue()和enqueue()操作也必须同步进行。若执行：

```
Q.dequeue();
```

则只需同步地执行：

```
P.removeFront();
```

而若执行：

```
Q.enqueue(e);
```

则只需同步地执行：

```
P.insertRear(e);
for (x = P.rear(); x & (x.key <= e); x = x.pred) //for each rear element x no greater than e
   x.key = e; //update its maximum record
```

也就是说，除了首先也令e加入队列P，而且还需要将P尾部所有不大于e的元素，统一更新为e。很遗憾，在最坏情况下这需要$\Omega(n)$时间。而且更糟糕的是，这种情况可能持续发生（读者不妨独立构造出这样的一个实例）。

造成这一困难的原因在于，队列中任一元素的前驱集，不再如在栈中那样是固定的，而是可能增加，甚至新增的元素非常大。为此，可按照如图x10.6所示的思路进一步改进。

---

③ 经如此拓展之后，这一结构同时兼具队列和堆的操作特性，故亦称作队堆（queap）
queap一词，源自queue和heap的组合

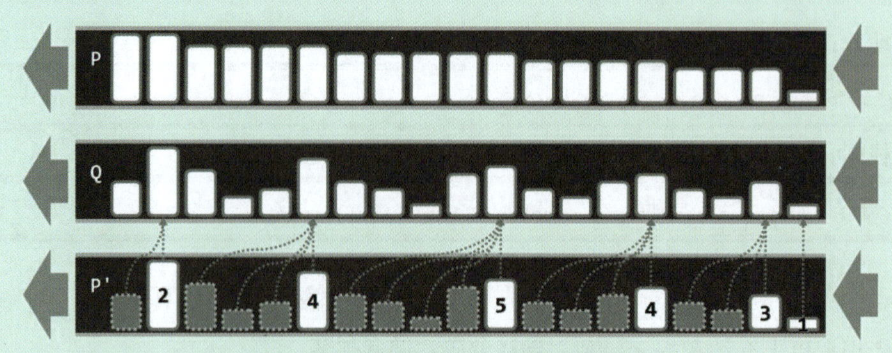

图x10.6 高效支持getMax()接口的队列

具体地，可首先仿照习题[10-19]的改进技巧，通过合并相邻的同组元素，将队列P压缩为队列P'。然后，在队列Q每次执行出队操作时，队列P（P'）必须同步地执行：

```
if (!(-- P.front().counter)) P.removeFront();
```

而在栈S每次执行入栈操作时，栈P（P'）也必须同步地执行：

```
a = 1; //counter accumulator
while (!P.empty() && (P.rear().key <= e) //while the rear element is no greater than e
   a += P.removeRear().counter; //accumulate its counter before removing it
P.insertRear(e); P.rear().counter = a;
```

这里的while循环，在最坏情况下仍然需要迭代$\mathcal{O}(n)$步，但因为参与迭代的元素必然随即被删除，故就分摊意义而言仅为$\mathcal{O}(1)$步，时间性能大为改善。

另外，这里的队列P'并不需要具备双端队列的所有功能。实际上，它仅使用了Deque结构的removeFront()、insertRear()和removeRear()接口，而无需使用insertFront()接口——因此形象地说，它只不过是一个“1.5”端队列。

[10-21]　任给高度分别为g和h的两棵AVL树S和T，且S中的节点均不大于T中的节点。试设计一个算法，在$\mathcal{O}(\max(g, h))$时间内将它们合并为一棵AVL树。

【解答】

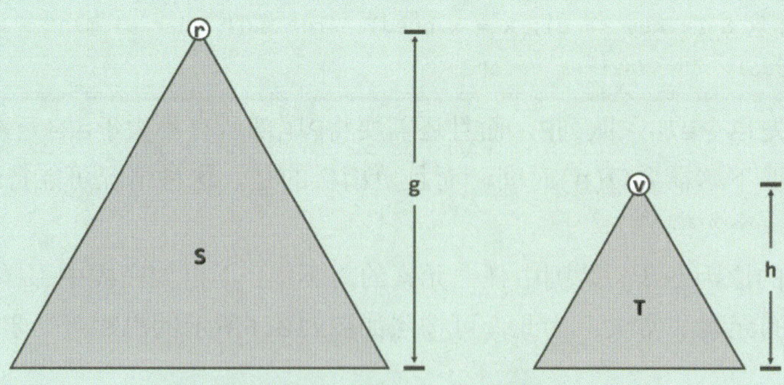

图x10.7 合并AVL树S和T：不妨假定g ≥ h

首先如图x10.7所示，不失一般性地，假定S的高度不低于T——否则，以下算法完全对称。

设m为T中的最小节点。若将m从T中摘出，则如图x10.8所示，新得到的AVL树T'的高度h'必然不致增加，而且至多降低一层。

根据AVL树的定义，这里沿着起自根节点的任一通路每下降一层，节点的高度虽必然降低，但至多降低2。因此如图x10.8所示，沿着树S的最右侧通路，必然可以找到某个节点u，其高度不低于h'，而且至多比T'高一层。将子树u记作S'。

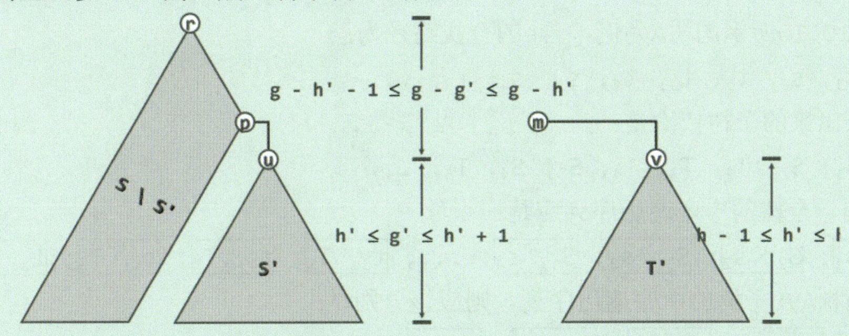

图x10.8 合并AVL树S和T：删除T中的最小节点m，在S的最右侧通路上找到与树T'高度接近的节点u

于是接下来如图x10.9所示，只要以节点m为联接点，将S'和T'分别作为其左、右子树，即可拼接成为一棵AVL树。

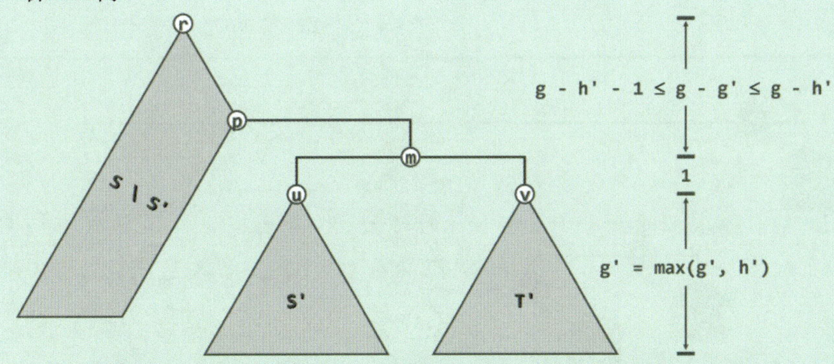

图x10.9 合并AVL树S和T：以m为结合点合并S'和T'，在整体接入至S

以下，将该AVL树作为子树，并在节点u原先的位置（作为节点p的右子树）接入至树S中。请注意，至此，全树中仅有节点p可能失衡。而且若此时节点p的确失衡，则其平衡因子必然为-2。也就是说，其效果完全等同于将m插入其中之后所造成的失衡。因此，只需从p出发逐层上溯，即可通过不超过$\mathcal{O}(g - g') = \mathcal{O}(g - h)$次的旋转使全树恢复平衡。

再计入删除节点m所需的$\mathcal{O}(h)$时间，以及查找节点u所需的$\mathcal{O}(g - h)$时间，可见以上算法的总体时间复杂度为$\mathcal{O}(g) = \mathcal{O}(\max(g, h))$。

特别地，若节点m已经从T中摘出，且节点u已知，则以上算法只需$\mathcal{O}(g - h)$时间，线性正比于两棵待合并树的高度之差。对于以下的习题[10-22]，这一性质将至关重要。

[10-22] **任给高度为 h 的一棵 AVL 树 A，以及一个关键码 e。**

试设计一个算法，在 $\mathcal{O}(h)$ 时间内将 A 分裂为一对 AVL 树 S 和 T，且 S 中的节点均小于 e，而 T 中的节点均不小于 e。（提示：借助 AVL 树的合并算法）

【解答】

以关键码e查找路径上的各节点为界，可以按照中序遍历次序将全树A划分为一系列的子树。

以如图x10.10所示的树A为例，若e的查找路径为：

t_1，s_1，s_2，t_2，t_3，t_4，s_3，s_4，t_5，...

则相应地划分出来的子树依次是：

T_1，S_1，S_2，T_2，T_3，T_4，S_3，S_4，T_5，...

不难看出，全树的中序遍历序列应是：

[S_1，s_1]；[S_2，s_2]；[S_3，s_3]；[S_4，s_4]；...；[t_5，T_5]；[t_4，T_4]；[t_3，T_3]；[t_2，T_2]；[t_1，T_1]

而分裂出的两棵AVL子树的中序遍历序列，则应该分别是：

S = [S_1，s_1]；[S_2，s_2]；[S_3，s_3]；[S_4，s_4]；...

T = ...；[t_5，T_5]；[t_4，T_4]；[t_3，T_3]；[t_2，T_2]；[t_1，T_1]

因此，我们可以自底而上，通过反复的合并构造出S和T。

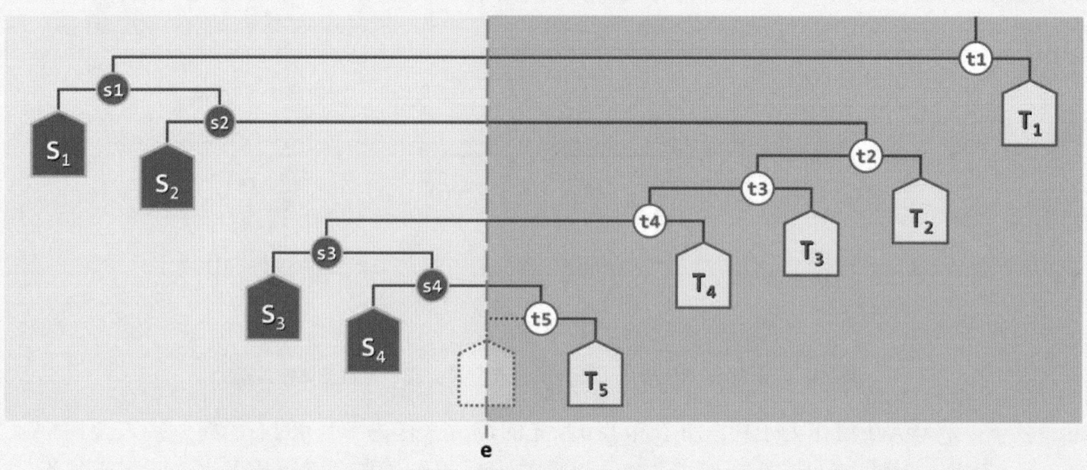

图x10.10 以任意关键为界，分裂AVL树（这里只是示意性地绘出了各子树，并未严格地反映其高度）

鉴于这两棵树完全对称，这里不妨仅以树T为例，介绍具体的合并过程。

一旦以t_5为根的AVL子树已经构造出来，我们即可以节点t_4为联接点，将其与AVL子树T_4合并，得到一棵更大的AVL树；接下来，再以节点t_3为联接点，进一步地将其与AVL子树T_3合并；然后，再以节点t_2为联接点，继续将新得到的AVL树与树T_2合并；最后，以节点t_1为联接点，将新得到的AVL树与树T_1合并。如此，最终即可得到所求的AVL树T。

这里涉及的AVL树合并计算，属于习题[10-21]所指出的特殊情况：作为联接点的节点t_k，均等效于已经从待合并子树中摘出，且接入位置已知。因此每次合并所需的时间，不超过被合并子树的高度之差。考虑到前后项的依次抵消效果，累计时间应渐进地不超过原树高度$\mathcal{O}(h)$。

第11章

串

[11-1] 在微软 Office 套件中，Excel 针对字符串操作提供了一系列的函数。

a） 查阅手册了解 len(S)、left(S, k)、right(S, k)、mid (S, i, k)和 exact(S, T)的功能；

b） 这些功能分别对应于本章所讨论的哪些问题？

【解答】

len(S)：

计算字符串S的长度，等效于S.length()。

left(S, k)：

在字符串S中取长度为k的前缀，等效于S.prefix(k)。

right(S, k)：

在字符串S中取长度为k的后缀，等效于S.suffix(k)。

mid(S, i, k)：

在字符串S中自第i个字符起取长度为k的子串，等效于S.substr(i, k)。

exact(S, T)：

判断字符串S和T是否相等，等效于S.equal(T)。

[11-2] 考查教材 309 页代码 11.1 和 310 页代码 11.2 中，match()算法的两个版本。

试验证，它们的返回值均为最后一轮比对时串 P 与串 T 的对齐位置，故通过表达式

```
! ( strlen(T) < match(P, T) + strlen(P) )
```

即可判断匹配是否成功。

【解答】

请读者阅读并分析相关代码，并独立给出结论。

[11-3] 考查由 26 个大写英文字母组成的字母表。

试针对以下模式串，构造对应的 next[]表、改进的 next[]表、bc[]表、ss[]表以及 gs[]表：

"MIAMI"、"BARBARA"、"CINCINNATI"、"PHILADELPHIA"

【解答】

具体解答如以下各表所示。

其中的bc[]定义于字符集Σ上，其长度应等于|Σ|。然而为简洁起见，这里省略了未在P中出现的字符（根据定义其BC值均为-1），而仅仅考查了的确在P中出现的字符，并标记出其在P中的最后一次出现（对应的秩即为该字符对应的BC值）。

j	0	1	2	3	4
P[j]	M	I	A	M	I
next[j]	-1	0	0	0	1
改进的next[j]	-1	0	0	-1	0
bc[]			A	M	I
ss[j]	0	2	0	0	5
gs[j]	3	3	3	5	1

j	1	1	2	3	4	5	6
P[j]	B	A	R	B	A	R	A
next[j]	-1	0	0	0	1	2	3
改进的next[j]	-1	0	0	-1	0	0	3
bc[]				B		R	A
ss[j]	0	1	0	0	1	0	7
gs[j]	7	7	7	7	7	2	1

j	0	1	2	3	4	5	6	7	8	9
P[j]	C	I	N	C	I	N	N	A	T	I
next[j]	-1	0	0	0	1	2	3	0	0	0
改进的next[j]	-1	0	0	-1	0	0	3	0	0	0
bc[]				C			N	A	T	I
ss[j]	0	1	0	0	1	0	0	0	0	10
gs[j]	10	10	10	10	10	10	10	10	5	1

j	0	1	2	3	4	5	6	7	8	9	10	11
P[j]	P	H	I	L	A	D	E	L	P	H	I	A
next[j]	-1	0	0	0	0	0	0	0	0	1	2	3
改进的next[j]	-1	0	0	0	0	0	0	0	-1	0	0	3
bc[]						D	E	L	P	H	I	A
ss[j]	0	0	0	0	1	0	0	0	0	0	0	12
gs[j]	12	12	12	12	12	12	12	12	12	12	7	1

[11-4] 为评估KMP算法的效率，11.3.7节引入一个随迭代过程严格单调递增的观察量k = 2i - j，从而简捷地证明了迭代的次数不可能超过$\mathcal{O}(n)$。这一初等的证明虽无可辩驳，但毕竟未能直观地展示出其与计算成本之间的本质联系。

试证明，在算法执行的整个过程中：

❶ 观察量i始终等于已经做过的成功比对（含与最左端虚拟通配符的"比对"）次数；

❷ 观察量i - j始终不小于已经做过的失败比对次数。

【解答】

反观KMP主算法（教材313页代码11.3），循环中if判断语句的两个分支，分别对应于题中所定义的成功和失败比对。其中，只有成功的分支会修改观察量i——更准确地说，观察量i加一，当且仅当当前的比对是成功的。考虑到观察量i的初始值为0，故在整个算法过程中，它始终忠实地记录着成功比对的次数。

观察量i - j的初始值也是0。对于成功分支，变量i和j会同时递增一个单位，故i - j的数值将保持不变。而在失败分支中，首先观察量i保持不变。另一方面，因为必有：

```
next[j]  <  j
```

故在将变量j替换为next[j]之后，观察量i - j亦必严格单调地增加。综合以上两种情况，观察量i - j必然可以作为失败比对次数的上界。

[11-5] 针对坏字符在模式串P中位置太靠右，以至位移量为负的情况，11.4.2节建议的处理方法是直接将P右移一个字符。然而如图11.10(f)所示，此后并不能保证原坏字符位置能够恢复匹配。为此，或许你会想到：可在P[j]的左侧找到最靠右的字符'X'，并将其与原坏字符对齐。

a） 试具体实现这种处理方法；

【解答】

请读者按照以上思路，独立完成编码和调试任务。

b） 为什么我们不倾向于使用这种方法？

【解答】

尽管以上思路的实现方式可能不尽相同，但本质上都等效于将原先一维的bc[]表，替换为二维的bc[][]表。具体地，这是一张m × |Σ|的表格，其中bc[j]['X']指向"在P[j]左侧并与之最近的字符'X'"。

如此，尽管预处理时间和所需空间的增长量并不大，但匹配算法的逻辑控制却进一步复杂化。最重要的是，此类二维bc[][]表若能发挥作用，则当时的好后缀必然很长——此类情况，同时使用的gs[]表完全可以替代bc[][]表。

[11-6] 考查gs[]表构造算法（教材326页代码11.8），记模式串的长度|P| = m。试证明：

a） buildSS()过程的运行时间为$\mathcal{O}(m)$；

（提示：尽管其中存在"两重"循环，但内循环的累计执行次数不超过变量lo的变化幅度）

【解答】

该算法的运行时间，主要消耗于其中的"两重"循环。

暂且忽略内（while）循环，首先考查外（for）循环。若将j视作其控制变量，则不难验证：

a. j的初始值为m - 2
b. 每经过一步迭代，j都会递减一个单位
c. 在其它的任何语句中，j都没有作为左值被修改
d. 一旦j减至负数，外循环随即终止

由此可知，外循环至多迭代$\mathcal{O}$(m)步，累计耗时不超过$\mathcal{O}$(m)。

尽管从表面的形式看，外循环的每一步都有可能执行一趟内循环，但实际上所有内循环的累计运行时间也不超过$\mathcal{O}$(m)。为此，只需将lo视作其控制变量，即不难验证：

a. lo的初始值为m - 1
b. 每经过一步内循环的迭代，lo都会递减一个单位
c. 在其它部分，lo只在“lo = __min(lo, hi)”一句中作为左值被修改，但仍是非增
d. 一旦lo减至负数，内循环就不再启动

由此可知，内循环累计至多迭代$\mathcal{O}$(m)步，相应地累计耗时不超过$\mathcal{O}$(m)。

综合以上两项，即得题中结论。

b） buildGS()过程的运行时间为$\mathcal{O}$(m)。

（提示：尽管其中存在“两重”循环，但内循环的累计执行次数不超过变量i的变化幅度）

【解答】

仿照a）中的分析技巧。只要以j作为外循环的控制变量，则可知外循环至多迭代$\mathcal{O}$(m)步，耗时$\mathcal{O}$(m)；以i作为内循环的控制变量，则可知内循环累计至多迭代$\mathcal{O}$(m)步，累计耗时$\mathcal{O}$(m)。

请读者根据以上实例及提示，独立补充证明的细节。

[11-7] 在模式枚举（pattern enumeration）类应用中，需要从文本串T中找出所有的模式串P（|T| = n，|P| = m），而且有时允许模式串的两次出现位置之间相距不足m个字符。

类似于教材310页图11.3中的实例，比如在"000000"中查找"000"。若限制多次出现的模式串之间至少相距|P| = 3个字符，则应找到2处匹配；反之，若不作限制，则将找到4处匹配。

a） 试举例说明，若采用后一约定，则教材11.4.3节BM算法的好后缀策略，可能需要Ω(nm)时间；

【解答】

将题中所举实例一般化，取模式串P = "00...0"，|P| = m，则P对应的gs[]表应如下：

j	0	1	2	3	4	...	m - 2	m - 1
gs[j]	1	2	3	4	5	...	m - 1	m

再取文本串T = "00000...0"，|T| = n >> m。

于是自然地，在每一对齐位置，经过m次比对之后都可以找到一次完全匹配。然而接下来，只能右移gs[0] = 1位并重新对齐，经过m次比对之后方可找到下一次完全匹配。

如上过程将反复进行，直到文本串被扫描完毕。整个过程共有n - m + 1个对齐位置，而且在每个位置都需要经过m次比对，方可发现一次完全匹配。鉴于n和m取值的任意性，在此类最坏

情况下，该算法的累计耗时量应为：

$$(n - m + 1) \times m = \Theta(nm)$$

以上实例仍然非常极端，更具一般性的例子则如图x11.1所示。

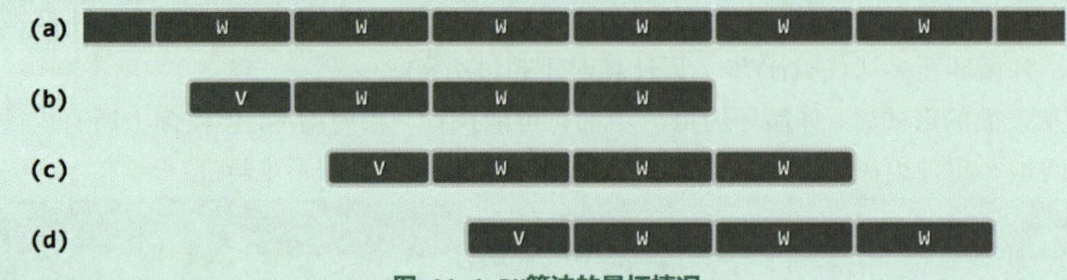

图x11.1 BM算法的最坏情况

这里以两个基本的字符串W和V作为“积木”。为简化起见，假定字符串W中的彼此字符互异，|W| = w为常数；V是W的一个非空子串，|V| = v ≤ w。文本串T如图(a)所示，由n/w个W顺次串接而成。模式串P如图(b)所示，由一个V和(m - v)/w个W顺次串接而成。当然，与通常情况一样，这里也有2 << m << n。

于是，P对应的gs[]表应如下：

$$gs[j] = \begin{cases} \lceil (j+1)/w \rceil \cdot w & (0 \le j < m-v) \\ m & (m-v \le j < m-1) \\ 1 & (j = m-1) \end{cases}$$

其中特别地，有：

$$gs[0] = w$$

因此，在每次发现一个完全匹配后，P都会右移w位并与T重新对齐，然后找到下一个完全匹配。如此，总共会有n/w个对齐位置（各对应于一个完全匹配）；而重要的是，每次对齐之后都需要经过m次比对。由此可见，整个过程所做比对的次数累计为：

$$n/w \times m = \Theta(nm)$$

b） 试针对这一缺陷改进好后缀策略，使之即便在采用后一约定时，最坏情况下也只需线性时间；（提示：Galil 规则）

【解答】

反观以上一般性实例可见，其中模式串P每一次右移，都属于如教材321页图11.12(d)所示的情况：在前一轮比对中，成功次数过多，以致好后缀过长（甚至如上例，就是P整体）。

这里的技巧是，在此类对齐位置，不必一直比对至P的最左端。实际上不难看出，一旦自右向左比对到原文本串T中好后缀的最右端，即可马上判定是否完全匹配。仍以图x11.1为例，除了第一轮比对，在后续的各轮比对中，均只需比较模式串P中最靠右的w个字符——根据gs[]表的定义，其余的m - w个字符必然是匹配的。

利用这一所谓的Galil规则加以改进之后，文本串T的每个字符都不再会重复接受比对。既然累计不超过线性次比对，总体耗时也就不致超过线性的规模。

c） **在本章所给相关代码的基础上，实现以上改进。**

请读者参照以上分析和介绍，独立完成编码和调试任务。

[11-8] **在讲解 gs[]表的构造算法时，为简洁起见，教材图 11.14、图 11.15 和图 11.16 中所绘出 MS[j] 均与其所对应的最长匹配后缀没有任何重叠。然而，这种表示方法并不足以代表一般性的情况。**

a） **试举一例说明，这两个子串有可能部分重叠；**

【解答】

请读者仿照教材所列的基本情况，独立给出具体实例。

b） **试证明，即便二者有所重叠，教材 11.4.4 节所做的原理分析，以及 326 页代码 11.8 所给的算法实现，均依然成立。**

【解答】

请读者对照相关的代码及分析，独立给出证明。

[11-9] **教材 309 页代码 11.1、310 页代码 11.2 所实现的两个蛮力算法，在通常情况下的效率并不算低。现假定所有字符出现的概率均等，试证明：**

a） **任意字符比对的成功与失败概率分别为 1/s 和(s - 1)/s，其中 s = |Σ|为字符表的规模；**

【解答】

每个字符各有1/s的概率出现，故任何一对字符相同、不同的概率分别为为1/s和(s - 1)/s。

b） **在 P 与 T 的每一对齐位置，需连续执行恰好 k 次字符比对操作的概率为$(s - 1)/s^k$；**

【解答】

恰好执行k次字符对比，当且仅当前k - 1次成功，但最后一次失败。根据a）的分析结论，这类事件发生的概率应为：

$$(1/s)^{k-1} \cdot (s - 1)/s = (s - 1)/s^k$$

c） **在 P 与 T 的每一对齐位置，需连续执行字符比对操作的期望次数不超过 $s/(s - 1) \le 2 = \mathcal{O}(1)$。**

【解答】

由b）的分析结论，每一次字符比对都可视作一次伯努利实验（Bernoulli trial），成功与失败的概率分别为1/s和(s - 1)/s；而每趟比对的次数X，则符合几何分布（geometric distribution）——亦即，其中前X-1次实验成功的概率各为1/s，最终一次实验失败的概率为(s - 1)/s。因此，X的期望值不超过s/(s - 1)。

直接由期望值的定义出发，也可得出同样结论。具体地，连续执行字符比对操作的期望次数，应该就是所有可能的次数，关于其对应概率的加权平均，亦即：

$$\sum_{k=1}^{m} k\cdot(s - 1)/s^k = (s - 1)\cdot\sum_{k=1}^{m} k/s^k \le (s - 1)\cdot\sum_{k=1}^{\infty} k/s^k = s/(s - 1)$$

[11-10]　BM算法与KMP算法分别擅长于处理何种类型的字符串？为什么？

【解答】

正如教材第11.4.5节所指出的，在评价不同串匹配算法各自的实用范围时，在不同应用中单次比对的成功概率，扮演着重要的角色。而根据习题[11-9]的分析结论，在通常的情况下，这一概率首先并直接取决于字符集的规模。

当字符集规模较小时，单次比对的成功概率较高，蛮力算法的效率较低。此时，KMP算法稳定的线性复杂度，更能体现出优势；而采用BC表的BM算法，却并不能大跨度地向前移动。

反之，若字符集规模较大，则单次比对的成功概率较小，蛮力算法也能接近于线性的复杂度。此时，KMP算法尽管依然保持线性复杂度，但相对而言的优势并不明显；而采用BC表的BM算法，则会因比对失败的概率增加，可以大跨度地向前移动。

第12章

排序

[12-1] **构造轴点的另一更为快捷的策略，思路如图 x12.1 所示：**

> **始终将整个向量 V[lo, hi]划分为四个区间：**
>
> V[lo]，L = V(lo, mi]，G = V(mi, k)，U = V[k, hi]
>
> **其中 V[lo]为候选轴点，L/G 中的元素均不大/不小于 V[lo]，U 中元素的大小未知**

初始时取 k - 1 = mi = lo，L 和 G 均为空；此后随着 k 不断递增，逐一检查元素 V[k]，并根据 V[k]相对于候选轴点的大小，相应地扩展区间 L（图(d)）或区间 G（图(c)），同时压缩区间 U。最终当 k - 1 = hi 时，U 不含任何元素，于是只需将候选轴点放至 V[mi]，即成为真正的轴点。

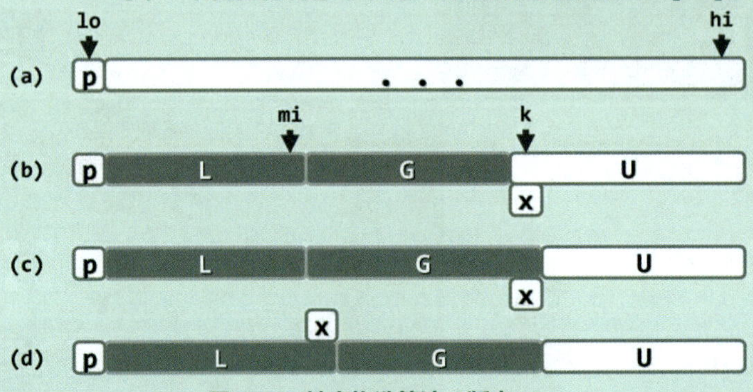

图x12.1 轴点构造算法（版本C）

a） **试依此思路，实现对应的划分算法 Vector::partition()；**

【解答】

一种可行的实现方式，如代码x12.1所示。

```
1 template <typename T> //轴点构造算法：通过调整元素位置构造区间[lo, hi]的轴点，并返回其秩
2 Rank Vector<T>::partition ( Rank lo, Rank hi ) { //版本C
3    swap ( _elem[lo], _elem[lo + rand() % ( hi - lo + 1 ) ] ); //任选一个元素与首元素交换
4    T pivot = _elem[lo]; //以首元素为候选轴点——经以上交换，等效于随机选取
5    int mi = lo;
6    //+++++++++++++++++++++++++++++++++++++++++++++++++++++++++++++++++++++++++
7    //   [ ---- < [lo] ----- ] [ ----- [lo] <= --- ] [ ----- unknown ----- ]
8    // X x . . . . . . . . . x . . . . . . . . . . . x . . . . . . . . . . x
9    // |                     |                       |                    |
10   // lo (pivot)            mi                      k                    hi
11   //+++++++++++++++++++++++++++++++++++++++++++++++++++++++++++++++++++++++++
12   for ( int k = lo + 1; k <= hi; k++ ) //自左向右扫描
13      if ( _elem[k] < pivot ) //若当前元素_elem[k]小于pivot，则
14         swap ( _elem[++mi], _elem[k] ); //将_elem[k]交换至原mi之后，使L子序列向右扩展
15   //+++++++++++++++++++++++++++++++++++++++++++++++++++++++++++++++++++++++++
16   //   [ --------- < [lo] ---------- ] [ ----------- [lo] <= ----------- ]
```

```
17    // X x . . . . . . . . . . . . . . . . x . . . . . . . . . . . . . . . . . . x
18    // |                                    |                                      |
19    // lo                                   mi                                     hi
20    //+++++++++++++++++++++++++++++++++++++++++++++++++++++++++++++++++++++++++++++++
21    swap ( _elem[lo], _elem[mi] ); //候选轴点归位
22    return mi; //返回轴点的秩
23 }
```

代码x12.1 轴点构造算法（版本C）

b） 基于该算法的快速排序是否稳定？

【解答】

不稳定。按照以上算法划分向量的过程中，子向量L和R都是向右侧“延伸”，新元素都是插至各自的末尾。除此之外，子向量L不会有任何修改，故其中所有元素之间的相对次序，必然与原向量完全一致。然而，在子向量L的每次生长之前，子向量R都需要相应地向前“滚动”一个单元，故可能造成雷同元素之间相对次序的紊乱。

c） 基于该算法的快速排序，能否高效地处理大量元素重复之类的退化情况？

【解答】

在元素大量甚至完全重复的情况下，以上划分算法虽不致出错，但划分所得子向量的规模相差悬殊，快速排序算法几乎退化为起泡排序算法，整体运行时间将增加到$\mathcal{O}(n^2)$。

[12-2] 考查majEleCandidate()算法（教材343页代码12.6）的返回值maj。

a） 该候选者尽管不见得必然是众数，但是否一定是原向量中出现最频繁者？为什么？

【解答】

未必。该算法采用减而治之的策略，原向量被等效地切分为若干区段，各区段的首元素分别在其中占至少50%的比例（不妨称作“准众数”）。因此，最终返回的maj，实际上只是最后一个区段的准众数，未必就是整个向量的（准）众数。

b） 该返回值在向量中出现的次数最少可能是多少？试就此举一实例。

【解答】

实际上，无论原向量的长度如何，只要其中的确不包含众数，则最终返回的maj都有可能仅出现一次。作为一个实例，我们考查如下长度为n = 22的向量A[]：

{ [0, 1]; [0, 0, 1, 1]; [0, 0, 0, 1, 1, 1]; [0, 0, 0, 0, 1, 1, 1, 1]; [2, 1] }

其中，元素0、1和2分别出现了10次、11次和1次。若采用majEleCandidate()算法，整个向量将等效于被分成5个区间：前4个区间A[0, 2)、A[2, 6)、A[6, 12)和A[12, 20)，均以0作为maj候选；最后的A[20, 22)以2作为maj候选，并最终返回2。显然，仅出现一次的元素2在这里既非频繁数，更非（准）众数。

读者可以仿照此例，构造出更长的实例。

[12-3] 按照教材 12.2.2 节的定义，众数应严格地多于其它元素。若将“多于”改为“不少于”，则

a） 该节所设计的算法框架是否依然可以沿用？或者，需如何调整？

【解答】

可以继续沿用。

请注意，在目前的总体框架majority()（教材342页代码12.4）中，最终一步都会调用majEleCheck()（教材342页代码12.5），通过对原向量一趟遍历，针对候选者做严格的甄别。因此，只要majEleCandidate()算法能在此之前筛选出唯一的候选者，就不致误判或漏判。

b） majEleCandidate()算法（教材 343 页代码 12.6）可否继续沿用？或者，需如何调整？

【解答】

如此放宽众数的标准之后，我们需要计算的，实际上就是习题[12-2]之a）所定义的准众数。但若继续沿用目前的majEleCandidate()算法，则有可能造成漏判。

继续考查习题[12-2]之b）所给的实例，可以看到一个有趣的现象：其中的元素1明明是准众数（在所有n = 22个元素中，它恰好出现了n/2 = 11次），但却未被任何一个区间选作maj。这就意味着，majEleCandidate()算法注定无法将该元素作为maj返回，从而造成遗漏。

显然，当向量规模n为奇数时，准众数必然就是众数，因此不妨只考查n为偶数的情况（如上例）。此时针对准众数的查找，对原众数查找算法的一种简明调整方法是：首先任选一个元素（比如末元素），并在$\mathcal{O}$(n)时间内甄别其是否为准众数。不妨设该元素不是准众数，于是只需将其忽略（原向量的有效长度减至奇数n - 1），即可将在原向量中查找准众数的问题，转化为在这个长度为n - 1的向量中查找众数的问题。

当然，调整的方法不一而足，读者不妨从其它角度出发，设计并实现自己的改进方法。

[12-4] 在微软 Office 套件中，Excel 提供了一系列的统计查询函数。

试通过查阅手册，了解 large(range, rank)、median(range)和 mode(range)等函数的功能；这些功能，分别对应于本章所讨论的哪些问题？

【解答】

large(range, rank)：

在range所指示的范围内按数值大小找出第rank大者，等效于k-选取算法。

median(range)：

在range所指示的范围内按数值大小找出居中者，等效于中位数算法。

mode(range)：

在range所指示的范围内找出出现最多的数值，等效于众数算法。

[12-5] 实际上，trivialMedian()算法（教材 343 页代码 12.7）只需迭代$(n_1 + n_2)/2$步即可终止。

a） 照此思路，改进该算法；

【解答】

这里计算的目标，是归并之后向量中的中位数，然而这并不意味着一定要显式地完成归并。实际上就此计算任务而言，只需设置一个计数器，而不必真地引入并维护一个向量结构。

具体地，依然可以沿用原算法的主体流程，向量S只是假想式地存在。于是，我们无需真地将子向量中的元素注意转移至S中，而是只需动态地记录这一假想向量的规模：每当有一个元素假想式地归入其中，则计数器相应地递增。一旦计数器抵达$\lfloor(n_1 + n_2)/2\rfloor$，即可忽略后续元素并立即返回假想向量的末元素——亦即，两个子向量当前元素之间的更小者。

请读者根据以上分析与提示，独立完成该算法的改进任务。

b） 如此改进之后，算法总体的渐进时间复杂度是否有所降低？

【解答】

没有实质的降低。

改进后的算法仍需迭代$\lfloor(n_1 + n_2)/2\rfloor$步，总体的渐进时间复杂度依然是$\mathcal{O}(n_1 + n_2)$。

[12-6] 如教材 344 页代码 12.8 所示的 median()算法属于尾递归形式，试将其改写为迭代形式。

【解答】

请读者按照消除尾递归的一般性方法，独立完成编码和调试任务。

[12-7] 如教材 346 页代码 12.9 所示的 median()算法，针对两个向量长度相差悬殊的情况做了优化处理。

a） 试分析该方法的原理，并证明其正确性；

【解答】

该算法首先比较n_1和n_2的大小，并在必要时交换两个向量，从而保证有$n_1 \leq n_2$。

以下，若两个向量的长度相差悬殊，则可对称地适当截除长者（S_2）的两翼，以保证有：

$$n_1 \leq n_2 \leq 2 \cdot n_1$$

因为S_2两翼截除的长度相等，所以此后$S_1 \cup S_2$的中位数，依然是原先$S_1 \cup S_2$的中位数。

b） 试证明，复杂度的精确上界应为$\mathcal{O}(\log(\min(n_1, n_2)))$。

【解答】

由以上分析可见，无论是交换两个向量，还是截短S_2，都只需常数时间。因此实质的计算，只是针对长度均同阶于$\min(n_1, n_2)$的一对向量计算中位数。

与教材中对这一减而治之策略的分析同理，此后每做一次比较，即可将问题的规模缩减大致一半。因此，问题的规模将以1/2为比例按几何级数的速度递减，直至平凡的递归基。整个算法的递归深度不超过$\log_2(\min(n_1, n_2))$，总体时间复杂度为$\mathcal{O}(\log(\min(n_1, n_2)))$。

[12-8] 若输入的有序序列 S_1 和 S_2 以列表（而非向量）的方式实现，则：

a） 如教材 344 页代码 12.8 和 346 页代码 12.9 所示的两个 median()算法，分别应做哪些调整？

【解答】

这里的关键在于，列表仅支持“循位置访问”的方式，不能像“循秩访问”那样在常数时间内访问任一元素。特别地，在读取每个元素之前，都要沿着列表进行计数查找。

b） 调整之后的计算效率如何？

【解答】

为保证$|S_1| \leq |S_2|$而交换两个序列（的名称），依然只需$O(1)$时间；然而，序列S_2两翼的截短则大致需要$O(n_2 - n_1)$时间。而更重要的是，在此后的递归过程中，每一次为将问题规模缩减一半，都必须花费线性的时间。

因此，总体需要$O(n_1 + n_2)$时间——这一效率，已经降低到与蛮力算法trivialMedian（教材343页代码12.7）相同。

[12-9] 若输入的有序序列 S_1 和 S_2 以平衡二叉搜索树（而非序列）的方式给出，则：

a） 如教材 344 页代码 12.8 和 346 页代码 12.9 所示的两个 median()算法，分别应做哪些调整？

【解答】

为此，需要给平衡二叉搜索树增加以下接口：

```
template <typename T> BinNodePosi(T) & BBST<T>::search(Rank r); //查找并返回树中第r大的节点
template <typename T> BinNodePosi(T) & BBST<T>::removeMin(int k); //从树中删除最小的k个节点
template <typename T> BinNodePosi(T) & BBST<T>::removeMax(int k); //从树中删除最大的k个节点
```

b） 调整之后的计算效率如何？

【解答】

仿照quickSelect()算法（教材348页代码12.10），不难实现一个效率为$O(\log n)$的search(r)接口。然而，高效的removeMin(k)和removeMax(k)接口并不容易实现。

实际上，一种简明的策略是：首先通过中序遍历，将平衡二叉搜索树中的所有元素转化为有序向量，然后套用以上算法计算中位数。

当然，按照这一策略，运行时间主要消耗于遍历，整体为$O(n_1 + n_2)$——与教材343页代码12.7中的蛮力算法trivialMedian()相同。

[12-10] a) 基于教材 346 页代码 12.9 中的 median()算法，添加整型输入参数 k，实现在 $S_1 \cup S_2$ 中选取第 k 个元素的功能；

【解答】

记 $n_1 = |S_1|$ 和 $n_2 = |S_2|$，不失一般性，设 $n_1 \leq n_2$。

进一步地，不妨设 $2k \leq n_1 + n_2$——否则，可以颠倒比较器的方向，原问题即转化为在 $S_1 \cup S_2$ 中选取第 $n_1 + n_2 - k$ 个元素，与以下方法同理。

若 $k \leq n_1 = \min(n_1, n_2)$，则只需令：

$S_1' = S_1[0, k)$

$S_2' = S_2[0, k)$

于是原问题即转换为计算 $S_1' \cup S_2'$ 的中位数。

否则，若 $n_1 < k < n_2$，则可令

$S_1' = S_1[0, n_1)$

$S_2' = S_2[0, 2k - n_1)$

于是原问题即转换为计算 $S_1 \cup S_2'$ 的中位数。

可见，无论如何，针对 $S_1 \cup S_2$ 的k-选取问题总是可以在常数时间内，转换为中位数问题，并进而直接调用相应的算法。

b) 新算法的时间复杂度是多少？

【解答】

由上可见，无论如何，都可在 $\mathcal{O}(1)$ 时间内将原问题转换为中位数的计算问题。借助median()算法，如此只需要 $\mathcal{O}(\log(\min(n_1, n_2)))$ 时间。

[12-11] 考查如教材 348 页代码 12.10 所示的 quickSelect()算法。

a) 试举例说明，最坏情况下该算法的外循环需要执行 $\Omega(n)$ 次；

【解答】

在最坏情况下，每一次随机选取的候选轴点pivot = A[lo]都不是查找的目标，而且偏巧就是当前的最小者或最大者。于是，对向量的每一次划分都将极不均匀，其中的左侧或右侧子向量长度为0。如此，每个元素都会被当做轴点的候选，并执行一趟划分，累计 $\Omega(n)$ 次。

从算法策略的角度来看，原拟定的“分而治之”策略未能落实，实际效果反而等同于采用了“减而治之”策略。

b) 在各元素独立等概率分布的条件下，该算法的平均时间复杂度是多少？

【解答】

仿照教材12.1.5节对quickSort()算法的分析方法，同样可以证明，quickSelect()算法的平均运行时间为 $\mathcal{O}(n)$——在平均意义上，与算法12.1（教材348页）相当。

[12-12] **如图x12.2所示，设有向量X[0, m + r)和Y[0, r + n)，且满足：**
对于任何0 ≤ j < r，都有Y[j] ≤ X[m + j]

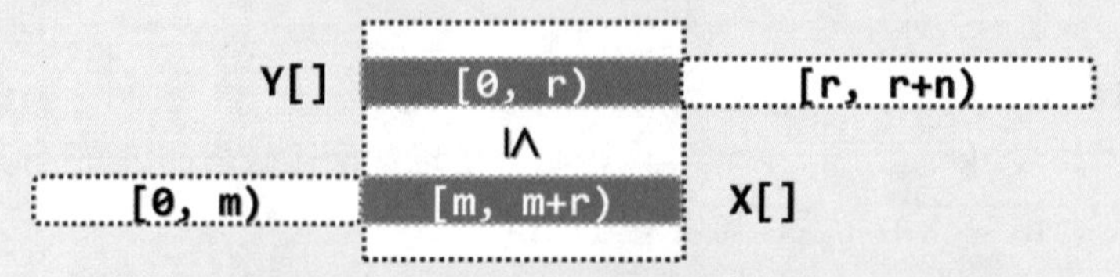

图x12.2 在向量X和Y各自排序后，对齐元素之间的次序依然保持

试证明，在X和Y分别（按非降次序）排序并转换为X'和Y'之后（如图x12.3的实例所示），对于任何0 ≤ j < r依然有Y'[j] ≤ X'[m + j]成立。（提示：习题[2-41]的推广）

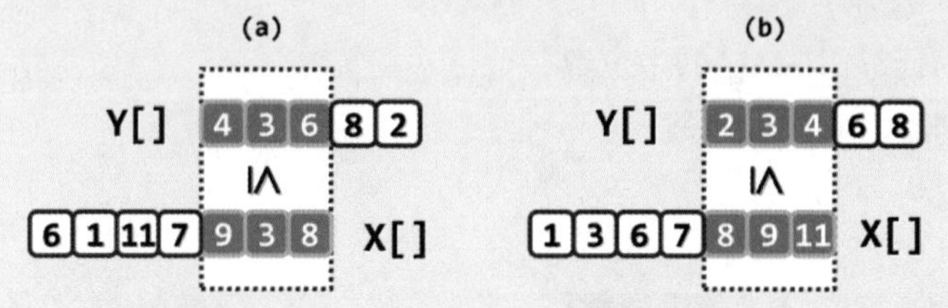

图x12.3 (a)排序前有Y[0, 3) ≤ X[4, 7)，(b)排序后仍有Y'[0, 3) ≤ X'[4, 7)

【解答】

对于任意的0 ≤ j < r，考查元素X'[m + j]。

一方面，在有序的X'（以及无序的X）中，显然应该恰有m + j个元素不大于X'[m + j]。

而另一方面，由图x12.2可见，其中至少存在j个元素，各自不小于无序的Y（以及有序的Y'）中的某一元素，而且Y（Y'）中的这些元素互不重复。也就是说，Y'（Y）中至少存在j个元素不大于X'[m + j]，故必有：

Y'[j] ≤ X'[m + j]

当然，仿照习题[2-41]的两种证明方法，亦可得出同样结论。

有兴趣的读者，不妨照此提示，从其它角度独立给出证明。

[12-13] **试证明，g-有序的向量再经h-排序之后，依然保持g-有序。**

【解答】

在已经h-排序之后的向量中，考查任一元素A[i]，我们欲证总有A[i] ≤ A[i + g]。

如图x12.4所示，考查g-排序以及h-排序（在逻辑上）各自对应的二维矩阵。于是，在后一矩阵中，A[i + g]必然落在深色阴影区域内部。我们继续在该矩阵中，考查A[i]以及A[i + g]各自所属的列。

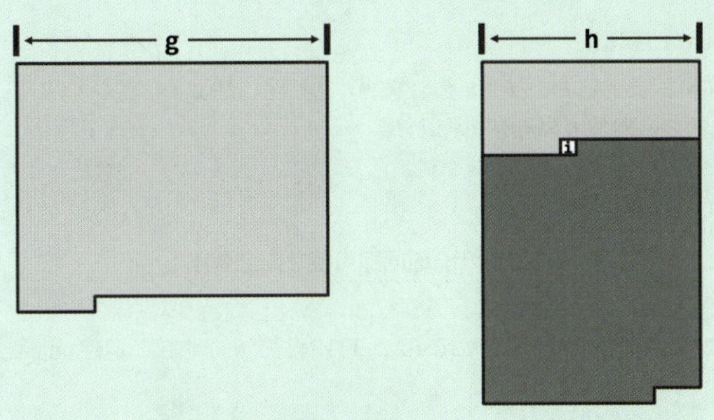

图x12.4 g-有序的向量A[]再经h-排序后，A[i + g]必然来自阴影区域

根据g-有序性，如图x12.5所示，两个列的前缀与后缀必然一一对应地有序，亦即：

```
                    ...
   A[i - 2h]  ≤  A[i + g - 2h]
   A[i -  h]  ≤  A[i + g -  h]
   A[i     ]  ≤  A[i + g     ]
   A[i +  h]  ≤  A[i + g +  h]
   A[i + 2h]  ≤  A[i + g + 2h]
                    ...
```

图x12.5 g-有序的向量A[]按照h列重排之后，A[i]所属列的前缀，必然与A[i + g]所属列的后缀，逐个元素地对应有序

于是根据本章第[12-12]题的结论，在经过h-排序之后，这两列的前缀和后缀之间的对应有序关系依然成立，g-有序性得以延续。

[12-14] 设使用 Pratt 序列：

$$\mathcal{H}_{pratt} = \{ 1, 2, 3, 4, 6, 8, 9, 12, 16, ..., 2^p3^q, ... \}$$

对长度为 n 的任一向量 S 做希尔排序。

试证明：

a） 若 S 已是(2, 3)-有序，则只需 $\mathcal{O}(n)$时间即可使之完全有序；

【解答】

根据教材第12.3.2节的分析结论，在(2, 3)-有序的序列中，逆序元素之间的间距不超过：

$$(2 - 1) \times (3 - 1) - 1 = 1$$

也就是说，整个向量中包含的逆序对不过$\mathcal{O}(n)$个。

于是根据习题[3-11]的结论，此后对该向量的1-排序仅需$\mathcal{O}(n)$时间。

b） 对任何 $h_k \in \mathcal{H}_{pratt}$，若 S 已是($2h_k$, $3h_k$)-有序，则只需 $\mathcal{O}(n)$时间即可使之 h_k-有序；

【解答】

既然所有元素的秩取值于[0, n)范围内，故若照相对于h_k的模余值，它们可以划分为h_k个同余类；相应地，原整个向量可以“拆分为”h_k个接近等长的子向量。

不难看出，其中每个子向量都是(2, 3)-有序的，根据上一问的结论，均可在线性时间内转换为各自1-有序的；就其总体效果而言，等同于在$\mathcal{O}(n)$时间内转换为全局的h_k-有序。

c） 针对$\mathcal{H}_{pratt}$序列中的前 $\mathcal{O}(\log^2 n)$项，希尔排序算法需要分别迭代一轮；

【解答】

$\mathcal{H}_{pratt}$序列中的各项无非是2^p和3^q的乘积组合，因此其中不大于n项数至多不超过：

$$\log_2 n \times \log_3 n = \mathcal{O}(\log^2 n)$$

d） 总体的时间复杂度为 $\mathcal{O}(n\log^2 n)$。

【解答】

综合b）和c）的结论，在采用$\mathcal{H}_{pratt}$序列的希尔排序过程中，每一轮耗时不超过$\mathcal{O}(n)$，累计至多迭代$\mathcal{O}(\log^2 n)$轮，因此，总体耗时不超过$\mathcal{O}(n\log^2 n)$。

附录

参考文献

[1] D. E. Knuth. The Art of Computer Programming, Volume 1: Fundamental Algorithms (3rd edn.). Addison-Wesley (1997), ISBN:0-201-89683-1

[2] D. E. Knuth. The Art of Computer Programming, Volume 2: Seminumerical Algorithms (3rd edn.). Addison-Wesley (1997), ISBN:0-201-89684-8

[3] D. E. Knuth. The Art of Computer Programming, Volume 3: Sorting and Searching (2nd edn.). Addison-Wesley (1998), ISBN:0-201-89685-0

[4] A. V. Aho, J. E.Hopcroft, J. D. Ullman. The Design and Analysis of Computer Algorithms (1st edn.). Addison-Wesley (1974), ISBN:0-201-00029-0

[5] J. Bentley. Writing Efficient Programs. Prentice-Hall (1982), ISBN:0-139-70251-2

[6] J. Bentley. More Programming Pearls: Confessions of a Coder. Addison Wesley (1988), ISBN:0-201-11889-0

[7] R. L. Graham, D. E. Knuth, O. Patashnik. Concrete Mathematics: A Foundation for Computer Science (2nd edn.). Addison-Wesley (1994), ISBN:0-201-55802-5

[8] 严蔚敏 等. 数据结构（C语言版）. 北京：清华大学出版社, 1997年4月第1版, ISBN:7-302-02368-9

[9] J. Bentley. Programming Pearls (2nd edn.). Addison-Wesley (2000), ISBN:0-201-65788-0

[10] T. Budd. Classic Data Structures in Java. Addison-Wesley (2000), ISBN:0-201-70002-6

[11] J. Hromkovic. Design And Analysis Of Randomized Algorithms: Introduction to Design Paradigms. Springer-Verlag (2005), ISBN:3-540-23949-9

[12] H. Samet. Foundations of Multidimensional and Metric Data Structures. Morgan Kaufmann (2006), ISBN:0-123-69446-9

[13] M. A. Weiss. Data Structures and Algorithm Analysis in C++ (3rd edn.). Addison Wesley (2006), ISBN:0-321-44146-1

[14] E. Horowitz, S. Sahni, D. Mehta. Fundamentals of Data Structures in C++ (2nd edn.). Silicon Press (2006), ISBN:0-929-30637-6

[15] A. Drozdek. Data Structures and Algorithms in C++ (2nd edn.). Thomson Press (2006), ISBN:8-131-50115-9

[16] 殷人昆 等. 数据结构（C++语言描述）. 北京：清华大学出版社, 2007年6月第2版, ISBN:7-302-14811-1

[17] P. Brass. Advanced Data Structures. Cambridge University Press, ISBN:0-521-88037-8

[18] J. Edmonds. How to Think about Algorithms. Cambridge University Press (2008), ISBN:0-521-61410-8

[19] K. Mehlhorn & P. Sanders. Algorithms and Data Structures: The Basic Tools. Springer (2008), ISBN:3-540-77977-9

[20] T. H. Cormen, C. E. Leiserson, R. L. Rivest, C. Stein. Introduction to Algorithms (3rd edn.). MIT Press (2009), ISBN:0-262-03384-4

[21] R. Bird. Pearls of Functional Algorithm Design. Cambridge University Press (2010), ISBN:0-521-51338-8

[22] M. L. Hetland. Python Algorithms: Mastering Basic Algorithms in the Python Language. Apress (2010), ISBN:1-430-23237-4

[23] M. T. Goodrich, R. Tamassia, D. M. Mount. Data Structures and Algorithms in C++ (2nd edn.). John Wiley & Sons (2011), ISBN:0-470-38327-5

[24] R. Sedgewick & K. Wayne. Algorithms (4th edn.). Addison-Wesley (2011), ISBN:0-321-57351-X

[25] Y. Perl, A. Itai and H. Avni, Interpolation Search: A log(log(n)) Search, Commun. ACM, 21 (1978), pp. 550-553

[26] A. C. Yao & F. F. Yao. The Complexity of Searching an Ordered Random Table. 17th Annual Symposium on Foundations of Computer Science (1976), 173-177

[27] A. C. Yao & J. M. Steele. Lower Bounds to Algebraic Decision Trees. Journal of Algorithms (1982), 3:1-8

[28] A. C. Yao. Lower Bounds for Algebraic Computation Trees with Integer Inputs. SIAM J. On Computing (1991), 20:655-668

[29] L. Devroye. A Note on the Height of Binary Search Trees. J. of ACM (1986), 33(3):489-498

[30] P. Flajolet & A. Odlyzko. The Average Height of Binary Trees and Other Simple Trees. Journal of Computer and System Sciences (1982), 25(2):171-213

[31] J. B. Kruskal. On the Shortest Spanning Subtree of a Graph and the Traveling Salesman Problem. Proc. of the American Mathematical Society, 7(1):48-50

[32] B. W. Arden, B. A. Galler, R. M. Graham. An Algorithm for Equivalence Declarations. Communications ACM (1961), 4:310-314

[33] B. A. Galler, M. J. Fisher. An Improved Equivalence Algorithm. Communications ACM (1964), 7:301-303

[34] R. E. Tarjan. Efficiency of a Good but not Linear Set Union Algorithm. Journal of the ACM (1975), 22:215-225

[35] R. Seidel & M. Sharir. Top-Down Analysis of Path Compression. SIAM Journal Computing (2005), 34:515-525

[36] G. Adelson-Velskii & E. M. Landis. An Algorithm for the Organization of Information. Proc. of the USSR Academy of Sciences (1962), 146:263-266

[37] D. S. Hirschberg. An Insertion Technique for One-Sided Heightbalanced Trees. Comm. ACM (1976), 19(8):471-473

[38] S. H. Zweben & M. A. McDonald. An Optimal Method for Deletion in One-Sided Height-Balanced Trees. Commun. ACM (1978), 21(6):441-445

[39] K. Culik, T. Ottman, D. Wood. Dense Multiway Trees. ACM Transactions on Database Systems (1981), 6:486-512

[40] E. Gudes & S. Tsur. Experiments with B-tree Reorganization. SIGMOD (1980), 200-206

[41] D. D. Sleator & R. E. Tarjan. Self-Adjusting Binary Trees. JACM (1985), 32:652-686

[42] R. E. Tarjan. Amortized Computational Complexity. SIAM. J. on Algebraic and Discrete Methods 6(2):306-318

[43] R. Bayer & E. McCreight. Organization and Maintenance of Large Ordered Indexes. Acta Informatica (1972), 1(3):173-189

[44] R. Bayer. Symmetric Binary B-Trees: Data Structure and Maintenance Algorithms. Acta Informatica (1972), 1(4):290-306

[45] L. J. Guibas & R. Sedgewick. A Dichromatic Framework for Balanced Trees. Proc. of the 19th Annual Symposium on Foundations of Computer Science (1978), 8-21

[46] J. L. Bentley. Multidimensional Binary Search Trees Used for Associative Searching. Communications of the ACM (1975), 18(9):509-517

[47] H. J. Olivie. A New Class of Balanced Search Trees: Half Balanced Binary Search Trees. ITA (1982), 16(1):51-71

[48] J. L. Bentley. Decomposable Searching Problems. Information Processing Letters (1979), 8:244-251

[49] J. H. Hart. Optimal Two-Dimensional Range Queries Using Binary Range Lists. Technical Report 76-81, Department of Computer Science, University of Kentucky (1981)

[50] D. E. Willard. New Data Structures for Orthogonal Range Queries. SIAM Journal on Computing (1985), 14:232-253

[51] H. Samet, An Overview of Quadtrees, Octrees, and Related Hierarchical Data Structures, in R. Earnshaw, ed., Theoretical Foundations of Computer Graphics and Cad, Springer Berlin Heidelberg, 1988, pp. 51-68

[52] W. Pugh. Skip Lists: a Probabilistic Alternative to Balanced Trees. Lecture Notes in Computer Science (1989), 382:437-449

[53] R. de la Briandais. File Searching Using Variable Length Keys. Proc. of the Western Joint Computer Conference 1959, 295-298

[54] E. H. Sussenguth. Use of Tree Structures for Processing Files. Communications of the ACM (1963), 6:272-279

[55] D. R. Morrison. PATRICIA - Practical Algorithm to Retrieve Information Coded in Alphanumeric. Journal of the ACM (1968), 15:514-534

[56] J. L. Bentley & R. Sedgewick. Fast Algorithms for Sorting and Searching Strings. Proc. of 8th ACM-SIAM Symposium on Discrete Algorithms (1997), 360-369

[57] R. W. Floyd. Algorithm 113: Treesort. Communications of the ACM (1962), 5:434

[58] C. A. Crane. Linear Lists and Priority Queues as Balanced Binary Trees. PhD thesis, Stanford University (1972)

[59] E. M. McCreight. Priority Search Trees. SIAM J. Comput. (1985), 14(2):257-276

[60] D. E. Knuth, J. H. Morris, V. R. Pratt. Fast Pattern Matching in Strings. SIAM Journal of Computing (1977), 6(2):323-350

[61] R. S. Boyer & J. S. Moore. A Fast String Searching Algorithm. Communications of the ACM (1977), 20:762-772

[62] L. J. Guibas & A. M. Odlyzko. A New Proof of the Linearity of the Boyer-Moore String Search Algorithm. SIAM Journal on Computing (1980), 9(4):672-682

[63] R. Cole. Tight Bounds on the Complexity of the Boyer-Moore Pattern Matching Algorithm. SIAM Journal on Computing 23(5):1075-1091

[64] C. A. R. Hoare. Quicksort. Computer Journal (1962), 5(1):10-15

[65] D. L. Shell. A High-Speed Sorting Procedure. Communications of the ACM (1959), 2(7):30-32

[66] R. Sedgewick, A New Upper Bound for Shellsort, J. Algorithms, 7 (1986), pp. 159-173

插图索引

图x1.1 过直线外一点作其平行线 2
图x1.2 《海岛算经》算法原理 3
图x1.3 fib()算法中递归实例fib(k)的两种出现可能 13
图x1.4 使用85块L形积木，可以恰好覆盖缺失一角的16×16棋盘 18
图x1.5 采用分治策略，将大棋盘的覆盖问题转化为四个小棋盘的覆盖问题 18
图x1.6 借助reverse()算法在O(n)时间内就地移位的过程及原理 21
图x1.7 reverse()算法的递归跟踪 24
图x1.8 power2()算法的递归跟踪 24
图x1.9 二重循环执行时间的对应图形 25
图x1.10 联合递归函数F(n)和G(n)的递归跟踪图 31
图x2.1 permute()算法中第k + 1个就位元素，应等概率地随机选自当时的前n - k个元素 38
图x2.2 Brian W. Kernighan和Dennis M. Ritchie所设计随机数发生器的原理 39
图x2.3 无序向量删除算法remove(lo, hi)中，采用自后向前的次序移动可能造成数据丢失 41
图x2.4 从问题A到问题B的线性归约 43
图x2.5 输入规模为4时的归并排序过程 45
图x2.6 二分查找binSearch()算法版本A所对应的比较树，在向量规模递增后的结构变化 47
图x2.7 二分查找失败情况的递归分类 49
图x2.8 Fibonacci查找失败情况的递归分类 50
图x2.9 马鞍查找算法的原理及过程 51
图x2.10 B[]和C[]中的元素均未耗尽，且已转入A[]的元素总数i ≤ lb 59
图x2.11 B[]和C[]中的元素均未耗尽，且已转入A[]的元素总数i > lb 59
图x2.12 B[]中的元素先于C[]耗尽 59
图x2.13 C[]中的元素先于B[]耗尽 59
图x2.14 通过引入两个等长的向量，在$\mathcal{O}(1)$时间内初始化Bitmap对象 64
图x2.15 Eratosthenes算法的实例 67
图x2.16 Eratosthenes算法：每次迭代中所筛除的整数，恰好就是重排矩形的最右侧一列 67
图x2.17 Eratosthenes算法的改进 67
图x2.18 4×5的矩阵实例：经逐列排序再逐行排序后，每行、每列均各自有序 70
图x2.19 只需考查沿纵向捉对有序的任意两行 70
图x2.20 起泡排序的每一步，都是考查一对相邻元素 70
图x2.21 只需考查仅有一行进行交换的两种情况：(a) a和x交换；(b) b和y交换 71
图x2.22 假设逐行排序之后，沿纵向出现一对逆序元素a和b 71
图x4.1 迷宫算法低效的实例 99
图x5.1 n_h个底层（叶）节点删除后，（次底层叶）节点至少增加$\lceil n_h/2 \rceil$个 105
图x5.2 迭代式先序遍历实例（出栈节点以深色示意） 108

图x5.3 BinNode::succ()的情况一：t拥有右后代，其直接后继为右子树中左分支的末端节点s 110
图x5.4 BinNode::succ()的情况二：t没有右后代，其直接后继为以其为直接前驱的祖先s 110
图x5.5 二叉树中序遍历过程中对succ()接口的调用 111
图x5.6 频率最低的兄弟节点合并之后，最优编码树必对应于合并之前的最优编码树 117
图x5.7 字符串集{ "how", "many", "roads", "must", "a", "man", "walk", "down" }对应的键树 118
图x5.8 键树的紧凑表示与实现 118
图x6.1 (a)平面图、(b)三角剖分以及(c)外面亦为三角形的三角剖分 121
图x6.2 将5×5的对称矩阵压缩至长度为15的一维向量 122
图x6.3 图的BFS搜索，等效于BFS树的层次遍历 124
图x6.4 偏心率实例：(a) 单个顶点；(b) 两个顶点的完全图；(c)周长为奇数(5)的环形；(d) Petersen图(Petersen's Graph)；(e) 13个顶点、12条边构成的树；(f) 13个顶点、18条边构成的图 126
图x6.5 无论如何，BFS在树中最后访问的顶点u必是边缘点（还有一些情况，比如a可能就是v） 127
图x6.6 构造有向图的欧拉环路：各子环路加粗示意，删除的边不再画出，删除的顶点以灰色示意 128
图x6.7 最小支撑树（粗线条）可能反复地穿越于割的两侧 132
图x6.8 借助最小支撑树，构造近似的旅行商环路 （严格地说，W还不是一条旅行商环路——它经过各顶点至少两次，而非恰好一次。为此只需再次遍历该环路，沿途一旦试图再次访问某节点，则将相邻的两条边替换为一段“捷径”。如此不仅能够得到一条严格意义上的环路apprTST（虚线），而且总长度亦不致增加。） 135
图x6.9 含负权边时，即便不存在负权环路，Dijkstra算法依然可能出错：设起点为S，算法将依次确定A、B对应的最短距离分别为2、3。而实际上，从S绕道B通往A的距离为3 + (-2) = 1 < 2。这里的关键在于，在顶点A所对应的最短路径上，有另一顶点B被算法发现得更晚。 136
图x6.10 完全由极短跨越边构成的支撑树，未必是极小的 137
图x6.11 在各边权重未必互异时，Prim算法依然正确 138
图x6.12 Krusal算法的正确性 139
图x6.13 Krusal算法的最坏情况 139
图x6.14 并查集：初始时每个元素逻辑上自成一个子集，并分别对应于一棵多叉树，parent统一取作-1 140
图x6.15 并查集：经过union(D, F)和union(G, B)，F所属的子集（树）被归入D所属的子集（树），沿用标识D；B所属的子集（树）被归入G所属的子集（树），沿用标识G 140
图x6.16 并查集：再经union(D, A)和union(F, H)，A和H被归入子集D中；再经union(E, C)，C被归入子集E中 141
图x6.17 并查集：再经union(B, A)，A所属的子集（树）D，被归入B所属的子集（树）G中 141
图x6.18 并查集：再经union(C, F)，F所属的子集（树）G，被归入C所属子集(树）E中（树高未能有效控制）.. 141
图x6.19 并查集：经union(C, F)操作之后（“低者归入高者”以控制树高） 142
图x6.20 各边权重互异时，最短路径树依然可能不唯一 142
图x6.21 平面点集的三角剖分（a），及其特例Delaunay三角剖分（b） 143
图x6.22 平面点集的邻近图：(a)Gabriel图，（b）RNG图，（c）欧氏最小支撑树 144
图x7.1 AVL树中最浅的叶节点 150
图x7.2 Fib-AVL树 150
图x7.3 从AVL-树中删除节点之后，需要重平衡的祖先未必相邻 154
图x7.4 将31个关键码按单调次序插入，必然得到一棵高度为4的满树 155

图x8.1 高度h = 4、由53个节点组成的一棵5阶B-树 161
图x8.2 高度h = 4、由79个节点组成的一棵5阶B-树 161
图x8.3 按递增插入[0, 52)而生成的5阶B-树 162
图x8.4 高度（计入扩充的外部节点）为10的红黑树，至少包含62个节点 168
图x8.5 高度（计入扩充的外部节点）为9的红黑树，至少包含46个节点 169
图x8.6 统计与查询区域边界相交的子区域（节点）总数 171
图x8.7 每次切分之后，都随即将子区域（实线）替换为包围盒（虚线），以加速此后的查找 172
图x8.8 通过递归地将平面子区域均分为四个象限（左），构造对应的四叉树（右） 173
图x8.9 四叉树的空间利用率可能极低 173
图x8.10 利用范围树，可以实现更加高效的范围查询 176
图x8.11 通过分散层叠，进一步提高范围树的查找性能 178
图x9.1 表长与公差有非平凡公因子时，会出现大量的冲突 182
图x9.2 双向平方试探法 186
图x9.3 将关键码{ 2012, 10, 120, 175, 190, 230 }，依次插入长度为11的散列表 188
图x9.4 删除关键码2012，并做懒惰删除标记 188
图x9.5 PATRICIA树（PATRICIA tree） 194
图x9.6 三叉键树（ternary trie） 194
图x10.1 字符权重已排序时，可在线性时间内构造出Huffman编码树 200
图x10.2 三叉堆：(a)逻辑结构及(b)物理结构 202
图x10.3 优先级搜索树 204
图x10.4 基于优先级搜索树的半无穷范围查询算法 205
图x10.5 高效支持getMax()接口的栈 206
图x10.6 高效支持getMax()接口的队列 208
图x10.7 合并AVL树S和T：不妨假定g ≥ h 208
图x10.8 合并AVL树S和T：删除T中的最小节点m，在S的最右侧通路上找到与树T'高度接近的节点u 209
图x10.9 合并AVL树S和T：以m为结合点合并S'和T'，在整体接入至S 209
图x10.10 以任意关键为界，分裂AVL树（这里只是示意性地绘出了各子树，并未严格地反映其高度） 210
图x11.1 BM算法的最坏情况 216
图x12.1 轴点构造算法（版本C） 220
图x12.2 在向量X和Y各自排序后，对齐元素之间的次序依然保持 226
图x12.3 (a)排序前有Y[0, 3) ≤ X[4, 7)，(b)排序后仍有Y'[0, 3) ≤ X'[4, 7) 226
图x12.4 g-有序的向量A[]再经h-排序后，A[i + g]必然来自阴影区域 227
图x12.5 g-有序的向量A[]按照h列重排之后，A[i]所属列的前缀，必然与A[i + g]所属列的后缀，逐个元素地对应有序 227

表格索引

表x1.1 函数F(n)中变量i和j随迭代不断递增的过程 28
表x1.2 函数F(n)中变量i和r随迭代不断递增的过程 28
表x3.1 列表{ 61, 60, 59, ..., 5, 4, 3, 2, 0, 1, 2 }的插入排序过程 80
表x4.1 表达式求值算法实例 94
表x4.2 （左）括号数固定时，运算符栈的最大规模 96
表x4.3 非法表达式"(12)3+!4*+5"的“求值”过程 96
表x9.1 n个人中存在生日巧合的概率 183
表x9.2 对序列{ 5a, 2a, 3, 2b, 9a, 5b, 9b, 8, 2c }的直接计数排序 190
表x9.3 借助散列表对{ 5a, 2a, 3, 2b, 9a, 5b, 9b, 8, 2c }的计数排序（凡“-”项均与其上方项相等） .. 192

算法索引

算法x1.1 过直线外一点作其平行线 2

算法x1.2 缺角棋盘的覆盖算法 18

算法x2.1 马鞍查找 51

算法x4.1 确认不含任何禁形的序列都是栈混洗 89

算法x6.1 基于“反复删除零入度节点”策略的拓扑排序算法 133

算法x9.1 整数向量的计数排序算法 191

算法x10.1 基于优先级搜索树的半无穷范围查询算法 205

代码索引

代码x1.1 《海岛算经》中计算海岛高度的算法 3

代码x1.2 《海岛算经》中计算海岛距离的算法 3

代码x1.3 包含循环、分支、子函数调用甚至递归结构，但具有常数时间复杂度的算法 6

代码x1.4 countOnes()算法的改进版 8

代码x1.5 countOnes()算法的再改进版 9

代码x1.6 power2BF_I()算法的递归版 10

代码x1.7 power2()算法的迭代版 10

代码x1.8 通用的迭代版幂函数算法 11

代码x1.9 数组最大值算法（迭代版） 11

代码x1.10 数组最大值算法（线性递归版） 11

代码x1.11 数组最大值算法（二分递归版） 12

代码x1.12 Fib类的实现 16

代码x1.13 Hanoi塔算法 17

代码x1.14 运用“中华更相减损术”的最大公约数算法 20

代码x1.15 借助reverse()算法在O(n)时间内就地移位 21

代码x1.16 计算Hailstone(n)序列长度的“算法” 23

代码x2.1 基于遍历实现向量的decrease()功能 44

代码x2.2 基于遍历实现向量的double()功能 45

代码x2.3 向量的起泡排序（改进版） 56

代码x2.4 单趟扫描交换（改进版） 56

代码x2.5 有序向量二路归并算法的简化 60

代码x2.6 增加注释后，Python的bisect模块中bisect_right接口的源代码 60

代码x2.7 位图Bitmap类 62

代码x2.8 可快速初始化的Bitmap对象（仅支持set()操作） 63

代码x2.9 可快速初始化的Bitmap对象（兼顾set()和clear()操作） 65

代码x2.10 Eratosthenes素数筛选算法 66

代码x3.1 基于遍历实现列表的increase()功能 76

代码x3.2 基于遍历实现列表的half()功能 76

代码x3.3 向量的选择排序算法 77

代码x3.4 列表倒置算法的第一种实现 85

代码x3.5 列表倒置算法的第二种实现 85

代码x3.6 列表倒置算法的第三种实现 85

代码x4.1 由List类派生Stack类 88

代码x4.2 操作数的解析 92

代码x4.3 运算符优先级关系的判定 93

代码x4.4 将操作数或操作符统一接至RPN表达式末尾 93
代码x4.5 PostScript语言的绘图程序 98
代码x5.1 二叉树先序遍历算法（迭代版#1） 108
代码x5.2 二叉树中序遍历算法（迭代版#4） 112
代码x6.1 基于PFS框架的BFS优先级更新器 134
代码x6.2 基于PFS框架的DFS优先级更新器 135
代码x7.1 二叉搜索树searchIn()算法的迭代实现 147
代码x7.2 将任意一棵二叉搜索树等价变换为单分支列表 152
代码x12.1 轴点构造算法（版本C） 221

关键词索引

（按关键词中各汉字的声母及各英文单词的首字母排序，比如“大O记号”对应于“DOJH”）

A

凹函数（concave function）...... 7, 159

埃拉托斯特尼的筛子（the sieve of Eratosthenes）...... 66

B

并查集（union-find set）...... 140

八叉树（octree）...... 175

半径（radius）...... 126

比较树 (comparison tree) 45, 46, 47, 68, 107

伯努利实验（Bernoulli trial）...... 217

半平衡二叉搜索树（half-balanced binary search trees）...... 167

包围盒（bounding-box）...... 172

半无穷范围查询（semi-infinite range query）...... 203

B^*-树（B^*-tree）...... 166

边缘点（peripheral vertex）...... 126, 127

标志（tag）...... 91

C

差分约束系统（system of difference constraints）...... 120

常数代价准则（uniform cost criterion）...... 15

超限数学归纳法（transfinite induction）...... 22

插值查找（interpolation search）...... 53

D

多层搜索树（multi-level search tree）...... 178

队堆（queap）...... 207

递归跟踪 (recursion trace) 12, 24, 31

独立集（disjoint set）...... 140

独立性（independence）...... 40

对数代价准则（logarithmic cost criterion） 15
Dijkstra算法（Dijkstra Algorithm） 136, 202
Delaunay三角剖分（Delaunay triangulation） 143
代数判定树（algebraic decision tree, ADT） 68
队头（front） 101
递推方程（recurrence equation） 13, 23, 31, 55, 69, 84
队尾（rear） 101

E

二分查找（binary search） 46, 47, 48
二分递归（binary recursion） 32, 107
ε-间距问题（ε-closeness） 144

F

Fib-AVL树（Fibonaccian AVL tree） 150, 153
封底估算（back-of-the-envelope calculation） 5, 66
分而治之（divide-and-conquer） 32, 225
费马平方和定理（Two-Square Theorem of Fermat） 187
分散层叠（fractional cascading） 178
Floyd算法（Floyd Algorithm） 201
分摊分析（amortized analysis） 36, 37, 158, 201
范围树（range tree） 176, 204

G

割（cut） 131, 132, 137, 138, 139
归并排序（mergesort） 45
高度（height） 105
关联树（associative tree） 176
关联矩阵（incidence matrix） 120
Gabriel图（Gabriel graph） 143

H

合成数（composite number） 136, 201
多叉堆（d-heap） 202

好后缀（good suffix）........ 214
后进先出（last-in-first-out, LIFO）........ 108
活跃期（active duration）........ 129, 130

J

减而治之（decrease-and-conquer）........ 51, 225
几何分布（geometric distribution）........ 199, 217
键树（trie）........ 118, 193, 194
计数排序（counting sort）........ 190
禁形（forbidden pattern）........ 89
基于比较式算法（comparison-based algorithm, CBA）........ 68, 107, 199

K

kd-树（kd-tree）........ 52
咖啡罐游戏（Coffee Can Game）........ 22
Kruskal算法（Kruskal Algorithm）........ 139, 140, 141, 143
快速排序（quicksort）........ 36
k-选取（k-selection）........ 222
空圆性质（empty-circle property）........ 143

L

鲁棒性（robustness）........ 96
路径压缩（path compression）........ 142
邻接表（adjacency list）........ 122, 189
邻接矩阵（adjacency matrix）........ 120
邻近图（proximity graph）........ 143
良序（well order）........ 22
旅行商环路（traveling salesman tour）........ 135

M

马鞍查找（saddleback search）........ 51
末节点（last node）........ 74, 86, 111
模式枚举（pattern enumeration）........ 215

N

NP完全的（NP-complete）........ 12
逆序对（inversion）........ 4, 79

O

欧拉环路（Eulerian tour）........ 128
欧拉通路 (Eulerian path) 128
欧氏最小支撑树（ Euclidean Minimum Spanning Tree, EMST) 143

P

PATRICIA树（PATRICIA tree）........ 194
Prim算法（Prim Algorithm）........ 131, 136, 138, 143, 202
Petersen图（Petersen's Graph）........ 126
偏心率（eccentricity）........ 126

Q

起泡排序（bubblesort）........ 5
期望值的线性律（linearity of expectation）........ 33, 78, 83
前沿集（frontier）........ 124

R

RNG图（relative neighborhood graph）........ 144

S

哨兵节点 (sentinel node) 74, 196
三叉键树（ternary trie）........ 194
四叉树（quadtree）........ 52, 173, 194
树堆（treap）........ 204
双端队列（deque）........ 101
随机存储机（Random Access Machine, RAM）........ 20
首节点（first node）........ 74, 86, 153
数据局部性（data locality）........ 76, 166

三角剖分（triangulation） 121, 143
随机生成（randomly generated by） 148
随机算法（randomized algorithm） 33
随机组成（randomly composed of） 148
散列表 (hashtable) 62, 182, 183, 184, 185, 188, 189
势能 (potential) 158
势能分析法（potential analysis） 36, 158
输入敏感的（input sensitive） 79
伸展树 (splay tree) 36

T

凸函数（convex function） 7
图灵机（Turing Machine, TM） 20
跳转表（skip list） 180

W

尾递归（tail recursion） 223
稳定性 (stability) 191
外面（outer face） 121
完全二叉堆 (complete binary heap) 196
完全二叉树（complete binary tree） 146

X

斜堆（skew heap） 200
循环节（cycle） 82
循环列表（Circular list） 86
先进先出（first-in-first-out, FIFO） 149, 153, 180
小ω记号（small-oemga notation） 43
小O记号（small-O notation） 43
循位置访问（call-by-position） 74, 78
线性递归 (linear recursion) 29, 30, 31
线性规划（linear programming） 120
线性时间归约（linear-time reduction） 43, 75, 199
循秩访问 (call-by-rank) 62, 74

Y

叶节点平均深度（average leaf depth）........ 107
掩码（mask）........ 62
页面缓冲池（buffer pool of pages）........ 166
元素唯一性（Element Uniqueness）........ 44, 75
优先级搜索（Priority-First Search, PFS）........ 202, 203
优先级搜索树（priority search tree, PST）........ 204
元字符（meta-character）........ 97

Z

最短路径树（shortest-path tree）........ 134, 136, 142
字典序（lexicographical order）........ 45, 46, 136
真二叉树（proper binary tree）........ 105, 107, 116
直径（diameter）........ 126
最近点对（nearest pair）........ 144
最近邻图（nearest neighbor graph）........ 144
主树（main tree）........ 176
众数（majority）........ 222
指数查找（exponential search）........ 50
自调整列表（self-adjusting list）........ 76
中位点（median point）........ 170, 173
中位数（median）........ 222
中心点（central vertex或center）........ 126
中缀表达式（infix）........ 97
最左侧通路（leftmost path）........ 151
最左最低点（leftmost-then-lowest point）........ 22

习题汇总

第1章	第2章	第3章	第4章	第5章	第6章	第7章	第8章	第9章	第10章	第11章	第12章
[1-1]	[2-1]	[3-1]	[4-1]	[5-1]	[6-1]	[7-1]	[8-1]	[9-1]	[10-1]	[11-1]	[12-1]
[1-2]	[2-2]	[3-2]	[4-2]	[5-2]	[6-2]	[7-2]	[8-2]	[9-2]	[10-2]	[11-2]	[12-2]
[1-3]	[2-3]	[3-3]	[4-3]	[5-3]	[6-3]	[7-3]	[8-3]	[9-3]	[10-3]	[11-3]	[12-3]
[1-4]	[2-4]	[3-4]	[4-4]	[5-4]	[6-4]	[7-4]	[8-4]	[9-4]	[10-4]	[11-4]	[12-4]
[1-5]	[2-5]	[3-5]	[4-5]	[5-5]	[6-5]	[7-5]	[8-5]	[9-5]	[10-5]	[11-5]	[12-5]
[1-6]	[2-6]	[3-6]	[4-6]	[5-6]	[6-6]	[7-6]	[8-6]	[9-6]	[10-6]	[11-6]	[12-6]
[1-7]	[2-7]	[3-7]	[4-7]	[5-7]	[6-7]	[7-7]	[8-7]	[9-7]	[10-7]	[11-7]	[12-7]
[1-8]	[2-8]	[3-8]	[4-8]	[5-8]	[6-8]	[7-8]	[8-8]	[9-8]	[10-8]	[11-8]	[12-8]
[1-9]	[2-9]	[3-9]	[4-9]	[5-9]	[6-9]	[7-9]	[8-9]	[9-9]	[10-9]	[11-9]	[12-9]
[1-10]	[2-10]	[3-10]	[4-10]	[5-10]	[6-10]	[7-10]	[8-10]	[9-10]	[10-10]	[11-10]	[12-10]
[1-11]	[2-11]	[3-11]	[4-11]	[5-11]	[6-11]	[7-11]	[8-11]	[9-11]	[10-11]		[12-11]
[1-12]	[2-12]	[3-12]	[4-12]	[5-12]	[6-12]	[7-12]	[8-12]	[9-12]	[10-12]		[12-12]
[1-13]	[2-13]	[3-13]	[4-13]	[5-13]	[6-13]	[7-13]	[8-13]	[9-13]	[10-13]		[12-13]
[1-14]	[2-14]	[3-14]	[4-14]	[5-14]	[6-14]	[7-14]	[8-14]	[9-14]	[10-14]		[12-14]
[1-15]	[2-15]	[3-15]	[4-15]	[5-15]	[6-15]	[7-15]	[8-15]	[9-15]	[10-15]		
[1-16]	[2-16]	[3-16]	[4-16]	[5-16]	[6-16]	[7-16]	[8-16]	[9-16]	[10-16]		
[1-17]	[2-17]	[3-17]	[4-17]	[5-17]	[6-17]	[7-17]	[8-17]	[9-17]	[10-17]		
[1-18]	[2-18]	[3-18]	[4-18]	[5-18]	[6-18]	[7-18]	[8-18]	[9-18]	[10-18]		
[1-19]	[2-19]	[3-19]	[4-19]	[5-19]	[6-19]	[7-19]	[8-19]	[9-19]	[10-19]		
[1-20]	[2-20]		[4-20]	[5-20]	[6-20]	[7-20]	[8-20]	[9-20]	[10-20]		
[1-21]	[2-21]		[4-21]	[5-21]	[6-21]			[9-21]	[10-21]		
[1-22]	[2-22]		[4-22]	[5-22]	[6-22]			[9-22]	[10-22]		
[1-23]	[2-23]		[4-23]	[5-23]	[6-23]			[9-23]			
[1-24]	[2-24]		[4-24]	[5-24]	[6-24]			[9-24]			
[1-25]	[2-25]		[4-25]	[5-25]	[6-25]			[9-25]			
[1-26]	[2-26]		[4-26]	[5-26]	[6-26]			[9-26]			
[1-27]	[2-27]			[5-27]	[6-27]						
[1-28]	[2-28]			[5-28]	[6-28]						
[1-29]	[2-29]			[5-29]	[6-29]						
[1-30]	[2-30]			[5-30]	[6-30]						
[1-31]	[2-31]				[6-31]						
[1-32]	[2-32]				[6-32]						
	[2-33]				[6-33]						
	[2-34]										
	[2-35]										
	[2-36]										
	[2-37]										
	[2-38]										
	[2-39]										
	[2-40]										
	[2-41]										